职业教育**生物/药学类**系列教材

生物制药
分离纯化技术

张媛 主编

化学工业出版社
·北京·

内 容 提 要

《生物制药分离纯化技术》按照生产企业生物制药分离纯化的一般步骤设置模块。全书共分六个模块，包括模块一认识生物制药行业、模块二生物制药分离纯化技术基础、模块三生物原材料的预处理及液-固分离技术、模块四生物制药初步纯化技术、模块五生物制药高度纯化技术以及模块六生物制药生产安全技术。即本教材遵循生物制药行业的规则，按生物制药分离纯化从原料来源、生产的技术原理到生产的基本过程控制，阐述生物制药分离纯化理论、基本技术和生产工艺的基本技能，以及生物制药分离纯化反应设备和环保、安全知识；同时也结合了国家职业资格标准——生物技术制药工技能标准，反映了现代生物制药分离纯化的新技术、新材料、新进展和工作要求。本书有机融入思政与职业素养内容；配有二维码，可扫描观看学习。

本教材可作为职业教育生物制药技术、药品生产技术、药品生物技术等相关专业的教科书使用，也可作为职业技能鉴定中心对生物制药分离纯化相关的职业技能培训的教材，还可作为生物制药企业分离纯化技术人员的参考用书。

图书在版编目（CIP）数据

生物制药分离纯化技术/张媛主编. —北京：化学工业出版社，2019.12

职业教育生物/药学类系列教材

ISBN 978-7-122-35358-0

Ⅰ.①生… Ⅱ.①张… Ⅲ.①生物制品-分离-高等职业教育-教材 Ⅳ.①TQ464

中国版本图书馆 CIP 数据核字（2019）第 215641 号

责任编辑：迟 蕾 李植峰　　加工编辑：张春娥

责任校对：刘 一　　装帧设计：王晓宇

出版发行：化学工业出版社（北京市东城区青年湖南街 13 号 邮政编码 100011）

印 刷：北京云浩印刷有限责任公司

装 订：三河市振勇印装有限公司

787mm×1092mm 1/16 印张 12¼ 字数 275 千字 2024 年 4 月北京第 1 版第 1 次印刷

购书咨询：010-64518888　　售后服务：010-64518899

网 址：http://www.cip.com.cn

凡购买本书，如有缺损质量问题，本社销售中心负责调换。

定 价：39.80 元

编写人员

主　　编　张　媛

副 主 编　陶　杰　牛红军　徐砺瑜　鞠守勇

编写人员　陶　杰　天津生物工程职业技术学院

牛红军　天津现代职业技术学院

徐砺瑜　浙江经贸职业技术学院

鞠守勇　武汉职业技术学院

何　姗　天津渤海职业技术学院

杨玉红　鹤壁职业技术学院

王冰瑶　天津中医药大学

谢华永　泰州职业技术学院

张　媛　天津生物工程职业技术学院

主　　审　句风华　天津市协和干细胞基因工程有限公司

王春龙　天津药物研究院

前言

《生物制药分离纯化技术》在编写中坚持以职业准入为标准，遵循“贴近企业、贴近岗位、贴近学生”的原则，把随着现代科学技术的迅猛发展，生物制药分离纯化技术方法不断更新和发展的新技术、新设备、新方法引入教材，并且在教材编写过程中广泛征求生物制药企业专家的意见，使其具有较强的实用性、可读性和创新性，可对职业教育生物制药技术、药品生产技术、药品生物技术等相关专业教学质量的提高起到积极的促进作用。

本教材涉及面广，全书共分六个模块，包括了：模块一认识生物制药行业、模块二生物制药分离纯化技术基础、模块三生物原材料的预处理及液-固分离技术、模块四生物制药初步纯化技术、模块五生物制药高度纯化技术以及模块六生物制药生产安全技术，在阐述基本生物制药分离纯化理论知识的同时，对生物制药分离纯化设备的操作结合生产实际做了介绍，增强其实用性，并选择了生物制药分离纯化技能训练项目进行具体阐述，从而使学生走上工作岗位后能更快地适应实际操作和技术应用，为今后从事生物制药工作打下坚实基础。

生物制药分离纯化技术课程是培养中高级生物制药技术技能型人才的重要专业课程，是职业教育药品生产技术专业、药品生物技术专业、生物制药技术专业的重要课程。本教材除可作为职业教育药品生产技术、药品生物技术、生物制药技术等相关专业的教材外，还可作为职业技能鉴定中心对从业者掌握生物技术制药工职业技能鉴定的培训教材，并对生物制药企业技术人员也有重要的参考价值。本书有机融入思政与职业素养内容；配有二维码，可扫描观看学习。

本书由天津生物工程职业技术学院陶杰、张媛，武汉职业技术学院鞠守勇，浙江经贸职业技术学院徐砺瑜，天津渤海职业技术学院何姗，鹤壁职业技术学院杨玉红，天津现代职业技术学院牛红军，天津中医药大学王冰瑶，泰州职业技术学院谢华永，共同完成编写工作；天津市协和干细胞基因工程有限公司句风华、天津药物研究院王春龙审定了本教材。编写过程中也得到了编者所在单位的大力支持，在此表示衷心感谢。

由于编者水平有限，疏漏及不妥之处在所难免，恳请广大读者批评指正，以使教材内容更加丰富完善，更适合职业教育的教学目标。

编者

2024 年 1 月

目 录

模块一 认识生物制药行业

模块二 生物制药分离纯化技术基础

模块五　生物制药高度纯化技术

模块六　生物制药生产安全技术

参考文献

模块一
认识生物制药行业

生物制药就是利用传统的生化制药技术及生物工程技术来制备生物药物，属于高科技、高利润的朝阳行业之一，用其制备的产品有临床上使用的生化药物、抗生素药物、疫苗、细胞因子、诊断和治疗用试剂等生物制品。其工作目标是使基因工程、蛋白质工程、酶工程、发酵工程、细胞工程、抗体工程等技术应用到药物的研究、开发及生产过程中。生物制药分离纯化技术是生物制药生产的最后关键步骤。

学习与职业素养目标

通过本模块的学习，熟记生物制药相关核心概念；了解国内外生物制药行业发展现状及发展趋势；熟知国内知名生物制药企业文化和生物制药企业的生产品种；认知生物制药企业岗位分工与岗位职责。

以生物制药发展现状，激发对本课程的学习兴趣，加强科技强国的使命感。

学习单元一　世界生物制药行业状况

知识准备

一、生物医药产业特点

生物医药产业的特征是“四高一长一低”，即高技术、高投入、高风险、高收益、长周期，以及低污染。

1. 高技术

作为知识密集型的新兴产业，生物医药的高技术含量对于企业的创新能力提出了较高的技术要求，其需要高知识层次的人才和高新的技术手段予以支撑。

生物制药是一种知识密集、技术含量高、多学科高度综合互相渗透的新兴产业。生物医药的应用扩大了针对疑难病症的研究领域，使原先威胁人类生命健康的重大疾病得以有效控制，使得医药学实践产生巨大的变革，从而极大地改善人们的健康水平。

2. 高投入

生物制药是一个投入相当大的产业，主要用于新产品的研究开发及医药厂房的建造和设备仪器的配置方面。

目前国外研究开发一个新的生物药物的平均费用在1亿～3亿美元，并随新药开发难度的增加而提高，单个生物药物品种的研发成本甚至可达6亿美元。一些大型生物制药公司的研究开发费用占销售额的比率超过了40%。显然，雄厚的资金支持是生物药品开发成功的必要保障。

3. 高收益

生物制药的高收益是引人注目的，新生药品一般上市后2～3年可收回所有投资，一旦形成技术垄断优势，能够得到高达10倍以上的高利润回报率是生物医药行业最大的优势所在。可以说，生物药品一旦开发成功并投放市场，将会获得可观的收益。

4. 高风险

高风险既包括仅有约万分之二的产品能最终成功上市的产品开发风险，又包括激烈的市场竞争带来的风险。

生物药品研发周期长，投资大，成功率低，生物医药产品的开发孕育着较大的不确定风险。新药投资从生物筛选、药理、毒理到临床前实验、制剂处方及稳定性实验、生物利用度测试再到临床试验以及注册上市和售后监督等一系列步骤，可谓是耗资巨大的系统工程。其中任何一个环节失败将导致前功尽弃，并且某些药物在使用过程中可能会出现不良反应而需要重新进行评价。另外，市场竞争的风险也日益加剧，“抢注新药证书、抢占市场占有率”是开发技术转化为产品时的关键，也是不同开发企业激烈竞争的目标，若被别人优先拿到新药证书或抢占市场，也可能会前功尽弃。

5. 长周期

生物药物的开发和推广周期较长，一般需要8～10年，甚至10年以上的时间。

一个生物技术产品从投入研制，到获得技术开发成功，最少需6～7年时间，再到临床运用、广泛推广还需2～3年时间。有调查显示，生物技术公司平均每个产品开发周期为8～15年。

6. 低污染

生物药品的生产制造一般在常温常压下进行，能源、原材料的消耗量极少，对周围环境几乎不产生污染。

二、世界生物医药产业的展望

1. 生物医药技术是21世纪科技发展的制高点

全球生物制药企业的市值，在发达市场中成本控制和生物仿制药继续缓慢增长，而市场的进一步扩张得益于生物制药相对于传统小分子药物的优异表现，并且新兴市场的发展和后期渠道的丰富会进一步促进市场的扩张。

近20年来，以基因工程、细胞工程、酶工程为代表的现代生物技术发展非常迅速，现代生物技术制药的产业化进程显著加快，全球正在研制的生物技术药物已超过2200种，进入临床试验的有1700余种，生物技术药物的数量增加迅速，各个大型的生物技术公司加快了生物制药的产业化进程。

2. 生物医药技术已经成为各国竞争的战略重点

发达国家在生物制药产业中占据主导地位，现今美国、欧洲、日本三大药品市场的份额超过了80%，76%的生物技术公司将总部设在欧美地区，欧美的生物技术公司销售额占全球生物技术公司销售额的93%。大型跨国公司主导着专利药的市场，现代生物制药产业的集中度逐步提高，大型跨国公司的垄断程度也在不断提高。据统计，目前10%的生物技术制药公司占据着整个生物制药市场的90%。在欧美等生物制药强国中批准上市的500多种生物技术药物里，排名前10种产品的销售额便占整个生物制药市场的50%以上。

纵观全球制药产业，传统的医药产品仍占据主导地位，但是生物技术制药的前景更为广阔，大体来说传统的化学药物仍然占据着70%的医药市场，处于主导地位，但是伴随着生物技术的逐步成熟、药物的安全性和人们对医药消费结构的变化，化学药品的统治地位将受到生物技术制药的挑战，越来越多的生物制药产品以其不可替代性和安全性逐步发展，并进一步扩展着自身的市场份额。

同步训练

1. 生物技术药品从投入研制，到获得技术开发成功大约需要多长时间？需要多少研发经费？

2. 国外生物制药企业排名前十的是哪些？这些企业在我国的生产经营情况如何（从地域、品种市场占有率方面进行分析）？

学习单元二　我国生物制药行业发展状况

知识准备

一、我国生物医药产业发展现状

生物产业是21世纪创新最为活跃、影响最为深远的新兴产业之一，是我国战略性新兴产业的主攻方向，对于加快壮大新产业、发展新经济、培育新动能具有重要意义。

我国基因检测服务能力在全球已处于领先地位，出口药品已从原料药向技术含量更高的制剂拓展，从中药中研制的青蒿素获得我国第一个自然科学的诺贝尔奖，高端医疗器械核心技术的突破大幅降低了相关产品和服务的成本。生物发酵产业产品总量居世界第一。靶向药物、细胞治疗、基因检测、智能型医疗器械、可穿戴即时监测设备、远程医疗、健康大数据

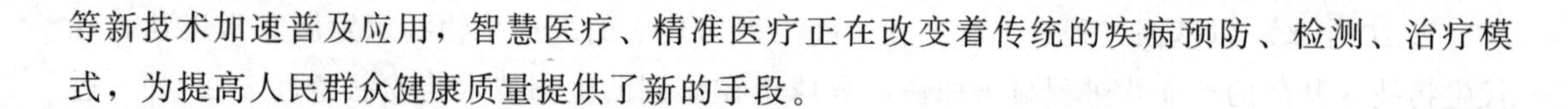

等新技术加速普及应用，智慧医疗、精准医疗正在改变着传统的疾病预防、检测、治疗模式，为提高人民群众健康质量提供了新的手段。

二、我国生物医药产业发展前景

① 创新能力显著增强，国际竞争力不断提升。研发投入占销售收入的比重显著提升，重点企业达到10%以上，形成一批具有自主知识产权、年销售额超过100亿元的生物技术产品，一批优势生物技术和产品成功进入国际主流市场，国际产能合作步伐进一步加快。

② 产业结构持续升级，产业正向中高端发展。生物技术药占比大幅提升，化学品生物制造的渗透率显著提高，新注册创新型生物技术企业数量大幅提升，形成20家以上年销售收入超过100亿元的大型生物技术企业，在全国形成若干生物经济强省、一批生物产业双创高地和特色医药产品出口示范区。

③ 应用空间不断拓展，社会效益加快显现。通过生物产业的发展，基因检测能力（含孕前、产前、新生儿）覆盖出生人口50%以上，社会化检测服务受众大幅增加；粮食和重要大宗农产品生产供给有保障，科技进步贡献率进一步提升，农民收入持续增长，提高中医药种植对精准扶贫的贡献；提高生物基产品经济性10%以上，利用生物工艺降低化工、纺织等行业排放30%以上；生物能源在发电、供气、供热、燃油等方面规模化替代，降低二氧化碳年排放量1亿吨。

④ 产业规模保持中高速增长，对经济增长的贡献持续加大。到2020年，生物产业规模达到了 $(8\sim10)\times10^4$ 亿元，生物产业增加值占GDP的比重超过4%，成为国民经济的主导产业，生物产业创造的就业机会将大幅增加。

具体总结如表1-2-1所示。

表1-2-1 中国生物医药产业展望

一级指标	二级指标
创新能力显著增强	重点企业研发投入占销售收入比重超过10%
	形成一批具有自主知识产权、年销售额超过100亿元的生物技术产品
	一批优势生物技术和产品成功进入国际主流市场
产业结构持续升级	生物技术药占比大幅提升
	化学品生物制造的渗透率显著提高
	新注册创新型生物技术企业数量大幅提升
	年销售收入超过100亿元的大型生物技术企业超过20家
	形成若干生物经济强省、一批生物产业双创高地和特色医药产品出口示范区
社会效益加快显现	基因检测能力覆盖50%以上出生人口
	社会化检测服务受众大幅增加
	粮食和重要大宗农产品生产科技进步贡献率进一步提升，确保农民持续增收
	生物基产品经济性提高10%以上，利用生物工艺降低化工、纺织等行业排放30%以上
	生物能源在发电、供气、供热、燃油等方面规模化替代，降低二氧化碳年排放量1亿吨

续表

一级指标	二级指标
产业规模保持中高速增长	产业规模达到(8～10)×10^4亿元
	增加值占GDP的比重超过4%
	创造的就业机会大幅增加

知识链接　**生物技术制药工职业标准**

(1) 职业概况

① 职业定义　从事抗生素、生化药品、疫苗、血液制品生产的人员。包括下列职业：

生化药品制造工：运用生物或化学半合成等技术，从动物、植物、微生物提取原料，制取天然药物的人员。

发酵工程制药工：从事菌种培育及控制发酵过程生产发酵工程药品的人员。

基因工程产品工：从事基因工程产品生产制造的人员。

疫苗制品工：从事细菌性疫苗、病毒性疫苗、类毒素等生产的人员。

血液制品工：从事血液有形成分和血浆中蛋白组分分离、提纯、生产的人员。

② 职业等级　本职业共设四个等级，分别为五级、四级、三级、二级。

五级（初级）：能够运用基本技能独立完成本职业的常规工作。

四级（中级）：能够熟练运用基本技能独立完成本职业的常规工作；在特定情况下，能运用专门技能完成技术较为复杂的工作；能够与他人合作。

三级（高级）：能够熟练运用基本技能和专门技能完成较为复杂的工作，包括部分非常规工作；能够独立处理工作中出现的问题；能指导和培训初级、中级人员。

二级（技师）：能够熟练运用专门技能和特殊技能完成复杂的、非常规性的工作；掌握本职业的关键技术技能，能够独立处理和解决技术或工艺难题；在技术技能方面有创新；能指导和培训初级、中级、高级人员；具有一定的技术管理能力。

③ 职业环境　室内，室外，高温，低温，高压，负压，易燃，易爆，有毒有害。

④ 职业能力特征　手指、手臂灵活，色、味、嗅、视、听等感官正常，具有一定的观察、判断、理解、计算和表达能力。

(2) 基本要求

① 职业道德　职业道德知识、职业守则。

② 基础知识　生物制药化学及药物知识；生物药物制备及分析检验知识；生物物质的分离、提纯；生物制药基本设备及材料的使用基础知识；计量知识；消防、安全及环境保护知识；相关法律、法规知识；药品生产质量管理规范内容和要求。

(3) 工作要求　本职业对初级、中级、高级、技师、高级技师的技能要求依次递进，高级别涵盖低级别的要求。以发酵工程制药初级工（五级）为例，主要工作为生产操作和设备操作。

① 生产操作

a. 能按照标准操作规程进行操作并正确填写原始记录。

b. 按照工艺配方计算出原料、辅料的投料量。

c. 培养基配制及消毒锅的操作。

d. 接种、移种、取样、补料、调节 pH 与通气量操作。

② 设备操作

a. 能识别本岗位的主要设备与管路。

b. 设备的状态识别。

c. 常用仪器仪表的使用。

(4) 鉴定要求

① 适用对象 从事或准备从事本职业的人员。

② 申报条件 按照[某省(市)职业技能鉴定申报条件]申报。

③ 鉴定方式 鉴定一般分为一体化和非一体化两种模式。五级、四级采用非一体化鉴定模式,三级、二级采用一体化鉴定模式。非一体化分为理论知识考试和技能操作考核,一体化将理论知识融合在操作技能的考核中;国家职业资格二级(技师)及以上的人员还须进行综合评审。理论知识考试采用闭卷笔试或口试方式,技能操作考核采用现场实际操作方式;论文(报告)采用专家审评方式;考试成绩均实行百分制,成绩达 60 分为合格。

④ 鉴定场所设备 实施本职业各等级鉴定所必备的场所、设施、设备、工具等条件。

同步训练

1. 我国生物制药企业国内十强是哪些?这十强企业的优势产品是什么?
2. 你更向往哪个生物制药企业?原因是什么?
3. 简述生物技术制药工基本要求。
4. 简述生物技术制药工工作要求。

核心概念小结

生物药物:是指运用微生物学、生物学、医学、生物化学等的研究成果,从生物体、生物组织、细胞、体液等中,综合利用微生物学、化学、生物技术、免疫学、药学等学科的原理和方法进行加工、制造出的一类用于预防、治疗和诊断疾病的生物药品。

生物制品:是以微生物、细胞、动物或人源组织和体液等为原料,应用传统技术或现代生物技术制成的用于人类疾病预防、治疗和诊断的制品,包括细菌类疫苗(含类毒素)、病毒类疫苗等。

生物技术制药:是指运用微生物学、生物学、医学、生物化学等的研究成果,从生物体、生物组织、细胞、体液等中,综合利用微生物学、化学、生物化学、生物技术、药学等学科的原理和方法进行生物药物制造的技术。

模块二

生物制药分离纯化技术基础

生物制药分离纯化技术技能是指能利用相关设备从生物组织、生物体液以及发酵液中提取目的产物，即从选取含有生物活性成分的原材料，根据活性成分的性质制定科学合理的提取方法，到对提取物进行纯化，生产出符合国家药典要求的药品的全部知识与技能。

学习与职业素养目标

通过学习本模块，熟知生物制药分离纯化的基本原理、工艺流程；知晓生物制药分离纯化的单元操作；会选择生物制药分离纯化的方法；熟知生物制药分离纯化的原材料的来源；掌握分离纯化的原则与准备工作。

通过分离纯化技术的发展历程，感受科学家为人类健康做出的贡献，体会在科学研究中坚持不懈的奋斗精神。

学习单元一　认识生物制药分离纯化

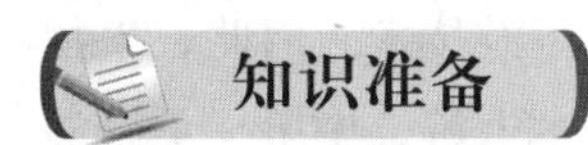

知识准备

一、生物制药分离纯化是生物技术成果产业化的重要环节

在国家“健康中国”的战略发展背景下，我国制药产业迅猛发展并逐步向新药创制大国大步迈进，同时生物制药行业也获得前所未有的发展机遇。为提高药品质量、鼓励创新药研发，监管部门颁布了一些重要举措使我国生物药市场正加快同国际接轨并保持高速增长。但由于生物药结构的多样性以及监管部门对生物药的纯度要求越来越严格，使得生物药的分离纯化难度越来越大。因此，生物制药分离纯化环节也成为生物制药生产中的重中之重。

生物制药分离纯化技术是创业的基础，分离纯化过程的费用通常占生产成本的50%～70%，有的甚至高达90%，分离步骤多、耗时长，往往成为制约生产效益的瓶颈。

生物技术的一般过程如图2-1-1所示。国外上、下游技术研发投入的经费之比为3∶7，而我国则为7∶3，下游技术研发投入的不足，导致一些产品缺乏国际竞争力。

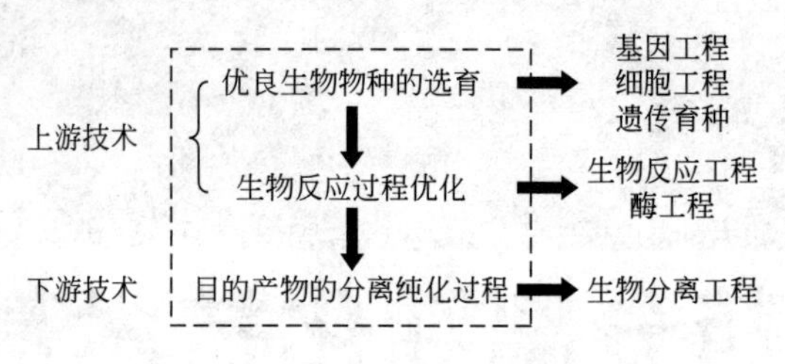

图 2-1-1　生物技术的一般过程

二、生物制药分离技术的重要性

1. 生物制药分离纯化：难跑的最后一棒

抗生素过敏副作用、注射疫苗出现副作用、使用血液制品感染疾病、热销的生物制品紧急召回消息等见诸报端，出现上述问题的背后，可能都是生物制药分离纯化技术不过关的结果。生物产品及生物制药对纯度要求很高，需要通过生物分离纯化技术将有害物质或杂质去除，但又不能破坏目标产物的活性，其过程十分复杂。包括生物制药在内的生物技术各相关产业都会涉及分离纯化这一步，因此它被业内一些相关研究者比作生物制药技术产业化的“最后一棒”。

2. 不可替代的产业角色

生物制药在形成产品过程中，按其技术分类，通常分为上游、中游、下游三个阶段，习惯上，把包括分子生物学、生物化学、生物物理学以及遗传、育种、细胞培养、代谢等的研究划分为上游技术，上游主要包括基因组、杂交瘤技术和新型菌株（细胞株）构建方面的研究及开发；中游主要包括菌株的发酵与细胞的扩大培养等方面的研究开发；而把生物制药初级制品的进一步分离、纯化、精制，进而制成最终产品的过程统称为下游技术。因此，生物制药分离纯化技术常常被称作生物制药技术的下游工程。生物制药技术上游、中游、下游的关系也可表述为如图 2-1-2 所示。

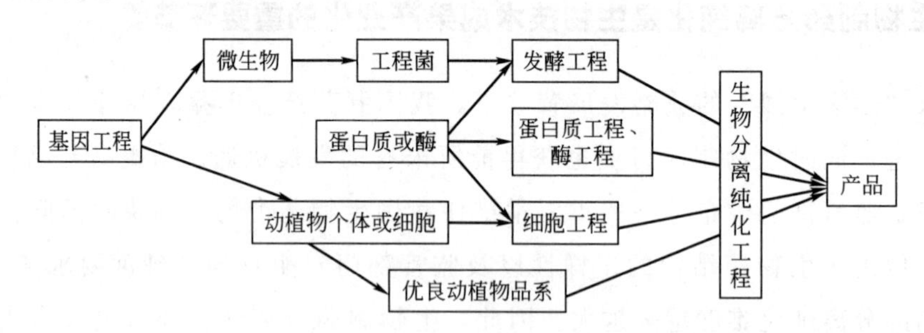

图 2-1-2　生物制药上游、中游、下游的关系

生物制药分离纯化技术有别于传统的化学分离方法。与化学方法相比，生物制药分离纯化要保持生物分子的活性，通常需要低温、特定的酸碱度、渗透压等。化学分离法通常利用物质挥发度的不同，比如蒸馏、精馏，通过加热来分离；但对于生物分子，例如蛋白质，通过加热就容易失去活性，传统化工方法往往不适用于具有生物活性产物的分离纯化。因此，生物制药分离纯化技术是具有不可替代性的产业角色之一。

3. 生物制药分离纯化操作条件苛刻

生物活性物质对外界很敏感，具有内在的不稳定性，对分离条件要求高，从而限制了分离的手段，而同时其分离和纯化又是一个非常复杂的过程。例如，生物合成的发酵液或反应液是很复杂的多相体系，它含有微生物细胞、细胞碎片、代谢产物、未用完的培养基等，杂质含量较高，而目标产物的浓度常常不到百分之一甚至千分之一；其杂质具有与产物非常相似的化学结构及理化性能，很难去除；目标产物是具有生理活性的物质，极不稳定，遇热或遇某些化学试剂极易失活或分解，同时容易受到环境微生物的污染，因此需要在无菌条件下进行分离纯化。

4. 加强基础研究，攻克相关难题

生物制药分离纯化的复杂性，直接导致了其具有工艺流程长、需要的设备多、对原材料要求高等特点。目前，我国生物产业面临的主要问题是：有些设备和原材料看似简单，但对精度和 GMP 符合程度的要求很高。例如色谱柱，国内产品精度和强度能达到生物制药生产要求的比较少。再比如分离介质，进口产品在国内的售价要比在原产国高出 50%～100%。

所以目前应加强生物制药分离纯化技术的基础研究，将材料学、化学、生物技术及化学工程紧密合作，攻克在设备和原材料方面的难题，其中又以分离介质为重。

5. 生物制药分离纯化是实现产业化的冲刺阶段

科技产品从基础研究到投放市场，会经历漫长的过程。距离产业化最近的生物分离纯化正是产业化冲刺阶段的关键技术。

生物制药分离纯化过程复杂，涉及多种设备和原材料，其中有些虽然附加值高，但由于用量低，并且技术要求高，易被忽视但又不可或缺。分离设备和方法是生物技术产业发展加快成熟的关键。

三、生物制药分离纯化技术的发展趋势

1. 多种技术相互交叉、渗透和融合

生物产品分离纯化技术发展的主要倾向是多种分离纯化技术相互交叉、渗透与融合，形成融合技术。

液相色谱/质谱联用技术（HPLC-MS 联用技术）近年来被广泛应用，通过质谱可以实现对蛋白质的自动分离检测。随着电喷雾（ESI）接口技术的发展，HPLC-ESI-MS 联用技术为蛋白质的检测提供了强有力的工具。

2. 优质亲和色谱介质的开发及亲和配基的人工合成

分子烙印技术（molecularly imprinted technology，MIT）最广泛的应用之一是利用其特异的识别功能去分离混合物，近年来，引人瞩目的立体、特殊识别位选择性分离已经完成。其适用的印迹分子范围广，无论是小分子（如氨基酸和碳氢化合物等）还是大分子（如蛋白质等）均已被应用于各种印迹技术中。

MIT 在中药活性成分分离纯化中的应用研究广泛，涉及黄酮、多元酚、生物碱、甾体、

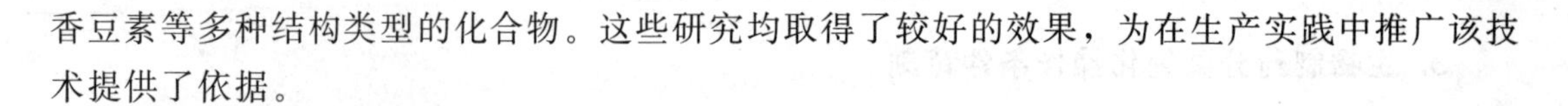

香豆素等多种结构类型的化合物。这些研究均取得了较好的效果，为在生产实践中推广该技术提供了依据。

3. 操作与方法的集成化

生物制药分离过程的高效集成化的含义在于利用已有的和新近开发的生物分离技术，将下游过程中的有关单元进行有效组合（集成），或者把两种以上的分离技术合成为一种更有效的分离技术，达到提高产品收率、降低过程能耗和增加生产效益的目的。按此定义，生物制药分离过程的高效集成化技术包括生物制药分离技术的集成化和生物制药分离过程的集成化两方面的内容，这种只需一种技术就能达到完成后处理过程中几步或全部操作的方法，充分体现了过程集成化的优势。

4. 强化化学作用对分离纯化过程的影响

（1）强化化学作用对体系分离能力的影响 一是选择适当的分离剂，增大分离因子，从而提高对某一组分的选择性；二是向分离体系投入附加组分，改变原来体系的化学位，从而增大分离因子，如用乙醇水溶液浓缩制备无水乙醇时，加入盐溶液使醇对水的相对挥发度大大提高，甚至使恒沸点消失，可以在较小的回流比下进行乙醇的分离，从而节约能源。

（2）强化化学作用对相界面传质速率的影响 利用一些相转移促进剂来增大相间的传质速率，若把这类相转移促进剂结合在固相的界面上，便形成各类“亲和”分离过程，如亲和色谱、亲和萃取、亲和错流过滤、亲和膜分离等。

5. 发酵和分离的耦合

发酵和分离的耦合即在生物反应发生的同时，选择一种合适的分离方法及时地将对生物反应有抑制或毒害作用的产物或副产物选择性地从细胞或生物催化剂周围移走的过程。

发酵和分离耦合的关键，是选择一种合适的分离技术，来实现产物或副产物的移走。

常用的发酵和分离耦合技术有透析培养、膜分离和培养耦合、发酵与蒸馏耦合、萃取发酵及吸附培养等。

6. 注重上游生产技术的改进，简化分离纯化过程

（1）利用基因工程技术构建新的目标产物工程菌株 利用现代基因工程技术将目标产物所需的生物酶基因克隆到一些易培养的单细胞微生物中，构建成新的生物物种，在保持产量提高的同时，还可大大缩短生产时间和简化分离纯化过程。

（2）改进培养条件 工程菌培养条件直接决定着输送给下游的发酵液质量，如采用液体培养基，不用酵母膏、玉米浆等有色物质和杂蛋白为原料，可简化分离纯化中色素、发酵液杂质的去除，从而提高目标产物的回收率；再比如在谷氨酸发酵生产中，发酵时加入适量青霉素，可大大提高发酵液中谷氨酸的含量，从而提高产物得率。

7. 由环境污染向清洁生产工艺转变

清洁生产是指将综合防护的环境保护策略持续应用于生产过程和产品中，以期减少对人类和环境的风险。它包括三方面的内容，即清洁生产工艺技术和过程、清洁产品、清洁能源。清洁生产工艺是生产全过程控制工艺，包括节约原材料和能源，淘汰有毒害的原材料，并在全部排放物和废物离开生产过程以前，尽最大可能减少它们的排放量和毒性，对必须排放的污染物实行综合利用，使废物资源化、循环利用。确保工厂排污更符合环保要求，保证原材料、能源的高效利用。

同步训练

1. 生物制药分离纯化技术到底难在哪里？为什么令学者又爱又怵？
2. 简述生物制药技术上游、中游和下游的关系，生物制药分离纯化是在哪一层次？

学习单元二　生物制药分离纯化的原材料及其原理

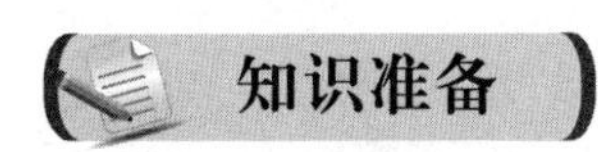

知识准备

一、生物制药分离纯化原材料

1. 富集、浓缩和纯化的区分

富集是指在分离过程中使目标化合物在某空间区域的浓度增加。富集是分离的目的之一。富集需要借助分离的手段，富集与分离往往是同时实现的。富集涉及目标溶质与其他溶质的分离。

浓缩是指将溶液中的一部分溶剂蒸发掉，使溶液中存在的所有溶质的浓度都同等程度提高的过程。

纯度是用来表示纯化产物主组分含量高低或所含杂质多少的一个概念。纯是相对的，不是绝对的。纯度越高，则纯化操作的成本越高。物质的用途不同，对纯度的要求也不同。

根据目标组分在原始溶液中的相对含量（摩尔分数）的不同进行区分，富集是对摩尔分数小于 0.1 组分的分离，特别是痕量组分的分离，如海水中贵金属的富集；浓缩是对摩尔分数在 0.1～0.9 组分的分离，此时目标组分是溶液中的主要组分之一，但它们都在溶液中处于较低的水平；纯化是对摩尔分数大于 0.9 组分的分离，此时样品中的主要组分已经是目标物质，纯化只是为了使目标组分的摩尔分数进一步提高。

2. 生物物质种类

现代生物技术主要通过生物反应过程生产各种生物物质。生物物质种类很多，分布很广，按照其化学本质和特性来分，常见的有如下类型。

(1) 氨基酸及其衍生物类　主要包括天然氨基酸及其衍生物，有 60 多种。

(2) 活性多肽类　多肽在生物体内浓度很低，但活性很强，对机体生理功能的调节起着非常重要的作用；主要有多肽类激素，目前已应用于临床的多肽药物达 20 种以上。

（3）蛋白质类 这类生物物质主要有简单蛋白质和结合蛋白质。简单蛋白质又称为单纯蛋白质，如球蛋白、干扰素、胰岛素等；结合蛋白质如促甲状腺素、垂体促性激素等。

（4）酶类 酶是一种生物催化剂，它主要包括工业用酶如α-淀粉酶、蛋白酶等，医疗用酶如消化酶、抗炎酶、抗癌酶等，基因工程工具酶如各种限制性内切酶、外切酶等。

（5）核酸及其降解物类 主要包括核酸碱基及其衍生物、腺苷及其衍生物、核苷酸及其衍生物和多核苷酸等，有60多种。

（6）糖类 主要包括单糖、低聚糖、多糖和糖的衍生物，其中一些功能性的低聚糖如海藻糖和多糖中的一些微生物黏多糖如香菇多糖在临床医疗中有重要的地位。

（7）脂质类 主要包括磷脂类、多不饱和脂肪酸、固醇、前列腺素、卟啉以及胆酸类等。

（8）动物器官或组织制剂 俗称脏器制剂，截至目前已有近40多种，如骨宁、眼宁等。

（9）小动物制剂 主要有蜂王浆、蜂胶、地龙浸膏、水蛭素等。

（10）菌体制剂 主要包括活菌体、灭活菌体及其提取物制成的药物等。

3. 生物物质来源

各种生物物质主要来自它们广泛存在的各种生物资源中。

（1）动物器官与组织 包括猪、牛、羊等的肝脏、胰腺、乳腺以及鸡胚胎等。从海洋生物的器官与组织获得生物活性物质是重要的、流行的发展趋势，主要是海藻动物、鱼类、软体动物等。

（2）血液、分泌物及其代谢物 人和动物的血液、尿液、乳汁和胆汁以及蛇毒等其他分泌物与代谢产物也是生物物质的重要来源。

（3）植物器官与组织 植物的根、叶等器官与组织中含有很多药用活性成分，转基因植物又可产生大量的以传统方式很难获得的生化成分众多的生物物质。

（4）微生物及其代谢产物 从细菌、放线菌、真菌和酵母菌的初级代谢产物中可获得氨基酸和维生素等，次级代谢产物中可获得青霉素和四环素等一些抗生素。应用基因工程通过微生物培养获得大量其他生物物质。

（5）细胞培养产物 细胞培养技术的发展使得从动物细胞、昆虫细胞中获得较高应用价值的生物物质成为可能。

4. 生物制药分离纯化工作的层次

生物制药分离纯化工作按照目标成分所要达到的规模和质量规格，可以分为以下若干层次。

（1）实验室规模 主要涉及基础或应用研究探索性的分离纯化工作，所提取的成分一般用于评价其潜在应用前景的生物分离试验等（见图2-2-1）。

（2）小试或中试规模 生物制药产品工艺开发中小量试验和中间试验生产规模的分离纯化工作，以摸索和优化工艺条件为目的，试生产的产品用于工艺评价、药效评审以及活性试验等。

（3）常规生产规模 生物制药产品常规生产涉及的分离纯化工作，所生产的产品用于市场销售和实际应用。

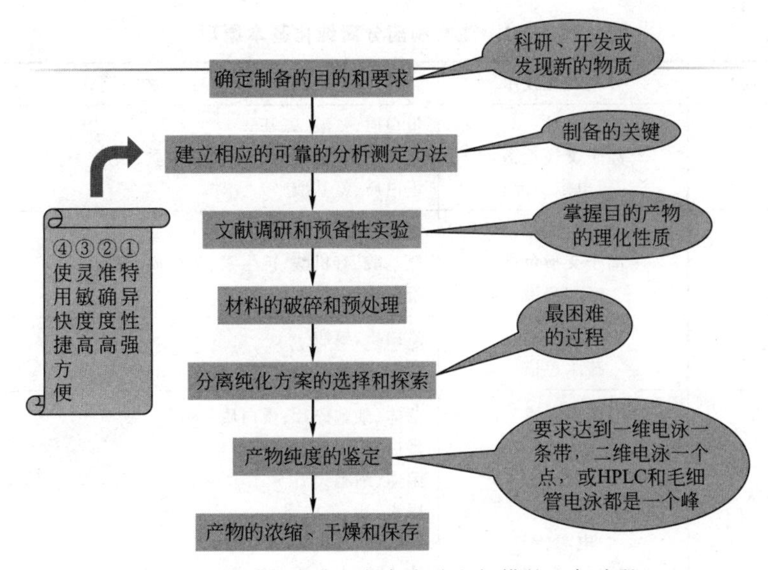

图 2-2-1　生物大分子制备实验室规模的一般步骤

5. 生物产品的类型

包括常规的生物技术产品和现代生物技术产品，有下列种类。

(1) 按用途分类　食品类、保健品类、医用类产品、农业用产品、生物试剂类。

(2) 按分子量大小分类　分子量小于 1000Da，如抗生素、有机酸、氨基酸、多肽类等；分子量大于 1000Da，如酶、抗原、抗体、多肽、蛋白质类等。

(3) 按发酵时目的产物所在的位置分类　胞内，如胰岛素、白介素、干扰素、重组蛋白质；胞外，如抗生素（青霉素、红霉素）、胞外酶（α-淀粉酶）等。

6. 生物产品特点

生物产品有些来源于胞内，有些来源于胞外。含目的组分的发酵液或细胞培养液具有以下特点：

① 产物浓度低的水溶液　其原因有：a. 氧传递限制；b. 细胞量；c. 产物抑制。

② 组分复杂　a. 大分子；b. 小分子；c. 可溶物；d. 不可溶物；e. 化学添加物。

③ 产物稳定性差　a. 化学降解（pH，温度）；b. 微生物降解（酶作用、染菌）。

④ 分批操作　生物变异性大，不同批次间物料成分组成和特性不尽相同。

⑤ 质量要求　高纯度、卫生，生物活性（药品或食品）要求高，有毒、有害成分残留达到允许范围内。

二、生物制药分离纯化基本原理

各种分离纯化技术可有效识别混合物中不同组分间物理、化学和生物学性质的差别，利用能够识别这些差别的分离介质或扩大这些差别的分离设备来实现组分间的分离或目标产物的纯化，具体可参见表 2-2-1。

表 2-2-1 生物制药分离纯化基本原理

原理	分离纯化技术	产物举例
带电性	电泳 离子交换色谱 等电点沉淀	蛋白质、核酸、氨基酸 氨基酸、有机酸、抗生素、蛋白质、核酸 蛋白质、氨基酸
化学性质	电渗析 离子交换色谱 亲和色谱	氨基酸、有机酸、盐、水 氨基酸、有机酸、抗生素、蛋白质、核酸 蛋白质、核酸
生物功能特性	亲和色谱 疏水色谱	蛋白质、核酸 蛋白质、核酸
分子大小、形状	离心 超滤 微滤 透析 电渗析 凝胶色谱	菌体、细胞碎片、蛋白质 蛋白质、多糖、抗生素 菌体、细胞 尿素、盐、蛋白质 氨基酸、有机酸、盐、水 盐、分子大小不同的蛋白质
溶解度、挥发性	萃取 盐析 结晶 蒸馏 等电点沉淀 有机溶剂沉淀	氨基酸、有机酸、抗生素、蛋白质、香料 蛋白质、核酸 氨基酸、有机酸、抗生素、蛋白质 乙醇、香精 蛋白质、氨基酸 蛋白质、核酸

1. 利用物理性质

(1) 分子形状、大小 包括密度、几何尺寸和形状。利用这些性质差别，可采用差速离心与超离心、重力沉降、膜分离、凝胶过滤等分离纯化方法。

(2) 溶解度、挥发性 利用这些性质的分离方法有很多，如蒸馏、蒸发、萃取、沉淀与结晶、泡沫分离等。

(3) 分子极性即电荷性质 包括溶质的电荷特性、电荷分布、等电点等。生产中电色谱、离子交换、电渗析、电泳、等电点沉淀就是利用这些性质进行分离的。

(4) 流动性 包括黏度、在特定溶液中的扩散系数等。利用溶质的流动性差别直接进行分离纯化的操作较少，但它在很多分离纯化操作单元如萃取、离心中发挥重要作用。

2. 利用化学性质

(1) 分子间的相互作用 包括分子间的范德瓦耳斯力、氢键、离子间的静电引力及疏水作用大小等。如分离纯化中的电渗析、离子交换色谱等就是依据这些性质进行的。

(2) 分子识别 即通过目的产物与某些分离纯化介质上的活性中心、基团进行的专一性结合。如亲和色谱操作。

(3) 化学反应 目标产物通过与其他试剂发生特定的化学反应，使目标产物的理化性质、生物学性质发生改变而使其易于采用其他方法从混合物中分离纯化出来，如谷氨酸工业生产中的锌盐沉淀法、茶多酚生产中的铝盐沉淀法等。

3. 利用生物学性质

（1）生物分子识别　即生物亲和作用，主要特征是生物大分子之间的分子识别和特异性结合（如图 2-2-2 所示）。如酶和底物、酶与竞争性抑制剂、酶和辅酶、抗原与抗体、DNA 和 RNA、激素和其受体、DNA 与结合蛋白等。

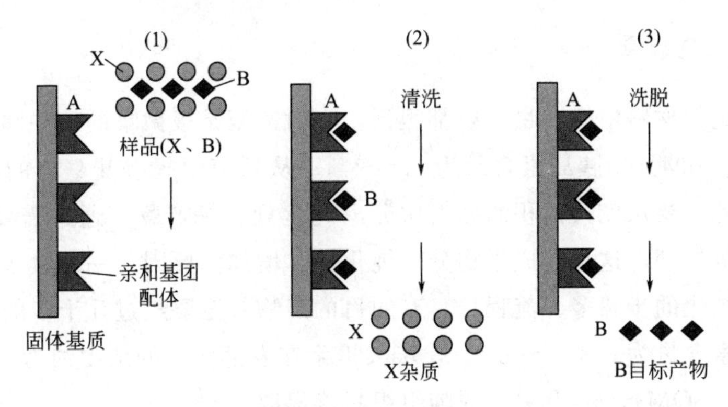

图 2-2-2　生物大分子间特异的亲和力

（2）生物输送性质　生物膜输送。

（3）生物反应　酶反应、免疫系统。

同步训练

1. 生物分离纯化原材料的选择要注意哪些问题？
2. 简述生物活性物质分离纯化的主要原理。

学习单元三　生物制药分离纯化策略

知识准备

一、生物制药分离纯化技术的特点

1. 环境复杂、分离纯化困难

目标产物存在的环境复杂，分离纯化比较困难，具体表现在以下两个方面：

一是目标产物来源的生物材料中常含有成百上千种其他杂质，以谷氨酸发酵液为例，在发酵液中除了含有大量的微生物细胞、细胞碎片、残余培养基成分等杂质外，还含有核酸、蛋白质、多糖等大分子物质以及大量其他氨基酸、有机酸等低分子的中间代谢产物，这些杂质有些是可溶性物质，有些是以胶体悬浮液和粒子形态存在。总之，混合物的组成相当复杂，即使是一个特定的体系，也不可能对它们进行精确的分离，何况某些组分的性质与目标产物具有很多理化方面的相似性。

二是不同生物材料成分的差别导致分离纯化过程中处理对象理化性质的差别，比如赖氨酸可以采用发酵法和水解动植物蛋白质获取，同样是赖氨酸，因水解液和发酵液的组成成分差别决定了在赖氨酸的分离纯化中不可能采用相同的生产工艺。分离纯化方法千差万别，没有一种标准方法可通用于各种生物大分子的分离制备中。

2. 含量低、工艺复杂

目标产物在生物材料中的含量一般都很低，有时甚至是极微量的，如胰腺中的脱氧核糖核酸酶的含量为0.004%、胰岛素含量为0.002%；从竹笋中提取几毫克的竹笋素需要消耗几吨的竹笋。因此，要从庞大体积的原料中分离纯化到目标产物，通常需要进行多次提取、高度浓缩提取液等处理，这是造成生物分离纯化成本增加的原因之一。大多数生物大分子的含量极微，分离纯化的步骤多、流程长，有的目的产物甚至要经过几十步的操作才能达到所需纯度。如青蒿素含量为0.4%～0.9%，庆大霉素在发酵液中的浓度约为0.2%，而从羊脑提取生长调节肽（SOM），50万只羊的脑组织只能提取5mg。

3. 稳定性差、操作要求严格

生物物质的稳定性较差，易受周围环境及其他杂质的干扰，因此，通常需保持在特定的环境中，否则容易失活。生物物质的生理活性大多是在生物体内的温和条件下维持并发挥作用的，过酸、过碱、热、光、剧烈振荡以及某些化学药物存在等都可能使其生物活性降低甚至丧失。因此，对分离纯化过程的操作条件有严格的限制，尤其是蛋白质、核酸、病毒类基因治疗剂等生物大分子，在分离纯化过程中通常需要采用添加保护剂、采用缓冲系统等措施以保持其高的活性。制备几乎都是在溶液中进行的，难以准确估计和判断pH值、温度等各种参数对溶液中各种组分的综合影响。

4. 目标产物最终的质量要求很高

生物制药产品的质量要求高，尤其是生物药品。如成品青霉素对其强致敏原——青霉噻唑蛋白必须控制RIA（放射免疫测定）值小于100（1.5×10^{-6}）；如对于蛋白质药物，一般规定杂蛋白含量小于2%；而重组胰岛素中的杂蛋白应小于0.01%；不少产品还要求是稳定的无色晶体。对生物产品质量要求的特殊性，决定了生物分离过程工艺的特殊性。

5. 终极产品纯度的均一性与化学分离上纯度的概念并不完全相同

由于绝大多数生物产品对环境反应十分敏感，结构与功能关系比较复杂，应用途径多样化，故对其均一性的评定常常是有条件的，或者只能通过不同角度测定，最后才能得出相对“均一性”结论。只凭一种方法所得纯度的结论往往是片面的，甚至是错误的。

二、生物制药分离纯化方法选择的原则

生物制药产品能否高效率、低成本地制备成功，关键在于分离纯化方案的正确选择和各

个分离纯化方法条件的探索。分离纯化工艺设计时应考虑的原则如下所述。

①尽可能简单、低耗、高效、快速。

②分离步骤尽可能少。

分离步骤越多，回收率越低（如图 2-3-1 所示）；分离步骤多，设备投入大，人员、物资消耗大，生产周期长。

以各步收率 90％为例，分离 1 次，回收率 90％；分离 5 次，回收率 60％；分离 9 次，回收率 40％。因此，各步收率越高，回收率亦越高；分离步骤越多，回收率越低。

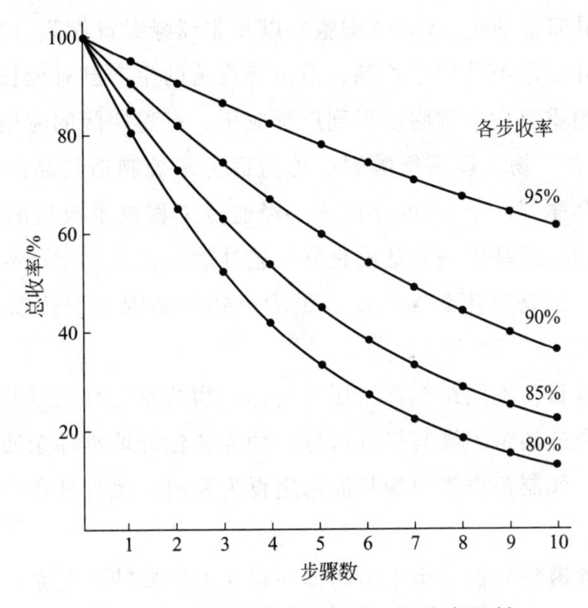

图 2-3-1　分离纯化步骤越多，回收率越低

③避免相同原理的分离技术多次重复出现，比如，分子筛和超滤技术按分子量大小分离，重复应用两次以上，意义就不大了。

④尽量减少新化合物进入待分离的溶液，原因：①引起新的化学污染；②蛋白质的变性失活。

⑤合理的分离步骤次序。

原则是：先低选择性，后高选择性；先高通量，后低通量；先粗分，后精分；先低成本，后高成本。

⑥采用成熟技术和可靠设备。

⑦准备好书面标准操作程序等技术文件。

⑧检测纯化过程中产物的产量和活性。

三、生物制药分离纯化的原材料选择与成品保存

1. 原材料的选择

选择富含所需目的物、易于获得、易于提取的无害生物材料。

(1) 合适的生物品种　材料的来源（动物、植物、微生物）。

① 植物器官与组织　如植物的根、茎、叶、果实与种子等。除植物器官和组织中固有的药用成分外，也可以用转基因技术将所需药物成分的编码基因转入植物，以获得珍稀药物原料。

② 动物器官与组织　动物脏器制药所用的动物器官与组织，如猪、牛、羊等动物的肝脏、胰腺、脑下垂体、脑组织以及鸡胚胎等，其他低等或高等动物包括海洋生物的器官与组织均含有丰富的药物成分。转基因动物也有应用。

③ 细胞培养产物　允许用于生产药用成分的哺乳动物传代细胞如人胚肺二倍体细胞（2BS 细胞）、中国仓鼠卵巢细胞（CHO 细胞）以及非洲绿猴肾细胞（Vero 细胞）等，原代地鼠肾细胞、鸡胚成纤维细胞等用于乙脑、痘苗等疫苗的生产已有较长的历史，这些动物细胞作为基因工程药物的重组宿主细胞已得到广泛应用，有着广阔的应用基础与前景。

④ 微生物发酵培养产物　以重组酿酒酵母为宿主系统制造药品的技术已较为成熟，酿酒酵母细胞的基因组全序列已于 1996 年破译。经遗传工程技术改造的甲基营养型毕赤酵母具有培养基成分简单和外源基因高表达的良好工艺性能，在生物制药领域中异军突起。细菌发酵培养产物如大肠杆菌是应用最为广泛、最为成熟的基因工程药物的重组细菌宿主细胞系统。

(2) 合适的组织器官　不同组织器官所含目标产物的量与种类以及杂质的种类、含量都有所不同，只有选择合适的组织器官提取目标产物才能较好地排除杂质干扰，获得较高的收率，保证产品的质量。如制备胃蛋白酶只能选用胃为原料；免疫球蛋白只能从血液或富含血液的胎盘组织中提取。

(3) 生物材料的种属特异性　由于生物体间存在着种属特性关系，因而许多内源性生理活性物质的应用受到限制。如制备催乳素，不能选用禽类、鱼类、微生物，应以哺乳动物为材料。

(4) 合适的生长发育阶段　植物原料要注意植物生长的季节性，选择最佳采集时间；微生物原料要注意微生物生长的对数期长短；动物原料有的要注意动物的类别、年龄与性别（参见图 2-3-2）。如提取胸腺素，因幼年动物的胸腺比较发达，而老龄后胸腺逐渐萎缩，因此胸腺原料必须来自幼龄动物。

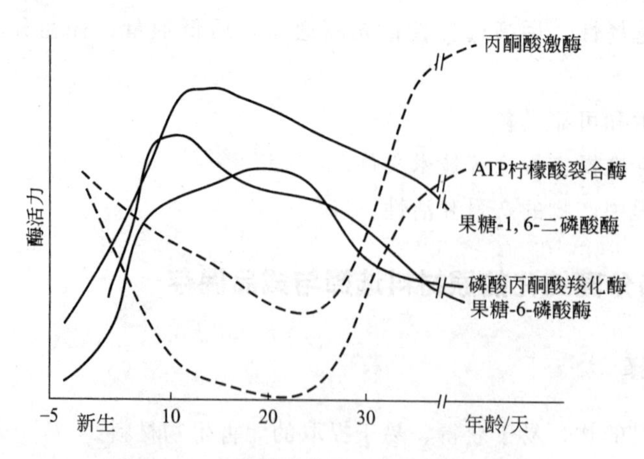

图 2-3-2　大鼠肝脏发育过程中酶活力变化

(5) 合适的生理状态　生物在不同生理状态时所含生化成分也有差异。如动物饱食后宰杀，胰脏中的胰岛素含量增加，对提取胰岛素有利，但因胆囊收缩素的分泌使胆汁排空，对收集胆汁则不利；从鸽肝中提取乙酰氧化酶时，先将鸽饥饿后取材可减少肝糖原的含量，以利于减少其对纯化操作的干扰。

此外，还应注意原料的采集地和批次（参见表 2-3-1）。

表 2-3-1　不同地区青蒿中青蒿素含量

广东	广西	福建	四川	湖南	湖北	江苏	山东	陕西	内蒙古
0.79%	0.72%	0.69%	0.70%	0.71%	0.66%	0.19%	0.10%	0.22%	0.17%

2. 天然生物材料的采后处理

天然生物材料采集后能及时投料最好，否则应采用一定的方式处理。这是因为：①组织器官离体后其细胞易破裂并释放多种水解酶，引起细胞自溶导致目标产物失活或降解。②生物材料离体后易受微生物污染导致目标产物失活或降解。③生物材料离体后易受光照、氧气等的作用导致其分子结构发生改变。如胰脏采摘后要立即速冻，防止胰岛素活力下降；胆汁在空气中久置，会造成胆红素氧化。一般植物材料需进行适当的干燥后再保存，动物材料需经清洗后速冻、有机溶剂脱水或制成丙酮粉在低温下保存。

3. 生物成品的保存

生物成品一旦保存不当，就会变性、变质、失活。

(1) 保存期　生物物质和绝大多数商品一样都有一定的保存期限。影响生物产品保存的主要因素有空气、温度、水分、光线、pH。

(2) 生物成品的保存方法

① 低温保存　多数蛋白质和酶对热敏感，通常超过 35℃以上就会失活，冷藏于冰箱一般也只能保存 1 周左右，而且蛋白质和酶越纯越不稳定，溶液状态比固态更不稳定，因此通常要保存于－20～－5℃，如能在－70℃下保存则最为理想。

② 制成干粉或结晶保存　蛋白质和酶呈固态时比在溶液中要稳定得多。固态干粉制剂放在干燥剂中可长期保存，例如葡萄糖氧化酶干粉 0℃下可保存 2 年、－15℃下可保存 8 年。此外要特别注意酶在冻干时往往会部分失活。

③ 保存时添加保护剂　为了长期保存蛋白质和酶，常常要加入某些稳定剂，如：a. 惰性的生化或有机物质，如糖类、脂肪酸、牛血清白蛋白、氨基酸、多元醇等，以保持稳定的疏水环境；b. 中性盐，有一些蛋白质要求在高离子强度（1～4mol/L 或饱和的盐溶液）的极性环境中才能保持活性，最常用的是 $MgSO_4$、NaCl、$(NH_4)_2SO_4$ 等，但使用时要脱盐；c. 巯基试剂，一些蛋白质和酶的表面或内部含有半胱氨酸巯基，易被空气中的氧缓慢氧化为磺酸或二硫化物而变性，保存时可加入半胱氨酸或巯基乙醇。

四、生物制药分离纯化的准备工作

分离纯化的目的和任务不同，对准备工作的要求也不同。

1. 软件材料的准备

(1) 生产文件的准备 在试验研究和工艺开发阶段，纯化前须起草书面的试验纯化步骤，纯化中详细记录纯化过程、各种参数和现象等；中试生产和常规生产必须准备包括各种操作指令、标准操作程序及配方、记录等技术文件，指令性文件须经有关责任人员签字批准。

设计分离工艺前应了解的产品理化信息如下所述。

① 在设计前，首先要掌握产物的物理化学性质，主要包括：

a. 溶解度及影响因素，包括温度、pH 值、有机溶剂和盐等；

b. 分子量和分子形状，这对于高分子物质非常有意义；

c. 沸点和蒸汽压，这对于热稳定的小分子物质非常有意义；

d. 极性大小；

e. 分子电荷及影响因素，包括 pH 值和盐等；

f. 功能团，功能团为萃取剂和特异性吸附的选择提供依据；

g. 免疫原性，设计亲和色谱；

h. 稳定性及其影响因素，包括温度、pH 值、毒性试剂等（如青霉素低 pH 不稳定）；

i. 分子的淌度及影响因素，包括 pH 值、离子强度和盐等；

j. 等电点 pI。

② 成品规格（或产品质量标准）：在标准指导下进行分离纯化，成品须达到国家药典标准，举例如表 2-3-2 所示。

表 2-3-2 五肽胃泌素的药典标准（2020 年版）

指标名称	指标
含量($C_{37}H_{49}N_7O_9S$)	97.0%～103.0%
比旋度	−29.0°～−25.0°
吸光度比值	A(280nm)∶A(288nm)＝1.12～1.22
干燥失重	0.5%

③ 进料的组成和物性：从目的产物的浓度高低、物料中的与目的产物相近物质成分的物理性质和化学性质、目的产物的定位、菌种的种类和形态、微生物的含量和发酵液的黏度等方面综合考虑。

④ 生产规模：在生物制药分离过程的第一个步骤（发酵液的预处理和固液分离）中，使用的离心和过滤等方法能够适应很宽的规模范围，因此对于不同规模的产物分离影响不大。但在后续步骤中，技术方法的选择和生产规模关系密切，应从技术的成本和产品的价值方面综合考虑。

⑤ 环保和安全要求：环境保护与安全生产是分离纯化的第一要素，在设计分离中要考虑如下事项并加以防护。

a. 离心产生的气溶胶、发酵产生的废气、干燥产生的粉尘等。

b. 目的产物本身的危害性，如抗肿瘤代谢类药物、类固醇类抗生素、激素类药物等。

c. 试剂危害，如萃取试剂 CCl_4、甲苯、苯、二甲苯、CNBr 等。

d. 微生物的危害，如重组 DNA 工程菌不能任意排放。基因工程菌种为新的物种，不能排除对生态系统和人的危害。

⑥ 生产方式：分批分离，还是连续纯化。生产方式不同，设计分离时的生产工序及工艺条件也不同。

(2) 生产人员的培训 各生产工序的操作人员必须经过培训，培训内容至少应包括纯化工艺涉及的基本原理、工艺流程、加工设备操作程序等。操作人员经过考核合格后方允许参加生产工作。

2. 硬件材料的准备

① 生产设施、仪器设备与器皿等

a. 厂房与公用设施 包括生产用水、蒸汽、压缩空气及共输送管线、生产环境的洁净程度、层流罩与超净台等。

b. 设备与器具 包括所使用的各种生物反应器如发酵罐、离心机、滤器、色谱柱、泵、容器、各类管线、塞盖、接头等辅助装置，检测用仪器、试剂、取样工具与样品瓶等。

c. 厂房、公用设施与设备 在生产开始前均应经过安装、运行与性能确认等验证程序，保证这些设施、设备与器具等在纯化工作开始前处于良好的工作或备用状态。

② 工艺处理液的准备：绝大多数生物物质的分离纯化过程基本上是在液相中或液相与固相转换中进行的，组织细胞破碎、目标成分释放溶出、提取物的澄清、浓缩与稀释、沉淀、吸附、离心、色谱分离、脱盐和洗脱等加工处理过程大多需要在适宜的液相中才能实现。因此，生物产品分离提纯过程需要使用多种溶液、试剂和去垢剂、酶类抑制剂等添加剂。为了保证分离纯化中不出现顾此失彼，通常在分离纯化前均需将工艺中所用到的各种处理液事先准备好，各处理液的要求应遵循国家或行业制定的有关标准，暂无通行标准的特殊溶剂应制定企业标准。

五、生物制药分离纯化的基本步骤

生物制药分离纯化的基本步骤如下：

1. 原材料的预处理

其目的是将目标产物从起始原材料（如器官、组织或细胞）中释放出来，同时保护目标产物的生物活性。

2. 颗粒性杂质的去除

由于技术和经济原因，在这一步骤中能选用的单元操作相当有限，过滤和离心是基本的单元操作。为了加速固、液两相的分离，可同时采用凝聚和絮凝技术；为了减少过滤介质的阻力，可采用错流膜过滤技术，但这一步对产物浓缩和产物质量的改善作用不大。

3. 可溶性杂质的去除和目标产物的初步纯化

如果产物在滤液中，并且要求通过这一步骤能除去与目标产物性质有很大差异的可溶性杂质，使产物浓度和质量都有显著提高，这常需经过一个复杂的多级加工程序，单靠一个单元操作是不可能完成的。这步可选的单元操作范围较广，如吸附、萃取和沉淀等。

4. 目标产物的高度纯化

该步骤仅有有限的几类单元操作可选用，但这些技术对产物有高度的选择性，用于除去有类似化学功能和物理性质的可溶性杂质，典型的单元操作有色谱分离、电泳和沉淀等。

5. 目标产物的成品加工

产物的最终用途和要求，决定了最终的加工方法，浓缩和结晶常常是操作的关键，大多数产品必须经过干燥处理，有些还需进行必要的后加工处理如修饰、加入稳定剂以保护目标产物的生物活性。

六、生物制药分离纯化技术的综合运用与工艺优化

一种合格产品要运用多种分离设备和技术进行纯化，原因为：①在每个工序中根据现有设备条件和目标产物的性质、规格、用途不同可采用多种分离纯化手段；②每种分离纯化操作本身各项影响加工效果的因素都直接影响分离纯化的效果和成本；③各工序间具有复杂的相互影响作用，必须保证上一工序工艺处理条件和产物的质量适于下一工序的加工需要。

1. 建立在制品、半成品和成品方面的检测方法是工艺优化的前提

在生物制药产品分离纯化中建立在制品、半成品、成品的检测方法是分离纯化工艺优化的前提条件，也是分离纯化操作过程中的重要组成部分。在实际生产中，根据在工艺里所起的作用可将其分为在线检测、数据检测和放行检测等几类。

2. 明确优化工艺的评判标准，处理好收率、纯度、经济性之间的平衡

（1）收率与纯度之间的平衡 生物产品的纯度是衡量其质量优劣的重要指标，特别是人类临床使用的药物，其纯度的高低直接关系到用药的安全性。绝对纯净和100%的高纯化产率是现代生物产品领域追求但尚不能达到的目标。在绝大多数生物产品分离纯化过程中，通常纯度与产率之间是一对矛盾的关系，纯化产品产率的提高往往伴随着纯度的下降，反之对纯度要求的提高意味着纯化工艺成本的提高和产物收率的降低。应结合对药物的质量要求、加工成本、技术上的可行性和可靠性、产品价值以及市场需求等，找出纯化工艺加工产物纯度、生物活性和产量间的平衡点，实现工艺的最优化。

（2）经济性考虑 生物制药分离纯化过程是现代生物工程的核心，是决定产品的安全、效力、收率和成本的技术基础，生物制药分离纯化过程所产生的成本费用约占整个生产过程的70%，而纯度要求更高的医用酶如天冬酰胺酶的分离纯化成本高达生产过程的85%。因此，分离纯化工艺总体成本与纯化产物的价值必然影响纯化工艺路线的设计。

应将处理体积大、加工成本低的工序尽量前置，而价格昂贵、精制工序宜放在工艺流程的后段。随着产物纯度的提高，对工艺流程下游加工所用的设备及试剂的要求亦有所提高。

七、生物制药分离纯化的中试放大

中试放大是由小试转入工业化生产的过渡性研究工作。

1. 中试放大应具备的条件

在小试进行到什么阶段才能进入中试放大，尚难制定一个标准。但除了人为因素外，至少在进入中试放大前应具备以下一些条件：①确定并系统鉴定了生物材料的资源（包括菌种、细胞株等）；②目标产物的收率稳定即重复性好，质量可靠；③工艺路线和操作条件已经确定，并且已经建立了原料、半成品、产品的分析检测方法；④已经进行过物料平衡预算，并且建立了“三废”的处理和监测方法；⑤确立了中试规模及所需原材料的规格和数量；⑥建立了比较完善的安全生产预警措施和方法。

2. 中试放大的主要研究内容

中试放大的研究内容主要有：

① 工艺路线及各工序操作步骤的研究；

② 设备材质与型号的选择性研究；

③ 操作条件的研究；

④ 原辅材料、中间体及产品的理化和生物学测定方法；

⑤ 原辅材料、中间体质量标准的研究；

⑥ 物料衡算的研究；

⑦ 消耗定额、原料成本、操作工时与生产周期等的计算研究；

⑧ 安全生产与“三废”防治措施的研究。

中试放大中力求解决的问题如下：

① 进一步确定生产中所需原辅料的规格和来源。

② 进一步确定生产设备的选型与设备材料的质量。

③ 进一步确定分离纯化操作的条件限度。

④ 研究和建立原辅材料、中间体及产品质量的分析方法和手段。

3. 中试放大的方法

中试放大的方法有经验放大法、相似放大法和数学模型放大法。生物制药产品研发中主要采用经验放大法。经验放大法主要是凭借经验通过实验室装置、中型装置及大型装置逐级放大来摸索反应器的特征。其中试放大的程序，可采取“步步为营法”或“一竿子插到底法”。“步步为营法”可以先集中精力，对每步反应的收率、质量进行考核，在得到结论后，再进行下一步操作。“一竿子插到底法”可先看产品质量是否符合要求，并让一些问题先暴露出来，然后制定对策，重点解决。不论哪种方法，首先应弄清楚中试放大过程中出现的一些问题，是原料问题、工艺问题、操作问题，还是设备问题。要弄清楚这些问题，通常还需同时对小试与中试进行对照试验，逐一排除各种变动因素。

同步训练

1. 生物制药分离纯化方法选择的原则是什么？
2. 生物制药分离纯化的基本步骤有哪些？
3. 影响生物产品保存的主要因素有哪些？

核心概念小结

生物技术药物：广义是指以生物物质包括各种生物活性物质及其人工合成类似物为原料，通过现代生物技术制得的药物。狭义是指利用生物体、生物组织、细胞及其有效成分，综合应用化学、生物学和医药学各学科的原理和技术方法制得用于预防、诊断、治疗和康复保健的制品，并且特指采用 DNA 重组技术或其他现代生物技术研制的蛋白质或核酸类药物。

分离：是利用混合物中各组分在物理性质或化学性质上的差异，通过适当的装置或方法，使各组分分配至不同的空间区域或在不同的时间依次分配至同一空间区域的过程。

纯化：是通过分离操作使目标产物纯度提高的过程，是进一步从目标产物中除去杂质的过程。纯化的操作过程可以是同一分离方法反复使用，也可以是多种分离方法反复使用。

生物制药分离纯化：是指利用传统发酵技术或基因工程等现代生物技术生产得到的发酵液、酶反应液、动植物组织细胞培养液，再使用现代生物分离的新技术、新工艺及新材料从复杂生物组分中分离和纯化目标（生物药物）分子以及纯化生物药品的过程。

模块三 生物原材料的预处理及液-固分离技术

生物制药分离纯化是从生物材料、微生物的发酵液、生物反应液或动植物细胞的培养液中分离并纯化有关产品（如具有药理活性作用的蛋白质等）的过程，又称为下游加工过程。

从微生物发酵液或细胞培养液中提取生化物质的第一个重要步骤就是预处理和固液分离。其目的不仅在于分离细胞、菌体和其他悬浮颗粒，还希望除去部分可溶性杂质和改变滤液的性质，以利于后续的各步操作。

学习与职业素养目标

通过本模块的学习，熟知根据分离提纯的生物物质的目的确定预处理方法，会利用凝聚、絮凝、沉淀等技术除去部分杂质；知晓根据不同来源的材料（植物、动物和微生物）改变条件进行预处理；会正确选择及使用细胞破碎及液-固分离设备。

通过对不同预处理方法的讲解，培养勤于观察、探索精神及可持续发展的意识。

学习单元一　生物原材料的预处理技术

预处理的目的是加快从悬浮液中分离固形物的速度，提高固、液分离的效率。

① 改变发酵液或细胞培养液等生物原材料的物理性质，包括增大悬浮液中固体粒子的尺寸、降低液体黏度。

② 相对纯化，去除发酵液等中的部分杂质（高价无机离子和杂蛋白质），以利于后续各步操作。

③ 尽可能使产物转入便于后处理的一相中（多数是液相）。

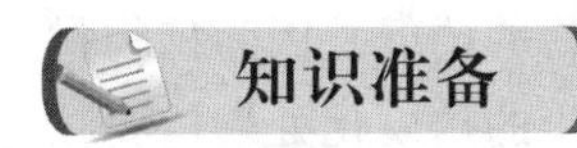

知识准备

一、确定预处理方法的依据

1. 生物活性物质存在方式与特点

(1) 生物活性物质存在方式　生物活性物质存在部位与它的生物活性密切相关；生物活性物质来源、存在状态（胞内、胞外、前体）决定了它的预处理方法。

胞外：多数微生物酶如淀粉酶、蛋白酶、糖化酶常大量存在于胞外培养液中。

胞内：合成酶类、代谢酶类、遗传物质和代谢中间物则存在于细胞内，如DNA聚合酶、细胞色素c等。需先破碎细胞后提取，膜上的需先溶解下来。

生物活性物质的存在方式与其生物功能密切相关，一般情况下，可以根据活性物质的生物功能推断其存在部位和分布方式。生物活性物质在生物材料中含量较低，杂质含量高，而且生理活性愈高的成分，其含量往往愈低。如胰岛素在胰脏中的含量为0.02%，胆汁中胆红素的含量为0.05%～0.08%。

(2) 生物活性物质存在特点 组成复杂，含量低；分离纯化难；目的物与杂质的理化性质如溶解度、分子量、等电点等都十分接近，容易失活。

2. 后续工艺要求

经过预处理、细胞破碎和固-液分离后，一般要求得到滤液澄清、pH适中、有一定浓度的目的生物活性物质。

不同的后续操作有不同的要求，如后续采用离子交换方法处理，则对滤液中无机离子、灰分含量、澄清度方面要求较高；如采用溶剂萃取，则要求蛋白质含量较低，以减轻乳化现象；如采用结晶方法，则还需要经过脱色处理。

3. 目的物稳定性

生物活性物质可被材料中的酶、微生物破坏，还可能受酸、碱、盐、重金属离子、机械搅拌、温度甚至空气和光线作用而改变活性。

不稳定的生物活性物质，不可采用较剧烈的变性和处理条件，要防止失活，例如青霉素，要求pH 4.8～5.2、低温条件下青霉素蛋白的高级结构构象不变，保证青霉素稳定。

稳定的生物活性物质，可采用较剧烈的变性和处理条件沉淀杂质蛋白。如链霉素稳定性较好，可在pH 2.8～3.2、75℃加热处理，提高过滤速度。

二、不同生物材料的预处理方法

1. 植物材料的预处理

植物体内通常存在着为数众多的天然蛋白质，提取时常选用一些器官为主要原料。但植物提取蛋白质时存在一些特殊问题，导致蛋白质的得率较动物和微生物的要低。因为植物材料中除目的蛋白外还含有大量的淀粉、纤维素和果胶等杂质，所以初步的均质化处理需要在大量缓冲液中进行，初步过滤后得到低浓度蛋白质。

2. 动物材料的预处理

动物原材料组织中含有丰富的目的蛋白，根据蛋白质所处的不同位置（胞内、胞外、亚细胞器等），应选用不同的组织破碎方式。

绞肉机：将事先切成小块的组织绞碎，形成组织糜，许多蛋白质和酶可以从颗粒较粗的组织糜中提取出来。

匀浆机和组织捣碎机：一些胞内产物不能有效提取，须通过特殊的匀浆才可以进行。在实验室常用的是玻璃匀浆器和组织捣碎器，工业上可用高压匀浆泵。如图 3-1-1 所示。

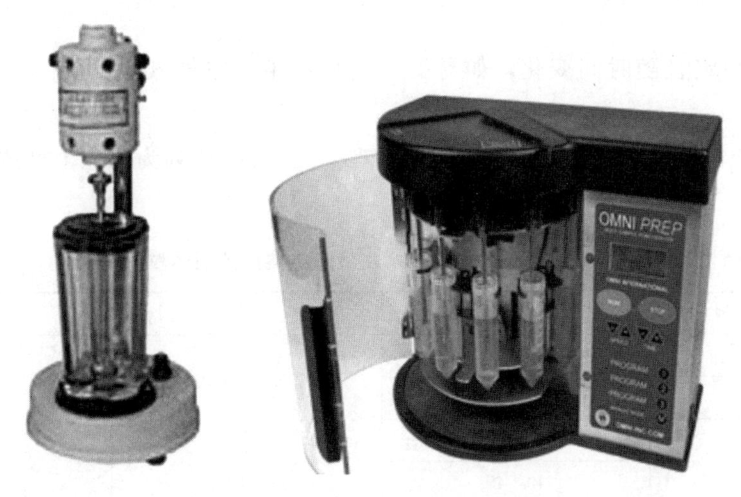

图 3-1-1 组织捣碎机（左）和多样品剪切均质匀浆机（右）

组织均质化后，将不同亚细胞结构内的蛋白酶释放到溶液中，使之与目的蛋白接触并降解。进行纯化处理时应注意：均质化时间应尽可能短，减少不必要的蛋白质水解变性，在4℃预冷的缓冲液中进行均质化处理和后期分离操作，有助于降低蛋白质水解速度，在缓冲液中添加蛋白酶抑制剂控制蛋白质水解。

3. 发酵液（培养液）的预处理

（1）发酵液（培养液）预处理的目的 无论产物在胞内还是在胞外或是菌体本身，都首先需要进行发酵液（培养液）的预处理和固、液分离，以使产品可以从澄清的发酵液中提取出来，或是从收集的固体（菌体）进行破碎、提取分离胞内的产物。预处理的目的如下所述。

① 改变发酵液（培养液）的物理性质（如降低黏度、增大颗粒粒度、提高颗粒稳定性等），固、液分离速度加快，分离器分离效率升高，利于固-液分离。主要方法有：加热、凝聚与絮凝、使用助滤剂等。

② 目标产物转移至其中一相（多数为液相）。

③ 去杂质，即去除发酵液（培养液）中部分杂质以利于后续各步操作。发酵液（培养液）中主要含有两类物质：a. 可溶性胶状物质，如核酸、杂蛋白、不溶性多糖，这些杂质不仅使培养液黏度增加，液、固分离速度受影响，而且还会影响后续的分离纯化操作；b. 无机盐类，不仅影响成品质量，而且在采用离子交换法提取时，由于树脂大量吸附无机离子而减少对目的物的交换。

（2）发酵液（培养液）的特性 微生物发酵液或细胞培养液的成分极为复杂，有以下特性：

① 发酵产物浓度较低，大多为 1%～10%，有的甚至更低，悬浮液中大部分是水；

② 悬浮物颗粒小，相对密度与液相相差不大；

③ 固体粒子可压缩性大；

④ 经常含有一些黏性物质，如蛋白质、核酸和多糖等，液相黏度大，大多为非牛顿型流体；

⑤ 性质不稳定且随时间变化，如易受微生物污染、空气氧化、蛋白酶水解等作用的影响。

这些性质使得发酵液的过滤与分离相当困难。表 3-1-1 所列为工业生物技术发酵液中典型的固体粒子。

表 3-1-1 工业生物技术发酵液中典型的固体粒子

固体粒子的类型	尺寸/(μm×μm)	备注	
细胞碎片	<0.4×0.4		
细菌细胞	1×2		
酵母细胞	7×10		
动物细胞	40×40	尺寸增加↓	回收费用增加↑
植物细胞	100×100		
真菌菌丝或丝状细菌	1～10 丝网状		
絮凝物	100×100		

(3) 发酵液（培养液）预处理的主要方法

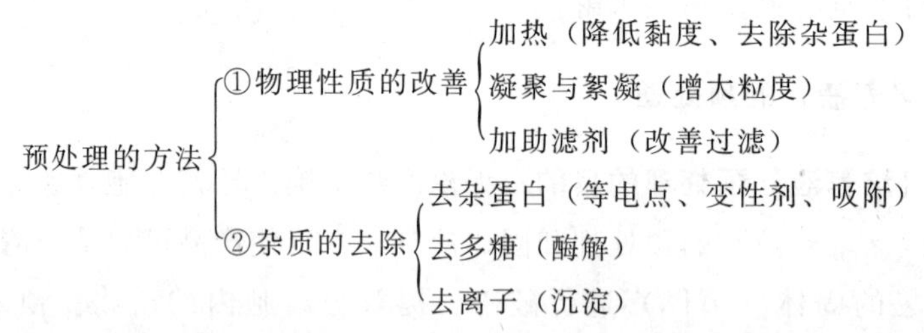

① 加热：一般加热的温度采用 65～80℃。不同的蛋白质其开始变性沉淀的温度不同。这也是最简单、成本最低的发酵液预处理方法之一。通过对发酵液进行加热处理可以达到几个目的：a. 降低发酵液黏度，改善固-液分离条件。b. 除去部分热敏性的杂质，如杂蛋白；同时，在适当温度和受热时间下可使发酵液中的蛋白质由于变性而凝聚，形成较大颗粒的凝聚物，发酵液的黏度也会随之降低，进一步改善了发酵液的过滤特性。c. 使发酵液获得巴氏灭菌的作用。发酵液（培养液）加热的前提是目的产物必须为非热敏性的。

缺点：热处理常常会对发酵液质量有影响，特别是会使色素增多。而且，温度升高常使发酵液中的一些水解酶活力升高，被分离产物有受酶水解的危险。因此，热变性最好在硫酸铵溶液中进行，另外，选择合适的缓冲液、pH、加热方式和加热过程也很重要。

② 调节 pH 值：pH 值直接影响发酵液中某些物质的电离度和电荷性质，适当调节 pH 值便可改变其过滤特性。蛋白质属两性电解质，两性电解质在溶液中的 pH 值处于等电点时分子表面净电荷为零，导致赖以稳定的双电层及水化膜的削弱或破坏，分子间引力增加，溶解度最小。因此，调节溶液的 pH，使两性电解质的蛋白质溶解度下降而析出。如味精生产中就是利用等电点（$pI=3.22$）沉淀法提取谷氨酸的。

在调节 pH 值时要注意，应选择比较温和的酸和碱，以防止局部过酸或过碱。

③ 加入助滤剂：助滤剂是一种具有特殊性能的细粉或纤维，它能疏松滤饼、降低滤饼的可压缩性而使滤速加快。助滤剂尤其适用于处理具有菌丝体的发酵液。选择和使用助滤剂应考虑以下几点：a. 根据目的产物选择助滤剂品种。当目的产物为液相时，要注意目的产物是否会被助滤剂吸附，这种吸附常与 pH 有关；当目的产物为固相时，一般使用淀粉、纤维素等不影响产品质量的助滤剂。b. 助滤剂的粒度。选择粒度时应根据悬浮液中的颗粒和滤液的澄清度通过试验确定，一般情况颗粒大，过滤速度快，但滤液澄清度差；反之颗粒小，过滤阻力大，澄清度高。使用前应针对不同的发酵液和过滤要求，通过实验确定其最佳型号。c. 助滤剂的品种。根据过滤介质选择助滤剂品种。常用的助滤剂有硅藻土、纤维素、石棉粉、珍珠岩、白土、碳粒、磨碎木浆、淀粉等。助滤剂的使用方法有两种，一种是在过滤介质表面预涂助滤剂，另一种是将其直接加入发酵液，也可两种方法同时使用。当使用粗目滤网时，采用石棉粉、淀粉、纤维素等可以有效地防止泄漏；当使用细目滤网时，应采用细颗粒的硅藻土。d. 助滤剂用量。间歇操作时，助滤剂预涂层的最小厚度是 2mm；连续操作时根据过滤速度和产品浊度来确定。当助滤剂直接加入发酵液时，一般情况下，若助滤剂用量与悬浮液中固形物含量相等，过滤速率最快。助滤剂的使用量必须合适，使用量过少，起不到有效的作用；使用量过大，不仅浪费，而且会因助滤剂成为主要的滤饼阻力而使过滤速率下降。另外，若助滤剂中某些成分会溶于酸性或碱性液体，对产品有影响时，使用前对助滤剂应进行酸洗或碱洗。

④ 加入凝聚剂：凝聚是在高价无机盐作用下，由于经典排斥力的降低，而使胶体体系不稳定的现象。胶粒能保持分散状态的原因主要是带有相同电荷，一旦由于布朗运动使粒子间距离缩小即产生排斥力使两个粒子分开，从而阻止了粒子的聚集。

胶体粒子的电荷一旦被中和，其排斥力消失，胶体粒子就会在分子间吸引力作用下聚集沉淀。

通常培养液中的细胞或菌体带负电荷，采用高价阳离子促其凝固。阳离子对带负电荷的胶粒的凝聚能力的次序为：$Al^{3+} > Fe^{3+} > H^{+} > Ca^{2+} > Mg^{2+} > K^{+} > Na^{+} > Li^{+}$。

常用的凝聚剂有：$Al_2(SO_4)_3 \cdot 18H_2O$、$AlCl_3 \cdot 6H_2O$、$FeCl_3$、$ZnSO_4$、$MgCO_3$等。

⑤ 加入絮凝剂：絮凝是指在某些高分子絮凝剂存在下，基于架桥作用，使胶粒形成粗大的絮凝团的过程，它是一种以物理的集合为主的过程（如图 3-1-2 所示）。

图 3-1-2　壳聚糖中加入聚丙烯酰胺絮凝剂前后

絮凝剂是一种能溶于水的高分子聚合物，其分子量可高达数万至一千万以上，长链状结构，其链节上含有许多活性官能团，包括带电荷的阴离子（如—COOH）或阳离子（如—NH_2）基团以及不带电荷的非离子型基团，它们通过静电引力、范德华引力或氢键的作用，强烈地吸附在胶粒的表面。当一个高分子聚合物的许多链节分别吸附在不同的胶粒表面，产生桥架连接时，就形成了较大的絮团，这就是絮凝作用。

影响絮凝剂絮凝效果的因素有：

a. 絮凝剂分子量　分子量越大，链越长，吸附架桥效果就越明显；但是分子量过大，絮凝剂在水中的溶解度降低。

b. 絮凝剂浓度　浓度较低时，增加用量有助于架桥，提高絮凝效果；但是浓度过高反而引起吸附饱和，在胶粒表面形成覆盖层而失去与其他胶粒架桥的作用，降低絮凝效果。如图 3-1-3 所示。

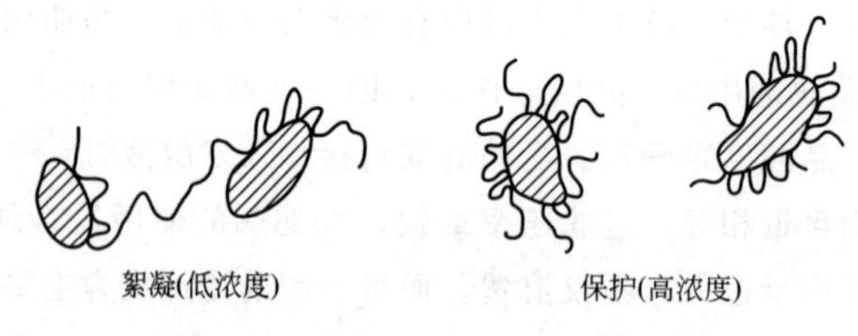

图 3-1-3　高分子的絮凝与保护作用

c. 溶液的 pH　pH 的变化会影响离子型絮凝剂功能团的电离度，提高电离度可使链分子上同种电荷间的电排斥作用增加，链从卷曲状态变为伸展状态，发挥最佳架桥能力。

d. 搅拌速度　刚加入絮凝剂时，搅拌速度快能使絮凝剂迅速分散，发挥絮凝作用，但当絮凝团形成后，高的剪切力会打碎絮凝团。

常用的絮凝剂有：a. 聚丙烯酰胺衍生物，包括非离子型、阴离子型（含—COOH）、阳离子型（含—NH_2）；由于聚丙烯酰胺类絮凝剂具有用量少（一般以 mg/L 计量）、絮凝体粗大、分离效果好、絮凝速度快以及种类多等优点，所以适用范围广。b. 天然有机高分子絮凝剂，如明胶、海藻酸钠在食品工业上应用较多，壳聚糖在生物产品分离中用得最多。工业上常用的絮凝剂如表 3-1-2 所示。

表 3-1-2　工业上常用的絮凝剂举例

分类		举例
天然有机高分子聚合物		海藻酸钠、壳聚糖、明胶等
人工合成有机高分子聚合物	阴离子型	聚丙烯酸钠
	阳离子型	聚二烯丙基二甲基氯化铵等
	非离子型	聚丙烯酰胺
	两性型	改性聚丙烯酰胺等

⑥ 发酵液的相对纯化

发酵液杂质很多，在预处理中应尽量去除。

a. 杂蛋白的去除　利用各种沉淀方法，可以去除液相中各种蛋白质。常用的有等电点沉淀法、变性沉淀法、盐析法、有机溶剂沉淀法、反应沉淀法等。这些沉淀方法既可以作为除杂质的方法，也可以作为提取目标产物的技术手段。

b. 不溶性多糖的去除　当发酵液中含有较多不溶性多糖时，黏度增大，固液分离困难，可用酶将其转化为单糖，以提高过滤速率。例如，万古霉素用淀粉作培养基，发酵液过滤前加入0.025%的淀粉酶，搅拌30min后（水解未消耗完的淀粉颗粒），再加2.5%的硅藻土助滤剂，从而使得过滤速率提高5倍。另外，在一些发酵液中加入多糖水解酶以降解发酵过程中产生的黏性多糖，使发酵液的黏度大幅降低，过滤速率得以提高。

c. 高价无机离子的去除　发酵液中的高价无机离子主要是Ca^{2+}、Mg^{2+}、Fe^{3+}等。通常利用草酸与Ca^{2+}反应生成不溶性的钙盐的性质除去杂质Ca^{2+}；加入三聚磷酸钠与Mg^{2+}形成络合物；对于铁离子，可加入黄血盐使之形成普鲁士蓝沉淀而除去。$ZnSO_4$和黄血盐也常用来去除杂氨基酸和杂蛋白。正确选择反应剂和反应条件，能使过滤速率提高3～10倍。

d. 有色物质的去除　发酵液中的有色物质可能是由于微生物生长代谢过程分泌的，也可能是培养基（如糖蜜、玉米浆等）带来的，色素物质化学性质的多样性增加了脱色的难度。色素物质的去除，一般以使用离子交换树脂、离子交换纤维、活性炭等材料的吸附法来进行脱色最为普遍。

三、组织和细胞破碎技术

细胞破碎技术是指利用外力破坏细胞膜和细胞壁，使细胞内物质包括目的产物成分释放出来的技术。该技术是分离纯化细胞内合成的非分泌型生化物质（产品）的基础。

细胞破碎是了解细胞组成和结构，获得细胞内含物的必要手段。胞内的生物活性物质的稳定性差，条件不适极易失活，特别是微生物细胞十分微小，细胞壁结构比较紧密，一般方法不易将细胞打破，有些技术虽然可以，但条件严苛，胞内生物活性物质在此条件下很易失活，这限制了一些技术的应用。在一定程度上细胞破碎仍是生物技术产业化的关键技术之一。

1. 细胞壁的组成和结构

微生物细胞和植物细胞外层均为细胞壁，细胞壁里面是细胞膜；动物细胞没有细胞壁，仅有细胞膜。

通常细胞壁较坚韧，而细胞膜脆弱，易受渗透压冲击而破碎，因此细胞破碎的阻力主要来自细胞壁。不同细胞壁的结构和组成不完全相同，故细胞壁的机械强度不同，细胞破碎的难易程度也就不同。细菌细胞壁的主要成分是肽聚糖，它是由*N*-乙酰葡糖胺和*N*-乙酰胞壁酸经β-1,4-糖苷键连接、间隔排列形成的多糖支架。

霉菌的细胞壁大多由几丁质和葡聚糖构成，还含有少量蛋白质和脂类。

酵母和真菌的细胞壁主要由β-葡聚糖和β-甘露聚糖两类多糖组成，且含有少量的蛋白质、脂肪和矿物质。大约等量的葡聚糖和甘露聚糖占细胞壁干重的85%。各种微生物细胞壁的组成和结构如表 3-1-3 所示。

表 3-1-3 各种微生物细胞壁的组成和结构

微生物	革兰阳性细菌	革兰阴性细菌	酵母菌	霉菌
壁厚/nm	20～80	10～13	100～300	100～250
层次	单层	多层	多层	多层
主要组成	肽聚糖(40%～90%) 多糖 胞壁酸 蛋白质 脂多糖(1%～4%)	肽聚糖(5%～10%) 脂蛋白 脂多糖(11%～22%) 磷脂 蛋白质	葡聚糖(30%～40%) 甘露聚糖(30%) 蛋白质(6%～8%) 脂类(8.5%～13.5%)	多聚糖(80%～90%) 脂类 蛋白质

细菌破碎的主要阻力来自肽聚糖的网状结构，网状结构越致密，破碎的难度越大，革兰阴性细菌网状结构不及革兰阳性细菌的坚固（见图 3-1-4）；酵母细胞壁破碎的阻力也主要取决于壁结构交联的紧密程度和它的厚度（见图 3-1-5）；由于霉菌细胞壁中含有几丁质或纤维素的纤维状结构，其强度比细菌和酵母菌的细胞壁有所提高。

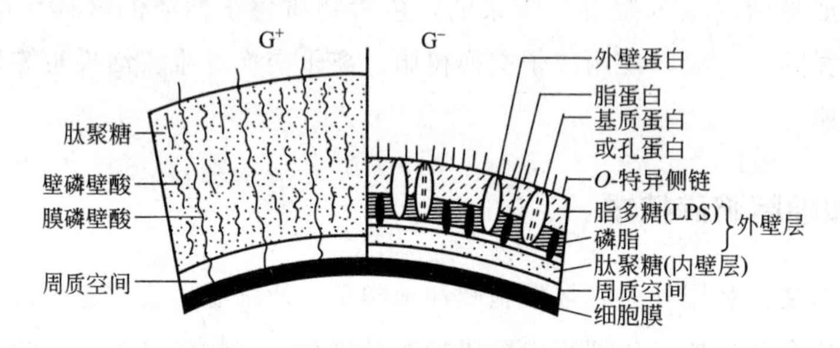

图 3-1-4 革兰阳性菌与革兰阴性菌的细胞壁结构比较

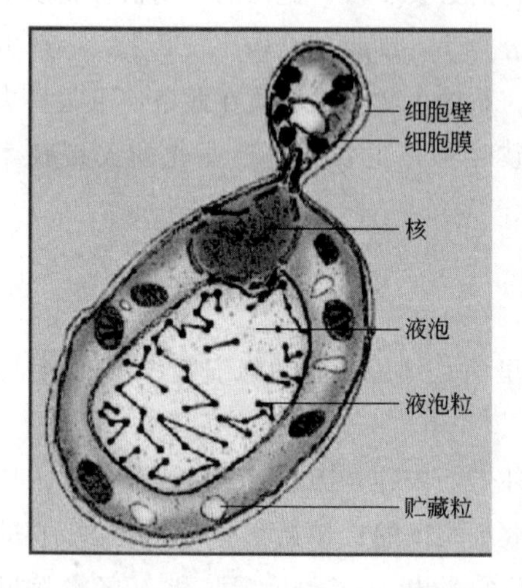

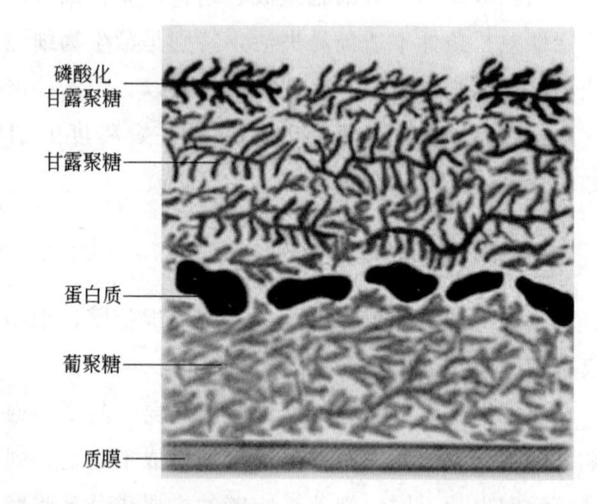

图 3-1-5 酵母细胞的组成及结构模型

2. 常用破碎方法

细胞破碎的方法按其所受作用，分为物理破碎法和化学破碎法。

（1）高速珠磨法　采用高速珠磨法进行细胞破碎，被认为是最有效的一种细胞物理破碎法。

① 原理　进入珠磨机（图 3-1-6）的细胞悬浮液与极细的玻璃小珠、石英砂、氧化铝等研磨剂（直径小于 1mm）一起快速搅拌或研磨，研磨剂、珠子与细胞之间的互相剪切、碰撞使细胞破碎，释放出内含物。

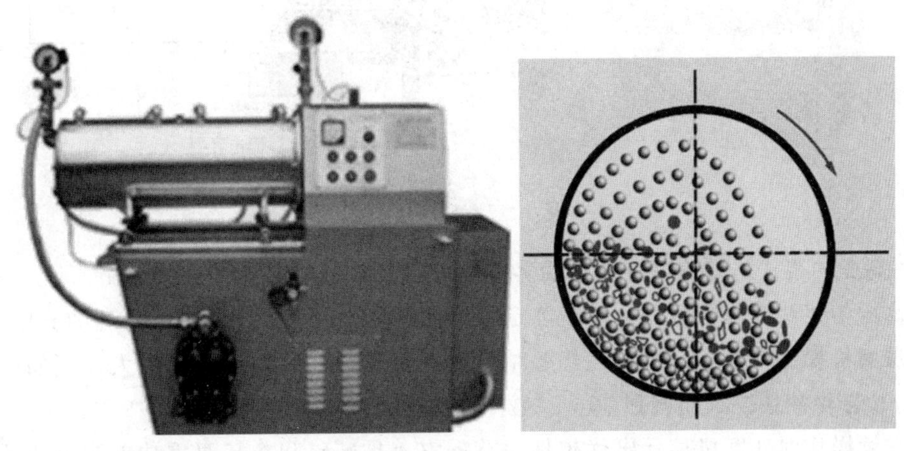

图 3-1-6　高速珠磨机

② 提高破碎效率的方法　提高搅拌速度、增加小珠量、降低细胞浓度、降低通过珠磨机的循环速率。

③ 温控与能耗　操作过程中会产生热量，易造成某些生化物质破坏，故研磨室还装有冷却夹套，以冷却细胞悬浮液和玻璃小珠。珠磨法的破碎率一般控制在 80％以下，其目的是降低能耗、减少大分子目的产物的失活、减少由于高破碎率产生的细胞小碎片不易分离而给后续操作带来的困难。

（2）高压匀浆法　高压匀浆法为物理破碎法。

① 破碎机理　高压释放匀浆法是一种有效的大规模破碎细胞的技术。现已有各种类型的高压匀浆器（图 3-1-7）工业产品可供选择。细胞悬浮液在 40～350MPa 的高压下通过阀座中心孔高速喷出，因针状调节阀的阻挡而改变方向，喷射在碰撞环上，细胞在高速喷射、湍流碰撞和急剧降压中，由于各种剪切力的作用致使其破碎。

② 温控与能耗　将温度控制在 35℃以下，那么酶活力损失可以忽略。对于温度敏感性物质，需低温操作。机械破碎的能耗主要包括提供动力（如压力）消耗的能量以及低温操作耗费的能量。如，提高压力需增加能耗（3.5kW/100MPa），同时产生热量（23.8℃/100MPa）。

③ 存在的问题　该法适用于酵母和绝大多数细菌，但不适于易造成堵塞的团状或丝状真菌、较小的革兰阳性菌、含有包含体的基因工程菌（因包含体坚硬，易损伤匀浆阀）。影响破碎的主要因素是压力、温度和通过匀浆器阀的次数。在工业规模的细胞破碎中，对于酵母等难破碎的及高浓度的细胞，常采用多次循环的操作方法。细胞破碎时浓度应在 60％～80％（湿重/体积），高于这个浓度时破碎效果有所降低。

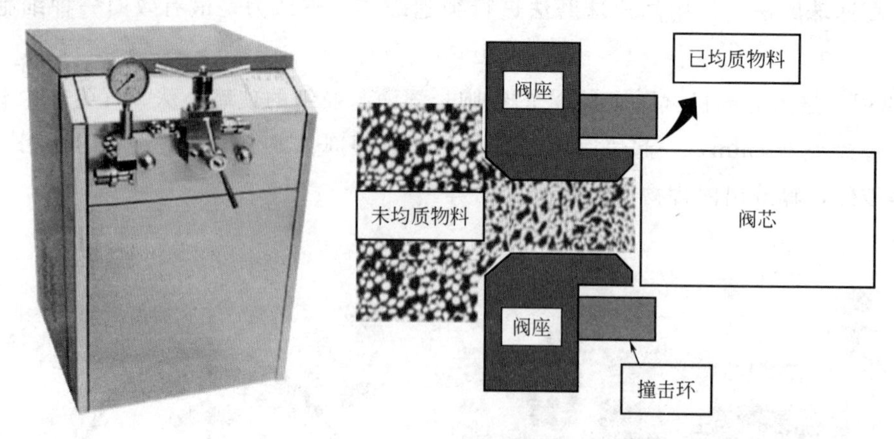

图 3-1-7 高压匀浆器

(3) 高压匀浆法与高速珠磨法的优劣 两种方法各有其优缺点，现比较如下。

① 高压匀浆法操作参数少，易于确定，而且样品损失量少，最少可处理 20mL 悬浮液。

② 珠磨机操作参数多，一般凭经验估计，并且珠子之间的液体损失大，例如可使一次处理 85mL 悬浮液最终只能得到 50mL 左右的浆液。

③ 连续操作时珠磨机显示出优越性，首先它兼具破碎和冷却双重功能，减少了产物失活的可能性，而高压匀浆器需配备换热器进行级间冷却；其次珠磨法破碎效率较高。

(4) 超声破碎法 超声破碎法为物理破碎法。

① 原理 超声破碎器是将电能通过换能器转换为声能，并把超声波传送到与其接触的溶液中。这种能量通过液体介质（如水）而变成一个个密集的小气泡，这些小气泡迅速炸裂，产生像小炸弹一样的能量，从而起到破碎细胞等物质的作用，俗称“空化效应”。超声波细胞粉碎机能用于各种动植物细胞、病毒细胞、细菌及组织的破碎。如图 3-1-8 所示。

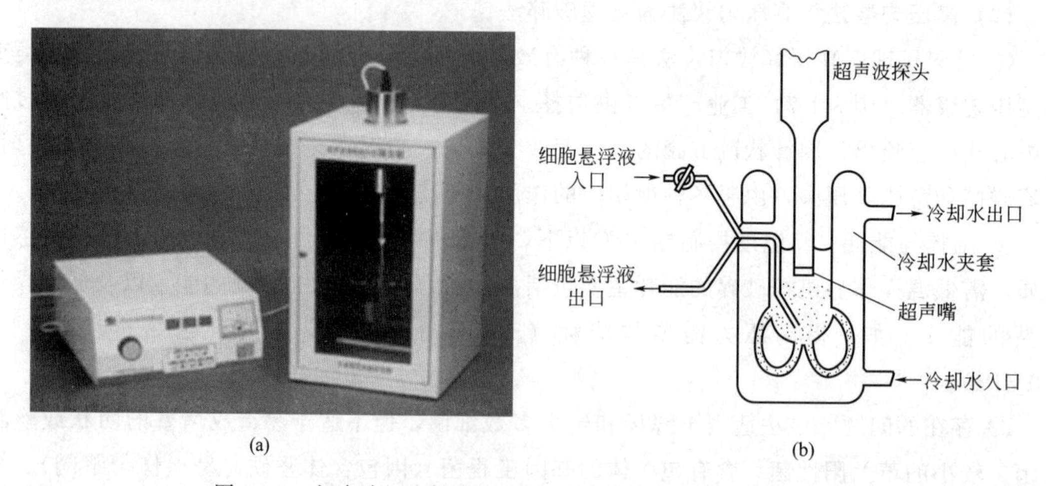

图 3-1-8 超声波细胞粉碎机（a）及连续破碎池结构示意（b）

② 影响超声波破碎的因素 超声波破碎作用受许多因素影响，破碎细胞时应考虑如下几点：

a. 超声波的声强、频率、温度控制能力和破碎时间。b. 细胞悬浮液的离子强度、pH和细胞种类等对破碎效果也产生影响。c. 发射针的快速振动会产生大量的热，在使用中必须每间隔几分钟关掉发生器以消散热量。d. 超声波破碎时细胞浓度一般在20%左右，高浓度和高黏度都会降低破碎速度。e. 超声破碎细胞较为彻底，细胞内含物全部释放，破碎细胞悬浮液黏稠，利用简单的过滤法难于回收含有目的产物的上清液，只有通过长时间离心回收上清液，这使得后续工艺变复杂。f. 超声波产生的化学自由基团能使某些敏感性活性物质变性失活，噪声令人难以忍受，而且大容量装置的声能传递、散热均有困难，因而超声破碎的工业应用潜力有限。

(5) 酶溶法　酶溶法为化学破碎法。该法是利用溶解细胞壁的酶处理菌体细胞，使细胞壁受到破坏后，再利用渗透压冲击等方法破坏细胞膜。酶溶法的特点是专一性强，因此在选择酶系统时，必须根据细胞的结构和化学组成来进行。以下是各类细胞壁的酶处理方法。

细菌：溶菌酶，革兰阴性菌还需加入EDTA；

酵母：消解酶、β-葡聚糖酶、甘露糖酶、蜗牛酶；

霉菌：几丁质酶、蜗牛酶；

植物：纤维素酶、半纤维素酶、果胶酶；

自溶法：细胞内酶（调节温度、pH或添加有机溶剂诱导细胞自溶）。

酶法优点：发生酶解的条件温和，反应迅速、能选择性地释放产物，胞内核酸等泄出量少，细胞外形较完整；缺点：价格贵、通用性差（不同菌种需选择不同的酶）、有时存在产物抑制、难适用于大规模工业操作，受影响因素多。

(6) 化学渗透法　通过化学试剂使细胞壁和细胞膜结构发生改变或破坏，常用的有酸、碱、表面活性剂、有机溶剂等类别（参见表3-1-4）。

表3-1-4　不同细胞可采用的化学渗透处理方式

细胞类型	变性剂	表面活性剂	有机溶剂	酶	抗生素	生物试剂	螯合剂
革兰阴性细菌	*	*	*	*	*		*
革兰阳性细菌		*	*	*			
酵母菌	*	*	*	*	*	*	
植物细胞		*	*		*	*	
巨噬细胞		*	*			*	

注：* 表示可采用此方式。

① 表面活性剂　可促使细胞某些组分溶解，其增溶作用有助于细胞的破碎。如Triton X-100是一种非离子型清洁剂，对疏水性物质具有很强的亲和力，能结合并溶解磷脂，破坏内膜的磷脂双分子层，使某些胞内物质释放出来。其他的表面活性剂，如牛黄胆酸钠、十二烷基硫酸钠（SDS）等也可使细胞破碎。

② EDTA螯合剂　处理G^-细菌，对细胞外层膜有破坏作用。G^-细菌的外层膜结构通常靠二价阳离子Ca^{2+}或Mg^{2+}结合脂多糖和蛋白质来维持，一旦EDTA将Ca^{2+}或Mg^{2+}螯

合，大量的脂多糖分子将脱落，使细胞壁外层膜出现洞穴。这些区域由内层膜的磷脂来填补，从而导致内层膜通透性的增强。

③ 有机溶剂 能分解细胞壁中的类脂，使胞壁膜溶胀，细胞破裂，胞内物质被释放出来，如甲苯、苯、氯仿、二甲苯及高级醇等。

④ 变性剂 盐酸胍（guanidine hydrochloride）和脲（urea）是常用的变性剂。变性剂与水中氢键作用，削弱溶质分子间的疏水作用，从而使疏水性化合物溶于水溶液。酸处理可以使蛋白质水解成氨基酸，通常采用6mol/L HCl。碱能溶解细胞壁上的脂类物质或使某些组分从细胞内渗漏出来。使用变性剂成本低，但反应激烈，不具有选择性，容易破坏目的物。

⑤ 化学渗透法特点 优点：对产物释放有一定的选择性，可使一些较小分子量的溶质如多肽和小分子的酶蛋白透过，而核酸等大分子量的物质仍滞留在胞内；产物释出性好、细胞外形完整，碎片少，胞内杂质释放少，浆液黏度低，易于固液分离和进一步提取。缺点：通用性差；时间长，效率低，一般胞内物质释放率不超过50%；有些化学试剂有毒，易引起目的物失活；化学试剂的加入常会给随后产物的纯化带来困难，并影响最终产物纯度。

(7) 渗透压破碎法（溶胀法） 细胞放在高渗透压的介质中（如一定浓度的甘油或蔗糖溶液），达平衡后，转入到渗透压低的缓冲液或纯水中，由于渗透压的突然变化，水迅速进入细胞内，引起细胞溶胀，甚至破裂。该方法仅适用于细胞壁较脆弱的细胞或细胞壁预先用酶处理或在培养过程中加入某些抑制剂（如抗生素等），使细胞壁有缺陷，强度减弱。用此法处理大肠杆菌，可使磷酸酯酶、核糖核酸酶以及脱氧核糖核酸酶等释放到溶液中。释放的蛋白质的量一般仅占细胞蛋白质的4%～7%。因此，后续的蛋白质分离纯化比较简单。此法对细胞壁外有着牢固的糖蛋白包裹层，使胞内渗透压不受严重影响的革兰阳性菌不适用。在高渗透压环境下生长的细菌，如海洋细菌、嗜盐细菌，更适合该法，如可有效地将海洋发光细菌的细菌荧光素酶释放，酶释放率可达到80%～90%。

(8) 反复冻结-融化法 即将细胞放在低温－15℃下突然冷冻而在室温下缓慢融化，反复多次而达到破壁作用。由于冷冻，一方面使细胞膜的疏水键结构破裂，另一方面胞内水结晶，使细胞内外溶液浓度变化，引起细胞膨胀而破裂。此法是利用细胞含有大量水分，在快速冷冻时，细胞内水很快结晶，形成大量晶核，体积增大，将细胞胀破，从而达到破碎细胞的目的。

一般是将40%～70%的细胞悬浮液放入低温冰箱使之快速冷冻，冻结后，取出在室温下融化，然后再冷冻，反复进行，通常需三次以上，酶的释放率才可能达到满意。此法主要适用于大肠杆菌和细胞壁较薄的细菌，破碎率较低，特别适用于位于胞间质的酶的释放。冻融法十分简便，不需特殊设备，在实验室中使用很方便，但耗时、耗能，大规模应用困难。此外，在冻融过程中可能引起某些蛋白质变性。

3. 细胞破碎方法的选择依据

细胞破碎方法的选择依据应从以下方面考虑：细胞的处理量，细胞壁的结构、强度（高聚物交联程度、种类和壁厚度），目标产物对破碎条件的敏感性，破碎程度，目标产物的选择性释放；具体的操作条件应从以下三方面进行权衡：高的产物释放率，低的能耗，便于后续提取。

(1) 选择性释放目标产物的一般原则

① 仅破坏或破碎存在目标产物的位置周围　当目标产物存在于细胞膜附近时，可采用较温和的方法，如酶溶法、渗透压冲击法和冻结-融化法等。当目标产物存在于细胞质内时，则需采用强烈的机械破碎法。当目标产物处于与细胞膜或细胞壁结合的状态时，调节溶液pH值、离子强度或添加与目标产物具有亲和性的试剂如螯合剂、表面活性剂等，使目标产物容易溶解释放。

② 机械破碎法和化学法并用　可使操作条件更加温和，在相同的目标产物释放率条件下，降低细胞的破碎程度。实际应用中，常采用多种方法结合使用，主要为机械法与非机械法（表3-1-5）的结合，如酶＋高压匀浆、酶＋超声，其他如化学法＋冻融法等。

注意：每种细胞破碎技术都有不足和应用的局限性。

表3-1-5　机械法与非机械法破碎的比较

比较项目	机械法	非机械法
破碎机理	切碎细胞	溶解局部壁、膜
碎片大小	碎片细小	细胞碎片较大
内含物释放	全部	部分
黏度	高(核酸多)	低(核酸少)
时间,效率	时间短,效率高	时间长,效率低
设备	需专用设备	不需专用设备
通用性	强	差(专一性强)
经济	成本低	成本高
应用范围	工业规模,实验室	实验室,部分工业

(2) 由上游解决的技术

① 避开细胞破碎工艺　多数生物产品聚集在细胞内，破碎细胞必不可少。如能使之外泌，就不需细胞破碎。利用基因工程将目的基因与适当的信号肽引导序列融合，克隆到具有运转系统的宿主中，可以达到目的产物分泌到细胞外的目的。该法在蛋白质和多肽药物生产中已获成功，它不仅省去了细胞破碎工艺，也简化了后处理操作。

② 细胞自溶　为了省略细胞破碎工艺，采用基因修饰法，控制细胞溶解。如质粒的自杀基因*Kil*的基因产物可使细胞完全溶解。在基因表达产物充分积累后，用异丙基硫代-β-D-半乳糖苷（IPTG）诱导，*Kil*基因在乳糖启动子的控制下，使细胞自溶。同样，使用λPL启动子控制下的噬菌体$\phi\times174$的溶解基因*E*，在对温度敏感的λ阻遏物存在下，将温度提高到40℃可诱导细胞自溶，使细胞内含物释放，可以完全省去细胞破碎环节。

③ 耐高温产品的基因表达　利用蛋白质工程和基因工程使基因产品具有耐高温的特性，在破碎细胞过程中，不必使用低温冷冻系统，可以节省可观的能耗，降低成本；同时其他杂蛋白因受热变性，这可以简化后续的分离纯化工艺。

④ 控制发酵和细胞培养条件　在发酵培养过程中，培养基、生长期、操作参数（如

pH、温度、通气量、搅拌转速、稀释率等）等因素都对细胞壁、膜的结构与组成有一定的影响。在生长后期，加入某些能抑制或阻止细胞壁物质合成的抑制剂（如青霉素），继续培养一段时间后，新分裂的细胞其细胞壁有缺陷，利于破碎。

⑤ 选择较易破碎的菌种作为寄主细胞　如革兰阴性细菌。

(3) 与下游技术结合　细胞破碎之后，需将细胞碎片和未破碎的细胞去除，将溶在溶液中的产物回收。因细胞破碎后，大量的蛋白质和核酸释放出来，与粒度很小的细胞碎片一起，使悬浮液变得很黏稠，无论采用哪一种固液分离技术均十分困难。针对这一问题提出了以下方法。

将细胞破碎和双水相萃取融合，即在细胞破碎前制备细胞悬浮液时，按双水相组成的要求加入 PEG 和其他成相组分，利用球磨或其他方法进行细胞破碎。破碎物通过静置或低速离心，分相。回收含有目的产物的上相，弃去含有未破碎细胞和细胞破碎物，甚至核酸和杂蛋白的下相，既达到了产物回收，又进行了初步分离。由于 PEG 的保护作用，即使细胞破碎时温度较高，也可获得较高的目的产物回收率。

4. 破碎率的测定

(1) 直接测定法　使用显微镜或用电子粒子计数器直接进行完整细胞计数，适合细胞破碎过程检测。为进行显微镜计数，可进行染色，以便区分破碎和未破碎细胞。例如革兰染色时，未破碎酵母细胞显紫色，而破碎细胞显亮红色。

① 革兰染色法与美蓝染色法　用革兰染色剂进行染色，破壁的酵母呈粉红色，而未破壁的酵母呈蓝紫色；采用 0.05%美蓝染色，破壁的酵母呈蓝色，而未破壁的酵母呈无色状态（图 3-1-9），分别计数，并采用相同的稀释度用血细胞计数板进行镜检计数，计算破壁率。

$$\alpha(\%)=\left(\frac{C-C'\times\dfrac{n_1}{n_1+n_2}}{C}\right)\times 100\%$$

式中，α 表示破壁率，%；C 表示破壁前的细胞数；C'表示破壁后的细胞数（相同稀释倍数）；n_1表示染色后呈紫色细胞数；n_2表示染色后呈粉红色细胞数。

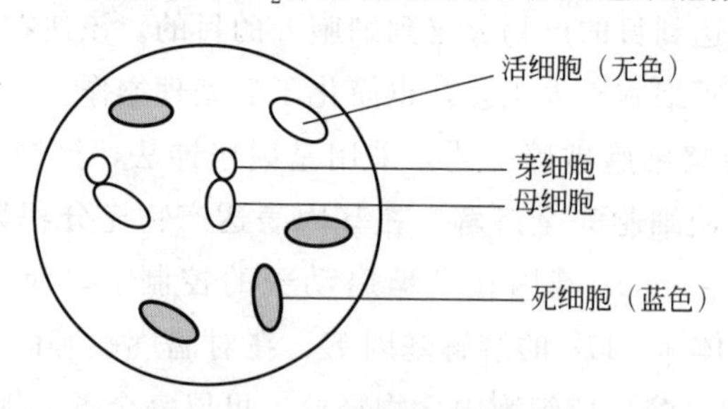

图 3-1-9　0.05%美蓝染色结果

美蓝染色液为无毒性染料，其氧化型为蓝色，而还原型为无色。用它对酵母菌染色时，由于活细胞的新陈代谢作用，使细胞内具有较强的还原能力，能使美蓝从蓝色的氧化型变为无色的还原型，所以酵母的活细胞无色；对于死细胞或代谢缓慢的老细胞，则因它们无此还原能力或还原能力极弱，而被美蓝染成蓝色或淡蓝色。因此，可以区分死、活细胞。

② 用次甲基蓝染色测定细胞存活率 取未经灭活的发酵液 0.5mL，用 9g/L 的生理盐水稀释 100 倍后，用次甲基蓝染色 5min，用血细胞计数板计数，计算出细胞的存活率。

$$酵母存活率=\left(1-\frac{染色细胞总数}{酵母细胞总数}\right)\times 100\%$$

对于量大的样品，显微镜计数法耗时、枯燥；电子粒子计数器虽可测定酵母细胞破碎率，但大的细胞破碎物可能有干扰；用电子粒子计数器进行细菌破碎率的测定时，灵敏度较低。

(2) 目的产物测定法 依据破碎过程中破碎的细胞释放的胞内物质量测算，如测定可溶性蛋白量或酶活性等，但需与破碎率达到 100%的标准进行比较，计算其破碎率。在使用酶活性测定法时需注意，由于粗酶提取物的酶动力学与完整细胞或纯化的酶可能有差别而产生误差。

当使用较浓的细胞悬浮液时，为获得准确结果，必须进行校正。这是由于破碎细胞释放胞内物质与水混合时会使体积增加。另外，稀释法并不适合在破碎过程中易失活的物质测定，因此需使用其他方法。

(3) 导电率测定法 电导测定法是依据细胞物质释放到水中会改变溶液电导的原理而发展起来的一种快速测定方法。细胞破碎后，大量带电荷的内含物被释放到水相，使导电率上升。细胞悬浮液电导的增加与细胞破碎率成正比。

这种方法需要有其他方法作对比。因为电导与生物类型、保存条件、细胞浓度、温度、悬浮介质中的电解质类型和含量等有关，因此，在利用电导测定法测定细胞破碎率时，为了保证测定的准确性，除破碎率以外，必须在保持其他所有条件恒定的情况下进行。

技能训练 酵母细胞的破碎及破碎率的测定

【目的】

1. 掌握超声波破碎细胞的原理和操作。
2. 学习细胞破碎率的评价方法。

【原理】

频率超过 15～20kHz 的超声波，在较高输入功率（100～250W）下可破碎细胞。本实训采用 JY92-ⅡDN 超声波细胞粉碎机，其工作原理是：JY92-ⅡDN 超声波细胞粉碎机由超声波发生器和换能器两部分组成。超声波发生器（电源）是将 220V、50Hz 的单相电通过变频器件变为 20～25kHz 约 600V 的交变电能，并以适当的阻抗与功率匹配来推动换能器作纵向机械振动，振动波通过浸入在样品溶液中的钛合金变幅杆对需破碎的各类细胞产生空化效应，从而达到破碎细胞的目的。

【器材与试剂】

超声波细胞破碎机，电子显微镜，酒精灯，载玻片，血细胞计数板，接种针。

(1) 酵母细胞悬浮液 0.2g/mL 的啤酒酵母溶于 50mmol/L 乙酸钠-乙酸缓冲溶液（pH=4.7）。

(2) 马铃薯培养基 马铃薯(去皮切块)200g,琼脂20g,蔗糖20g,蒸馏水1000mL,pH为6.5。

选取优质马铃薯去皮切块,加水煮沸30min,然后用纱布过滤,再加糖及琼脂,融化后补充加水至1000mL,分装,115℃灭菌20min。

【操作步骤】

(1) 啤酒酵母的培养

① 菌种纯化及啤酒酵母的培养 将酵母菌种转接至斜面培养基上,28~30℃培养3~4天,培养成熟后,用接种环取一环酵母菌至8mL液体培养基中,28~30℃培养24h。

② 扩大培养 将上述培养成熟的8mL液体培养基中的酵母菌全部转接至80mL液体培养基的锥形瓶中,于28~30℃培养15~20h。

(2) 破碎前计数 取1mL酵母细胞悬浮液适当稀释后,用血细胞计数板在显微镜下计数。

(3) 细胞超声波破碎

① 将80mL酵母细胞悬浮液放入100mL容器中,液体浸没超声发射针1cm。

② 打开开关,将频率设置中挡,超声破碎1min,间歇1min,破碎20次。

③ 取1mL破碎后的细胞悬浮液经适当稀释后,滴一滴在血细胞计数板上,盖上盖玻片,用电子显微镜进行观察,计数。计算细胞破碎率。

④ 破碎后的细胞悬浮液,于12000r/min、4℃离心30min,去除细胞碎片。用蛋白质含量测定法(Lowry法)检测上清液中蛋白质的含量。

【结果与讨论】

1. 用显微镜观察细胞破碎前后的形态变化。

2. 用两种方法对细胞破碎率进行评价,一种是直接计数法,对破碎后的样品进行适当稀释后,通过在血细胞计数板上用显微镜观察来实现细胞计数,从而算出结果;另一种是间接计数法,是将破碎后的细胞悬浮液离心分离掉固体,然后用Lowry法检测上清液中的蛋白质含量,也可以评估细胞的破碎程度。

同步训练

1. 预处理的目的是什么?
2. 改变发酵液过滤特性的基本方法是什么?
3. 对发酵液相对纯化的基本方法是什么?
4. 凝聚和絮凝的作用原理是什么?
5. 常用细胞破碎技术中的破碎方法有哪些?
6. 微生物、植物的细胞壁组成和结构特点有哪些?

学习单元二 固液分离技术

把生产中含水的中间物或最终产品(包括排出物)的液相和固相分开,即从悬浮液中将固体颗粒与液相分离的作业，是现代生物制药工程分离纯化的重要环节。

固液分离的目的包括两方面：

① 收集胞内产物的细胞或菌体，分离除去液相，回收有价值的固相。

② 收集含生化物质的液相，分离除去固体悬浮物（细胞、菌体、细胞碎片、蛋白质的沉淀物和它们的絮凝体等）。回收液相。

③ 同时回收两相（如：产品脱水后的回收利用）。

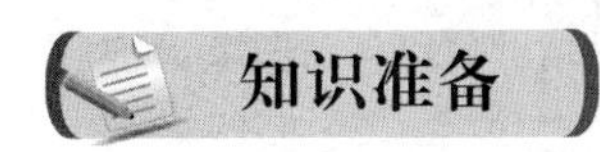

一、过滤分离技术

过滤是在外力作用下，利用过滤介质使悬浮液中的液体通过，而固体颗粒被截留在介质上，从而实现固液分离的一种单元操作。过滤介质具有多孔结构，可以截留固体物质，而让液体通过；把待过滤的悬浮液称为滤浆，而过滤后分离出的固体称为滤渣或滤饼，通过过滤介质的液体称为滤液。

过滤是目前生物制药生产中用于固液分离的主要方法。

1. 分类

依据过滤介质所起主要作用不同可分为饼层过滤或深床过滤。依据提供外力的方式不同分为常压过滤、加压过滤、真空抽滤和离心过滤。按过滤时料液流动方向的不同，分为常规过滤（料液流动方向与过滤介质垂直）和错流过滤（料液流动方向与过滤介质平行）。

2. 适用

常用于分离固体量较大、颗粒直径在 5～100μm 的悬浮液。

3. 发酵液的过滤分离

在过滤操作中要求对过滤介质选择及操作条件进行优化，才能使滤速快、滤液澄清并且有高的收率。

(1) 过滤介质选择 过滤介质应具有以下特性：多孔性，足够的机械强度，尽可能小的流动阻力，耐腐蚀性，耐热性，易于再生。过滤介质除过滤作用外，还是滤饼的支撑物，所以它应具有足够的机械强度和尽可能小的流动阻力。

过滤介质技术特性包括过滤介质所能截留的固体粒子的大小和对滤液的透过性。过滤介质所能截留的固体粒子的大小通常以过滤介质的孔径表示。如纤维滤布所能截留的最小粒子约为 10μm，硅藻土为 1μm，超滤膜可小于 0.5μm。过滤介质的透过性是指在一定的压力差下，单位时间单位过滤面积上通过滤液的体积量，它取决于过滤介质上毛细孔径的大小及数目。

工业上常用的过滤介质主要有：织物介质［如滤布，其过滤性能受纤维的特性、编织纹法（图 3-2-1，表 3-2-1）和线型影响］（表 3-2-2）、粒状介质（如硅藻土等）及多孔固体介质（如多孔陶瓷、多孔玻璃、多孔塑料）等。各种性能的膜包括微孔膜、超滤膜、半透膜等。

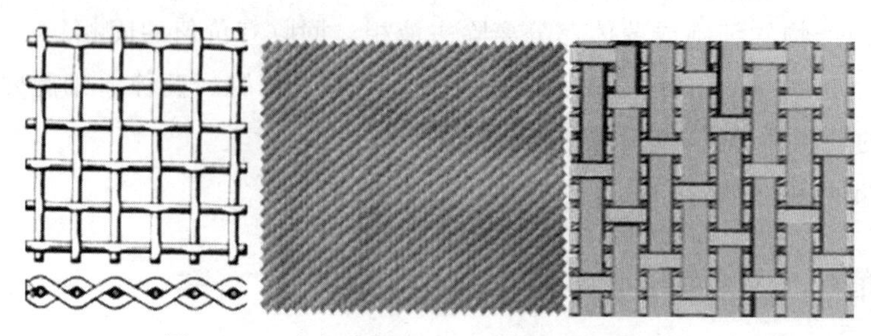

图 3-2-1 滤布编织纹法（平纹、斜纹、缎纹）

表 3-2-1 滤布编织纹法与过滤性能

纹法	滤液澄清度	阻力	滤饼中含水	滤饼脱落难易	寿命	堵孔倾向
平纹 斜纹 缎纹	依次下降	依次下降	依次减少	依次变易	中 长 短	依次变易

表 3-2-2 滤布纤维的特性与过滤性能

种类	最高安全温度/℃	密度/(kg/m³)	吸水率/%	耐磨性
棉	92	155	16～22	良
尼龙	105～120	114	6.5～8.3	优
涤纶	145	138	0.04～0.08	优

（2）过滤速度的强化 发酵液多数属于非牛顿流体，滤渣又是可压缩性的，所以过滤速度很慢，加大过滤推动力，可提高过滤速度。过滤推动力有重力（漏斗过滤）、压力（加压过滤）或真空（抽滤）、离心力（离心过滤）。

（3）影响过滤性能的因素

①混合物中悬浮微粒的性质和大小，悬浮微粒越大，粒子越坚硬，大小越均匀，固液分离越容易，过滤速度越大。②混合液的黏度，流体的黏度越大，固液分离越困难，过滤速度就会降低。③操作条件，温度、pH、操作压力、离心机转速、滤饼厚度等的控制也会影响固液分离速率。④助滤剂的使用，其本身就是一种性能良好的过滤介质，是一种坚硬、不规则的小颗粒，它能形成结构疏松、空隙率大、不可压缩的滤饼，很大程度上改善过滤难度，使滤速增大。助滤剂使用方法主要有两种：混合、预涂。

（4）提高过滤速度的方法

①降低滤饼比阻力 r_0，如添加电解质、絮凝剂、凝固剂等，还可以添加硅藻土等助滤剂。②降低滤液黏度 μ，黏度愈低，过滤阻力愈小。对某些非热敏性液体可采用提高温度的方法降低其黏度。③降低悬浮液中悬浮固体的浓度 x_0，如果不计滤布阻力，即过滤速度与获得单位体积滤液所形成的滤饼体积成反比。④热处理，热处理能使蛋白质等胶体粒子变性凝固，滤液黏度降低，使过滤速度大为提高。

发酵液的滤饼是高度可压缩性的，在过滤压力差（Δp）低于某一值时，提高 Δp，可以提高过滤速率；当 Δp 超过这一值时，继续增加 Δp，滤饼比阻力（r_0）会同倍数增加，不会提高过滤速率。所以在过滤发酵液时，最忌一开始就加大过滤压力差 Δp，这样会在滤布表面形成一层紧密的滤饼层，使过滤速率很快降低。

4. 过滤分离设备

用于生物工程（尤其是发酵液）的常规过滤设备主要有板框压滤机、转鼓真空过滤机等，错流过滤设备主要有各种微滤、超滤膜设备。

(1) 板框压滤机

① 特点　板框压滤机（图 3-2-2，图 3-2-3）的过滤面积大，能耐受较高压力差，对不同过滤特性的料液适应性强，同时还具有结构简单、造价较低、动力消耗少等优点。但这种设备不能连续操作，设备笨重，占地面积大，非生产的辅助时间长（包括解框、卸饼、洗滤布、重新压紧板框等），生产能力低，一般过滤速度为 22～50L/(m^2 · h)，阻碍了过滤效率的提高。

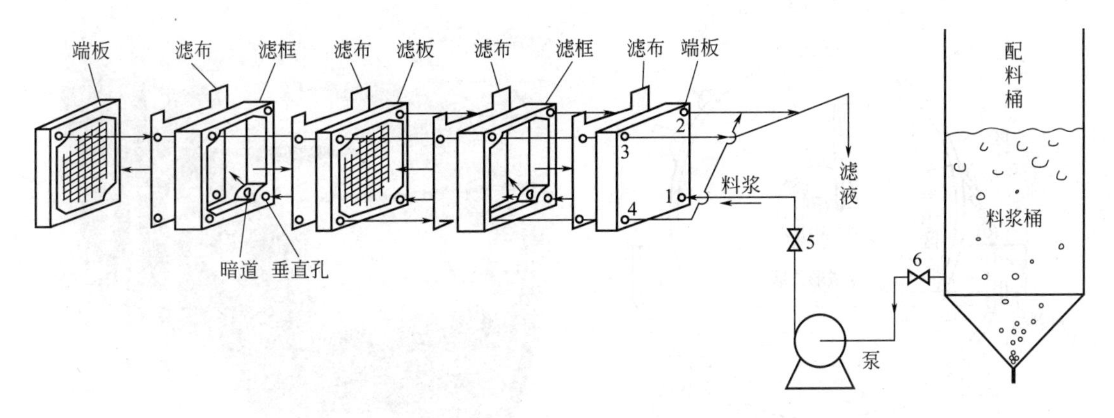

图 3-2-2　板框压滤机设备结构

1—料浆通道；2～4—滤液通道；5,6—阀门

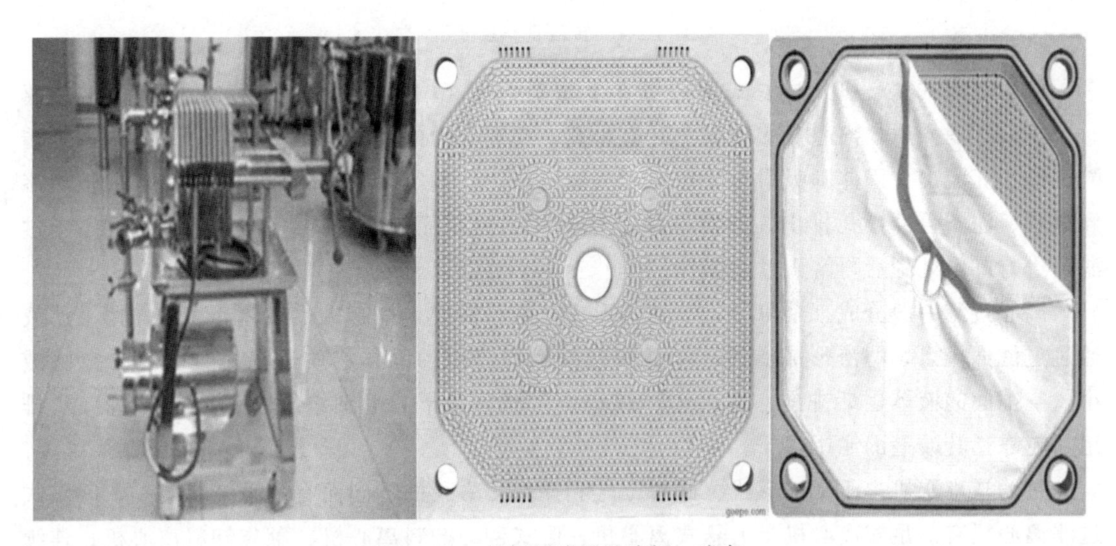

图 3-2-3　板框压滤机及滤板、滤布

② 适用对象　广泛应用于培养基制备的过滤及霉菌、放线菌、酵母菌和细菌等多种发

酵液的过滤，比较适合固体含量在1%～10%悬浮液的分离。

（2）转鼓真空过滤机 特别适合于固体含量较大（>10%）悬浮液的分离，由于受推动力（真空度）的限制，转鼓真空过滤机（图3-2-4）一般不适合于菌体较小和黏度较大的细菌发酵液的过滤，而且采用转鼓真空过滤机过滤所得固相含水量大，不如加压过滤干度高。目前，在标准型转鼓真空过滤机的基础上，又开发出一些新设备，如预涂层式转鼓真空过滤机、滤布循环行进式（RCF）转鼓真空过滤机等，新机型的特点是结构简单、单位面积过滤能力大、洗涤能力强、效率高，它们的应用范围及优缺点如下所述。

应用：大规模生物分离的主要过滤设备，用于较难分离的低黏度发酵液。

优点：①大规模，②自动化、操作简单，③滤布装卸容易、易保养维护。

缺点：①占地大，单位体积利用率低，②周期性中断进料、滤布利用率低，③压力低，仅应用于低黏度发酵。

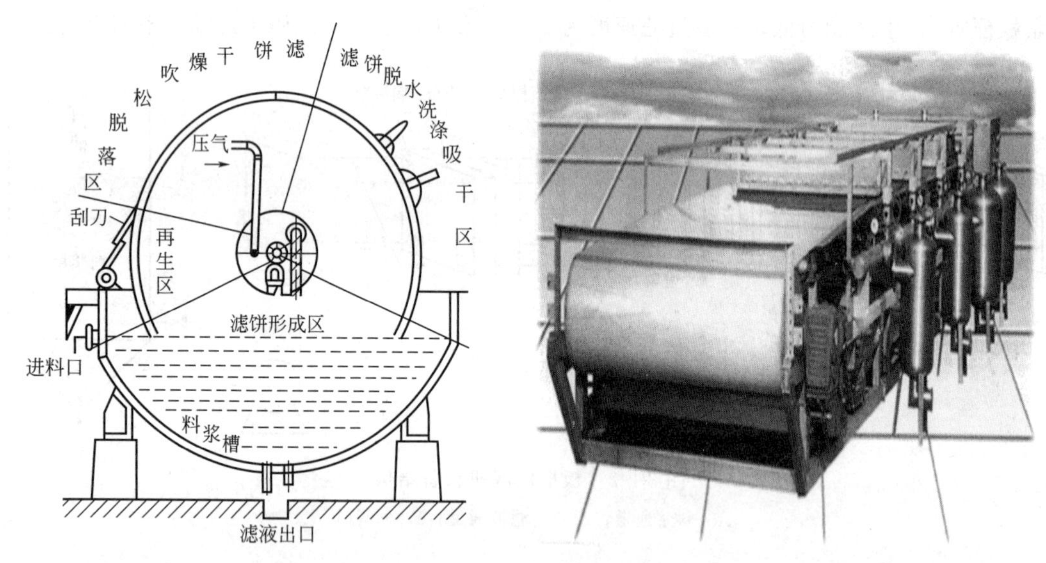

图3-2-4 转鼓真空过滤机

（3）过滤式离心机 过滤式离心机在生物制药分离中被广泛使用。它在实现固液分离时，需要过滤介质，离心机的转鼓上开有小孔，在离心力的作用下，液体穿过过滤介质经转鼓上的小孔流出，固体则吸附在滤布上形成滤饼层，从而实现固液分离。以后液体要依次流经饼层、滤布再经小孔排出，滤饼层随过滤时间的延长而逐渐加厚，至一定厚度后停止过滤，进行卸料处理后再转入过滤操作。

离心过滤一般分成三个阶段：①滤饼形成。悬浮液进入离心机，在离心力的作用下滤液通过过滤面排出，滤渣形成滤饼。②滤饼压缩。滤饼中的固体物质逐渐排列紧密，空隙减小，空隙间的液体逐渐排出，滤饼体积减小。③滤饼压干。毛细组织中的液体被进一步排出，越靠近转鼓壁的滤饼越干。

过滤式离心机由于支撑形式、卸料方式和操作力方式的不同而有多种结构类型，间歇式过滤离心机有三足式离心机、上悬式离心机、卧式刮刀卸料离心机、翻袋卸料离心机；连续式过滤离心机有活塞推料离心机、离心卸料离心机、螺旋卸料离心机、进动卸料离心机、振动卸料离心机。下面介绍常用的三足式离心机。

① 结构　三足式离心机是制药厂应用较普遍的离心机，按卸料方式分有人工上卸料、抽吸上卸料、吊袋上卸料、人工下卸料、刮刀下卸料和翻转卸料。常用的是上部卸料，其结构如图 3-2-5 所示，主要由柱脚、底盘、主轴、机壳及转筒等部件组成，整个底盘靠弹簧悬挂在三个支柱的球面支撑上，可沿水平力方向自由摆动，有利于减缓由于物料分布不均所引起的振动。

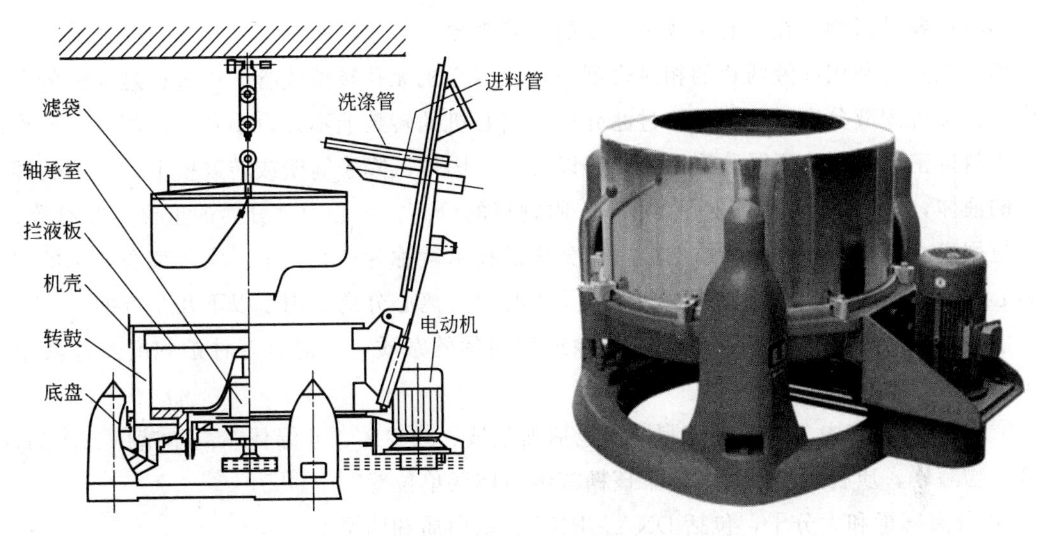

图 3-2-5　三足式过滤离心机

② 工作原理　一般情况下，分离悬浮液时，在离心机启动后再将料液逐渐加入转筒；分离膏状物料或成件物品甩干时，应在离心机启动前将物料加入转筒内，并保证物料在四周均匀分布。

三足式离心机的优点是：结构简单、操作平稳、滤渣可洗涤、滤渣含液量低，过滤时间可根据滤渣含液量要求灵活控制，故广泛用于小批量、多品种物料的分离中；缺点是传动机构和制动机构都在机身下部，易受腐蚀。

③ 操作

a. 通电运行前，应先进行下列各项检查：

ⓐ 松开制动手柄，用手转动转鼓，看有无咬死或卡住现象；

ⓑ 用手转动转鼓，拉动制动手柄，看制动是否灵活可靠；

ⓒ 电动机部分各连接螺栓是否紧固，将三角带调整到适当的松紧度；

ⓓ 检查地脚螺栓是否松动。

b. 检查正常后，才可通电空运行，转鼓旋转方向必须符合方向指示牌上的转向（从上向下看必须是顺时针方向旋转），严禁反方向运转。

c. 将物料尽可能均匀地放入转鼓内，装入物料的重量不得超过各种规格额定的最大装料限量。

d. 脱水结束，应先切断电源，再操纵制动手柄，缓慢制动，一般在 30s 以内。切勿急刹车，以免机件受损，转鼓未全停切勿用手接触转鼓。

④ 改善过滤性能的方法　工艺上一般采用如下方法：降低混合液黏度；增大被分离颗

粒的粒度；加入助滤剂；提高离心机的转速或提高操作压力；增大真空度；降低滤饼层厚度；除去滤饼。

二、离心分离技术

离心分离技术主要指利用离心沉降来进行固液等分离的技术。

离心现象是指物体在离心力场中表现的沉降现象。

离心沉降是利用固液两相的相对密度差，在离心机无孔转鼓或管子中进行悬浮液的分离操作。在实现固液分离时，不需要过滤介质，离心机的转鼓上不开设小孔，在离心力的作用下，物料按密度的大小不同分层沉降而得以分离，固体沉降于筒壁或转鼓壁上，余下的即为澄清的液体，可用于液-固、液-液、液-液-固物料的分离。离心力是分离的重要实验参数。

应用离心沉降进行生物物质的分析和分离的技术就称为离心技术。实现离心技术的仪器是离心机。体现离心机最高功能的指标就是离心力。离心分离常用于以下几个方面：

① 分离细胞或其他的悬浮颗粒，去除细胞周围的杂质，从混有多种细胞的悬浮液中分离出来某一种细胞。

② 从组织匀浆中分离各种细胞器，包括细胞核、线粒体、叶绿体、高尔基体、溶酶体、过氧化物酶体、质膜、内质网和多聚核糖核蛋白体亚单位等。

③ 分离病毒和大分子，包括 DNA、RNA、蛋白质和脂类。

④ 测定大分子的物理参数，如沉降系数、分子量、浮动密度和扩散系数等。通过离心分离或离心分析可直接获得有关细胞、细胞器、病毒和生物大分子的信息，为进一步做化学分析、生物学功能测定以及在形态学上观察超微结构提供了基础。

1. 沉降

沉降是依靠外力的作用，利用分散物质（固相）与分散介质（液相）的密度差异，使之发生相对运动，从而实现固液分离的过程。

2. 沉降系数 S

颗粒在单位离心力的作用下的移动速度称沉降系数（S）。

S 值是表征生物颗粒理化特性的参数，它在一定程度上反映了生物颗粒的大小与结构；未命名的有稳定组成结构的生物颗粒常以 S 值来表示，如 RNA 中的 28S、18S、5S 等。

S 是反映离心力场行为特性的重要标志，由于研究的生物颗粒很小，S 值一般也很小，以 10^{-13} 为一个基本单位 S。

沉降系数以秒（s）为单位，其物理意义是被测定颗粒达到极限速度时所需时间，换句话说，如 100S 的颗粒，从原来静止状态，速度等于零，在加速经过 100×10^{-13}s 的时间后，颗粒便达到极限的速度。

物质的沉降系数越大，在离心时则越先沉降。如血红蛋白的沉降系数约为 4S。大多数蛋白质和核酸的沉降系数在 4S 和 40S 之间，核糖体及其亚基在 30S 和 80S 之间，多核糖体在 100S 以上。常见的生物材料沉降系数见表 3-2-3。

表 3-2-3　沉降系数（S）参考表

生物材料	沉降系数
蛋白质、酶、肽	2～25S
核酸	3～100S
核糖体	20～200S
病毒	40～1000S
溶酶体	4000S
细胞核	4000×10^3～40000×10^3S
线粒体	20×10^3～70×10^3S

3. 离心力

离心力即在一定角速度下作圆周运动的任何物体受到的向外的力。离心力（F）的大小等于离心加速度 $\omega^2 r$ 与颗粒质量 m 的乘积，即：

$$F=m\omega^2 r$$

式中，m 表示沉降粒子的有效质量；ω 表示粒子旋转的角速度；r 表示粒子的旋转半径。

4. 相对离心力（RCF）

离心分离时，作用在悬浮颗粒上的力常用相对离心力数值来表示，这就是说，同一颗粒在离心时同地球重力相比较后得到的值称为相对离心力（RCF）。

$$\text{RCF}=\frac{\text{离心力}}{\text{重力}}=\frac{m\omega^2 x}{mg}=\frac{\omega^2 x}{g}$$

式中，ω^2 为角速度；x 为转子半径。

相对离心力的值取决于转子的转速和旋转半径。

如表 3-2-4 所列为生物材料与分离参数的关系，它为离心分离不同的生物物质提供了可参考的数据。

表 3-2-4　生物材料与分离参数的关系

名称	沉降系数 S	RCF/g	转速/(r/min)
细胞	$>10^7$	<200	<1500
细胞核	4×10^6～10^7	600～800	3000
线粒体	2×10^4～7×10^4	7000	7000
微粒体	10^2～1.5×10^4	1×10^5	30000
DNA	10～120	2×10^5	40000
RNA	4～50	4×10^5	60000
蛋白质	2～25	$>4\times10^5$	>60000

5. 离心时间的计算

K 因子与每个转头的离心效率有关，可用于推算颗粒经过水溶液形成沉淀所需要的时间（h）。离心转头的 K 值一般由出售离心机的公司提供。知道 K 因子和 S 值（沉降系数）就可以计算出离心时间，即 $t=K/S$。

6. 转头

转头是离心技术的核心，利用离心转头分离样本，除了离心机是必需之外，转头也是不可缺少的。

（1）生物分离与转头类别关系 要达到良好的分离效果，转头的选择是非常重要的。样品分离后的纯度、分离的时间与转头类别的关系大致如图 3-2-6 所示。

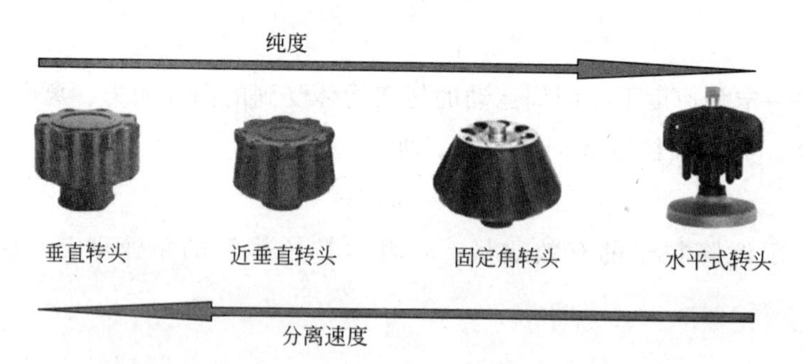

图 3-2-6 生物分离与转头类别关系

固定角转头：角式转头是指离心管腔与转轴成一定倾角的转头。

水平式转头：这种转头是由吊着的 4 个或 6 个自由活动的吊桶（离心套管）构成。

垂直转头：其离心管是垂直放置的。

区带转头：区带转头无离心管，主要由一个转子桶和可旋开的顶盖组成。

连续流动转头：可用于大量培养液或提取液的浓缩与分离，转头与区带转头类似。

如图 3-2-7 所示为各种形式的离心转头。

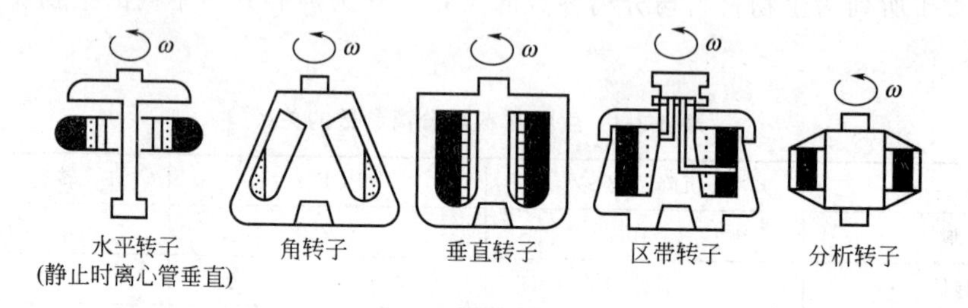

图 3-2-7 各种形式的离心转头

（2）离心转头使用注意事项

① 每个转头各有其最高允许转速和使用累积限时，使用转头时要查阅说明书，不得过速使用。每一转头都要有一份使用档案，记录累积的使用时间，若超过了该转头的最高使用限时，则需按规定降速使用。

② 转头是离心机中须重点保护的部件，搬动时要小心，不能碰撞，避免造成伤痕，转头长时间不用时，要涂上一层上光蜡保护。

（3）离心机转头损坏的原因 操作或使用不当所造成的，如过速、腐蚀、金属疲劳、不平衡等。

7. 离心管的选用

(1) 管子组成材料 有塑料离心管、玻璃离心管和钢制离心管（图 3-2-8）等。

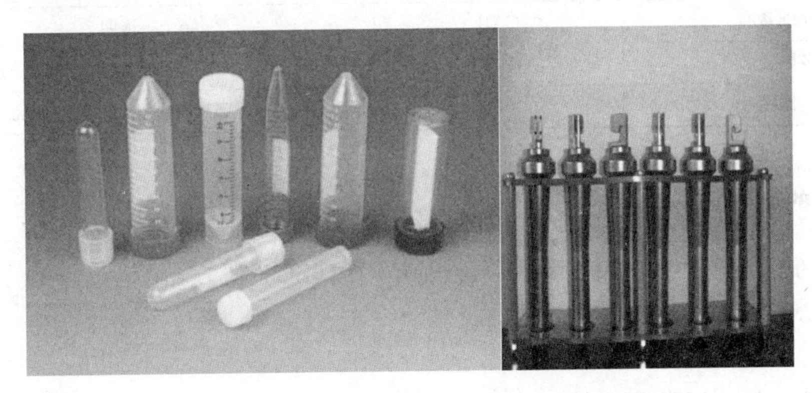

图 3-2-8 塑料离心管、玻璃离心管和钢制离心管

① 塑料离心管 其优点是透明或者半透明的，它的硬度小，可用穿刺法取出梯度分离的物质；缺点是易变形，抗有机溶剂腐蚀性差，使用寿命短。

塑料离心管都有管盖，它的作用是防止样品外泄，尤其是用于有放射性或强腐蚀性的样品时防止样品外泄是很重要的一点；管盖还有一个作用是防止样品挥发以及支持离心管，防止离心管变形。在挑选这一种离心管时，还要注意检查管盖是否严密，在试验时能否盖严，以达到倒置不漏液。

在塑料离心管中，常用材料有聚乙烯（PE）、聚碳酸酯（PC）、聚丙烯（PP）、聚丙烯和聚乙烯的混合物（PA）等，其中聚丙烯（PP）管性能相对较好，所以，在挑选塑料离心管时应尽可能地考虑聚丙烯塑料离心管。

② 玻璃离心管 使用玻璃管时离心力不宜过大，需要垫橡胶垫，防止管子破碎，离心管盖子封闭性不够好，液体就不能加满（针对高速离心机且使用角转子），以防外溢失去平衡。外溢后果是污染转子和离心腔，影响感应器正常工作。

③ 钢制离心管 钢制离心管强度大，不变形，能抗热、抗冻、抗化学腐蚀，它的应用也是相当广泛，但使用时同样也应避免接触强腐蚀性的化学药品，如强酸、强碱等，需尽量避免这些化学物质的腐蚀。

(2) 离心管的选用 玻璃离心管绝对不能在高速、超速离心机上使用。PA 离心管为半透明材质，能耐部分酸、碱和有机溶剂，可以在 121℃下高压消毒。PC 离心管透明、耐用、硬度好；不耐碱、酒精及其他有机溶剂；高压灭菌会降低其使用寿命。PP 离心管为半透明材质，多用于高速离心机，对许多酸、碱及酒精有很好的耐受性。离心管（瓶）的种类、物理特性和化学稳定性参见表 3-2-5。

表 3-2-5 离心管（瓶）的种类和运用性能

种类	简称	运用性能
聚乙烯	PE	耐化学药品性能佳

续表

种类	简称	运用性能
聚碳酸酯	PC	透明、强度高，耐高温消毒
聚丙烯	PP	强度中等，耐高温、高压消毒，半透明
纤维素	CAB	透明
多聚物	PA	半透明，抗化学品性能好，耐高温、高压消毒
不锈钢	SS	强度高，耐高温、高压消毒

8. 常用的离心方法

生物制药分离纯化中，根据目的不同选择不同的离心方法。

制备离心方法：差速离心法

密度梯度离心法

分析离心方法：沉降速度法

沉降平衡法

等密度区带分析离心法

(1) 差速沉淀离心 它是利用样品中各种组分的沉降系数（S）不同而进行分离，又称差分离心或差级离心（图 3-2-9，图 3-2-10）。

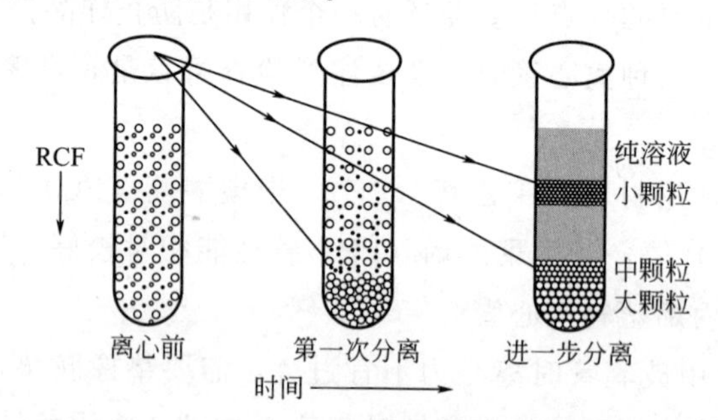

图 3-2-9 差级离心沉淀示意

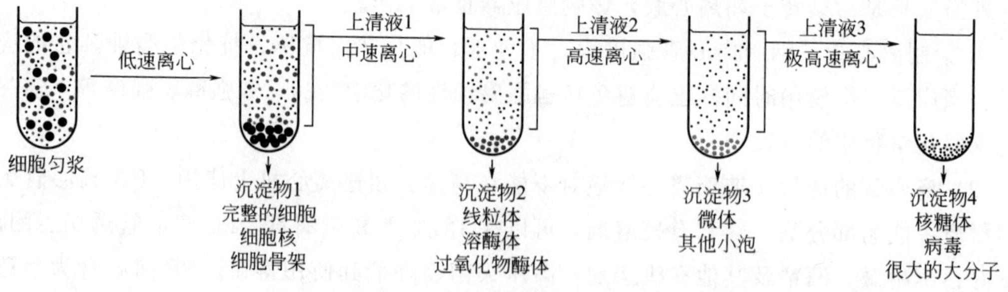

图 3-2-10 差速离心示意

① 特点 介质的密度均一；速度由低向高，逐级离心；分辨率不高。

通常两个组分的沉降系数差在 10 倍以上。分离大小相差悬殊的细胞和细胞器，仅仅适合粗提或者样品浓缩。

② 优点 样品处理量较大，可用于大量样品的初级分离。

③ 缺点 分离复杂样品和要求分离纯度较高时，离心次数太多，操作繁杂。

以逐步增高的速度重复离心，将使细胞匀浆分别分离出不同组分。离心可按大小和密度分离细胞的组分，组分越大，密度越高，经受的离心力也最大，移动得也最快，它们沉淀到试管底部形成颗粒状物，而较小的、密度较低的组分仍保留在上层悬浮液中，称为上清液。表 3-2-6 所列为差速离心形成的沉淀（肝脏）。

(2) 密度梯度离心 密度梯度离心又称为区带离心，是将样品溶液置于一个由梯度材料形成的密度梯度液体柱中，离心后被分离组分以区带层分布于梯度柱中（图 3-2-11）。

表 3-2-6 差速离心形成的沉淀（肝脏）

沉淀	RCF(g)×时间(min)	内容物
P1	1000g×10min	细胞核,重线粒体,大片细胞膜
P2	3000g×10min	重线粒体,细胞膜碎片
P3	6000g×10min	线粒体,溶酶体,过氧化物酶体,完整高尔基体
P4	10000g×10min	线粒体,溶酶体,过氧化物酶体,高尔基体
P5	20000g×10min	溶酶体,过氧化物酶体,高尔基体膜,大的高密度小泡(如粗面内质网)
P6	100000g×10min	从内质网而来的所有小泡,细胞膜,高尔基体,核内体等

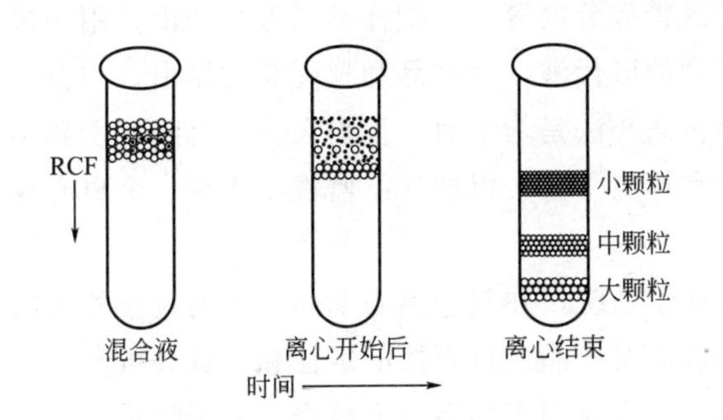

图 3-2-11 密度梯度离心示意

① 分类 密度梯度离心可分为速率区带离心法（又称为连续密度梯度离心法）和等密度离心法（又称为不连续密度梯度离心法）。

② 优点 a. 分离效果好，可一次获得较纯颗粒。b. 适应范围广，能像差速离心法一样分离具有沉降系数差的颗粒，又能分离有一定浮力密度差的颗粒。c. 颗粒不会挤压变形，能保持颗粒活性。

③ 速率区带离心法

a. 原理 根据分离的粒子在梯度液中沉降系数（S）不同，使具有不同沉降速度的粒子处于不同的密度梯度层内分成一系列区带，即预形成梯度，达到彼此分离的目的。

离心时，由于离心力的作用，颗粒离开原样品层向下沉降最后形成一系列界面清楚的不连续区带，沉降系数越大，往下沉降越快，所呈现的区带也越低，离心必须在沉降最快的大颗粒到达管底前结束。

b. 用途 分离密度相近而沉降速度不等的细胞或细胞器。

c. 操作注意事项

ⓐ 先在离心管中装入密度梯度介质，然后将预分离样品混入一起离心。

ⓑ 梯度液在离心过程中及离心完毕应该避免因为振动而引起的粒子再混合。

ⓒ 离心的时间要严格控制，如果时间过长，所有样品可能会全部到达离心管的底部；离心时间不足，样品则还没有完全分离。

d. 速率区带离心常用的介质　如蔗糖、聚蔗糖、氯化铯、Percoll和卤化物等。

④ 等密度离心法

a. 原理　样品颗粒在连续梯度的介质中经过一定时间的离心后，沉降到与自身密度相等的介质处达到平衡，通过离心形成梯度，从而将不同密度的颗粒分离。

b. 特点　所需的力场通常比速率区带离心法大10～100倍，往往需要高速或超速离心。

c. 用途　分离大小相同、密度不等的颗粒（如线粒体、溶酶体的分离）。

d. 操作注意事项

ⓐ 预先配制介质的密度梯度溶液，将介质和预分离样品混合或者是置于梯度溶液顶部，这也是等密度区带离心法产生梯度的两种方法。

ⓑ 离心所需时间以最小颗粒到达等密度点（即平衡点）的时间为基准，有时长达数日。一旦达到了平衡，再延长离心时间也不能改变粒子的成带位置。

e. 收集区带的方法　例如：用注射器和滴管由离心管上部吸出；用针刺穿离心管底部滴出；用针刺穿离心管区带部分的管壁，把样品从区带抽出；用一根细管插入离心管底，泵入超过梯度介质最大密度的取代液，将样品和梯度介质压出，用自动部分收集器收集。

(3) 分析离心　分析离心法是为了研究生物大分子沉降特性和结构的一种离心方法。因此它使用了特殊的转子和检测手段，以便连续监视物质在一个离心场中的沉降过程，从而确定其物理性质。

离心机中装有一个光学系统，在整个离心期间都能通过紫外吸收或折射率的变化监测离心杯中沉降着的物质，进而对样品进行直接的定性和定量分析。

分类：①沉降速度法，主要用于样品纯度检查。②沉降平衡法，常用的测量绝对分子量的方法。③等密度区带分析离心法，主要用在核酸的分析和研究中。

9. 离心机的分类

(1) 普通离心机　最大转速为6000r/min左右，容量为几十毫升至几升。转子有角式和外摆式，其转速不能严格控制，通常不带冷冻系统，于室温下操作，用于收集易沉降的大颗粒物质，如红细胞、酵母细胞等。其外形如图3-2-12所示。

(2) 高速冷冻离心机　最大转速为20000～25000r/min，最大容量可达3L。转头多样。一般都有制冷系统，以消除高速旋转转头与空气之间摩擦而产生的热量，离心室的温度可以调节和维持在0～4℃。通常用于微生物菌体、细胞碎片、大细胞器、免疫沉淀物等的分离纯化工作，但不能有效地沉降病毒、小细胞器（如核蛋白体）或单个分子。其外形如图3-2-13所示。

(3) 制备性超速离心机　转速可达50000～80000r/min，相对离心力最大可达510000g，离心容量由几十毫升至2L，当转速超过40000r/min时，空气与转头之间的摩擦生热成为严重的问题，因此设有冷冻系统、真空系统和安全保护系统。分离的形式是速率区带离心和等密度区带离心。其外形如图3-2-14所示。

图 3-2-12　普通离心机

离心机的使用

图 3-2-13　高速冷冻离心机

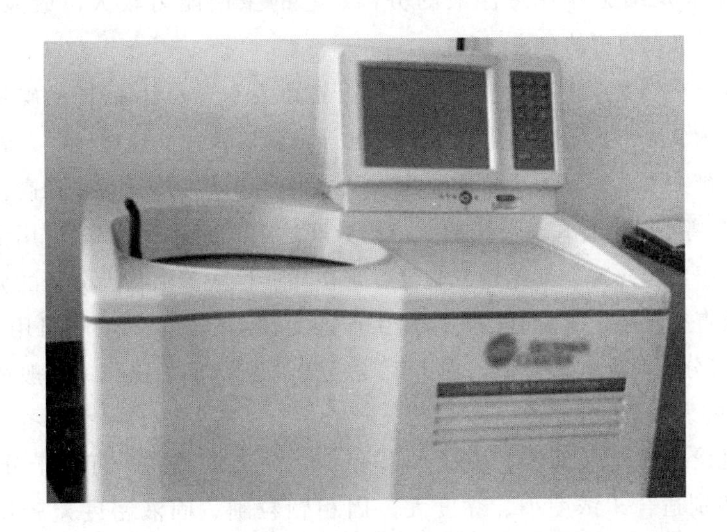

图 3-2-14　超速离心机

(4) 分析型超速离心机 主要是为了研究生物大分子物质的沉降特征和结构。分析型超速离心机（图 3-2-15）使用了特殊设计的转头和光学检测系统，以便连续地监视物质在一个离心场中的沉降过程，从而确定其物理性质。

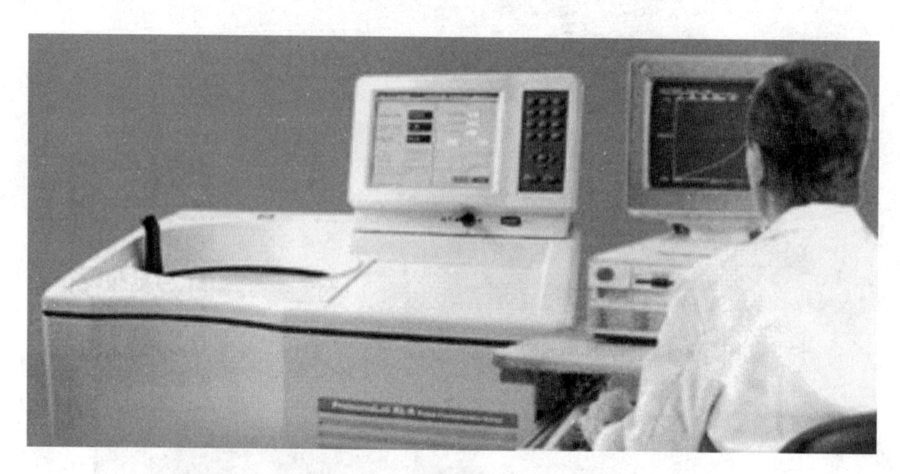

图 3-2-15 分析型超速离心机

分析型超速离心机的主要特点就是能在短时间内，用少量样品就可以得到一些重要信息，能够确定生物大分子是否存在，其大致的含量，计算生物大分子的沉降系数，结合界面扩散，估计分子的大小，检测分子的不均一性及混合物中各组分的比例，测定生物大分子的分子量，还可以检测生物大分子的构象变化等。

(5) 工业上常用的离心分离设备 工业上常用的离心沉降分离设备如高速管式离心机、碟片式离心机、倾析式离心机（又称螺旋卸料离心机）与旋风分离器，其中旋风分离器主要用于气体中颗粒的分离。

① 碟片式离心机 分离因数为1000～20000，适宜于含细菌、酵母菌、放线菌等多种微生物细胞的悬浮液及细胞碎片悬浮液的分离。它的生产能力较大，最大允许处理量达 $300m^3/h$，一般用于大规模的分离过程。

其主要特点是在转鼓中设有数十个至上百个锥角为60°～120°的锥形碟片（图 3-2-16），一般碟片的间隙为0.5～2.5mm。当碟片间的悬浮液随着碟片高速旋转时，固体颗粒的沉降运行距离和时间被大大缩短，形成薄层分离，从而使分离效果得到很大提高。

② 高速管式离心机 管式离心机的分离因数高达 10^4～6×10^5，除可用于微生物细胞的分离外，还可用于细胞碎片、细胞器、病毒、蛋白质、核酸等生物大分子的分离。但由于管式离心机的转鼓直径较小，容量有限，因而生产能力较小。管式离心机可用于固-液、液-液分离，用于液-液分离时为连续操作，用于固-液分离时则为间歇操作。一般适合于分离固形物含量小于1%的发酵液。

管式离心机设备简单（图 3-2-17），操作稳定，分离效率高，可用于分离各种难以分离的悬浮液，特别适合于浓度小、黏度大、固相颗粒细、固液密度差较小的固液分离。例如，各种药液、口服液的澄清；各种蛋白质、果胶的提取；糖蜜的精制；血液分离等。

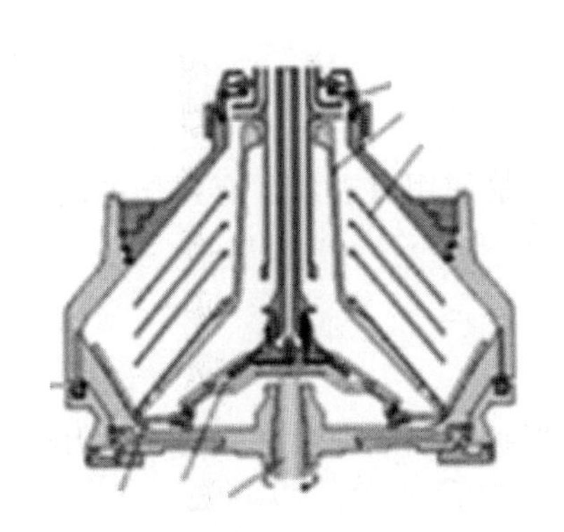

图 3-2-16　碟片式离心机

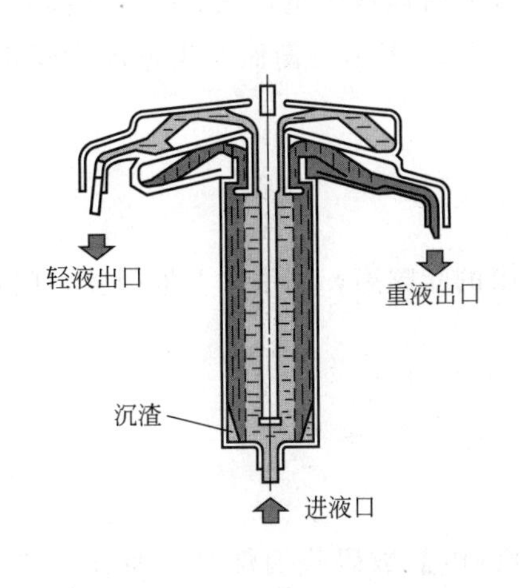

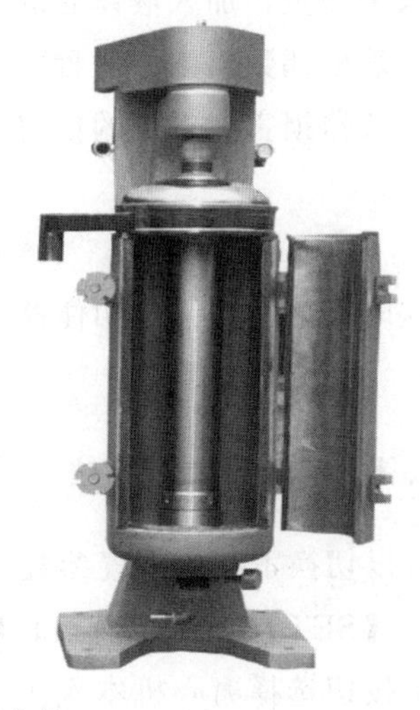

图 3-2-17　管式离心机

收集室

技能训练　离心机的标准操作

【目的】

离心技术在生物科学，特别是在生物制药分离纯化研究领域，已得到广泛应用。每个分离纯化实验室都要装备多种型式的离心机。通过本实训学会高速冷冻离心机的使用和学会更换、安装离心头的方法。

【原理】

离心技术主要用于各种生物样品的分离和制备，生物样品悬浮液在高速旋转下，由于巨大的离心力作用，使悬浮的微小颗粒（细胞器、生物大分子的沉淀等）以一定的速度沉降，从而与溶液得以分离，而沉降速度取决于颗粒的重量、大小和密度。

【器材与试剂】

高速冷冻离心机，离心管，固液混合溶液。

【操作步骤】

1. 转子和试管检查

操作者在使用前，必须认真检查转子、试管。严禁使用有裂纹、有损伤的转子和试管，否则有可能造成机器损坏或人员伤害。

2. 安装转子

将转子中心孔对准驱动轴轻轻放下，然后用 T 形扳手插入内六方螺帽，用力拧紧。

3. 离心管加液及放置

离心管加液后应使用天平测量，加入液体后的两个离心管应该等重，然后把两个离心管对称放入转子中。离心管必须成偶数，中心对称放置，否则会因不平衡而产生振动和噪声，引起离心机发生故障而造成仪器损害和人员的伤害。

4. 门盖的关闭

将门盖向下合到底，这时可以听到锁钩扣住插销发出的咔嚓声，用手往上扳门盖，门盖打不开，表示门盖已锁紧。

5. 设置转子号、转速、时间、升/降速挡位

通过【SET】按钮，可以切换不同的设置参数。

(1) 设置转子号 按下【SET】，当显示窗口【ROTOR】数码管闪烁时，即进入转子号设置状态，按向上或向下按钮选择离心机本次工作的转子号，再按【ENTER】键保存当前设置。转子号设置必须与安装的转子号一致，一般不做修改。

(2) 设置转速 按下【SET】按钮，当显示窗口【SPEED r/min】最后一位数码管闪烁时，即进入转速设置状态，按向上或向下按钮设置本次离心机工作的转速，再按【ENTER】键保存当前设置。

(3) 设置时间 按下【SET】按钮，当显示窗口【TIME min】最后一位数码管闪烁时，即进入时间设置状态，按向上或向下按钮设置本次离心机工作的时间（时间设置范围为 1～99），再按【ENTER】键保存当前设置。

(4) 设置加速挡位 按下【SET】按钮，当显示窗口【SPEED r/min】显示“RCCX”时即可以修改加速挡位，按向上或向下按钮设置本次加速挡位，加速挡位为 1～9 挡，数值越大加速时间越短，通常设置 5，再按【ENTER】键保存当前设置。

(5) 设置减速挡位 按下【SET】按钮，当显示窗口【SPEED r/min】显示“dECX”时即可以修改减速挡位，按向上或向下按钮设置本次减速挡位，减速挡位为 1～9 挡，数值越大减速停机时间越短，通常设置 5，再按【ENTER】键保存当前设置。

(6) 设置离心力 按下【SET】按钮，当显示窗口【ROTOR SPEED r/min】最后一位数码与小数点闪烁时，进入离心力设置状态，按向上或向下按钮设置本次工作的离心力，速度与离心力是对应的，设置离心力时，处理器会自动计算对应的速度并修改，设置速度处理器会自动计算对应的离心力并修改。所以只能在离心力与速度之间选择一个作为参考去设置。上述步骤也可以连续设置，最后按【ENTER】键确认。

6. 启动和停止运行

(1) 启动　按【START】按钮启动离心机，启动指示灯亮。

(2) 自动停止　设置的运行时间倒计时到零时，离心机自动减速停止运行，停止指示灯亮，当转速等于0r/min时，可以打开门锁。

(3) 人工停止　在运行中（运行时间倒计时未到零）按【STOP】键离心机减速停止运行，停止指示灯亮，当转速等于0r/min时，可以打开门锁。

(4) 离心管的取出　当转子停止旋转后，关闭离心机后面电源开关，打开门盖（仪器运行时禁止打开门盖），取出离心管。

(5) 卸转子　用T形扳手拧松锁紧螺帽，然后再取出锁紧螺帽和垫片后就可卸下转子。

(6) 关闭电源　工作完成后，应在关闭电源后拔出电源线插头。

【注意事项】

1. 将仪器摆放在坚固平稳的平台上，以免仪器运行时产生不必要的麻烦。

2. 使用前应检查转子是否有伤痕、腐蚀，离心管是否有裂纹老化现象，发现疑问应停止使用。

3. 离心管内溶液必须等量灌注，切不可在转子不平衡状态下运转。

4. 运转前应拧紧转头压紧螺母，盖好风罩，以免高速旋转时出现松动，影响正常工作。

5. 不能在塑料盖上放置任何物品，以免影响仪器的使用效果。不能在机器运转过程中或转子未停稳的情况下打开盖门，以免发生事故。

6. 除了转速和时间外，不要随意更改机器的工作参数，以免影响机器的性能。

【维护和保养】

1. 若机器长期不用，转子应该从离心室取出，然后应及时用中性洗涤液清洁，用干净布料擦干，防止化学腐蚀，存放在干燥通风处，不允许用非中性清洁剂擦洗转子，转子中心孔内应涂少许润滑脂。

2. 转子安装和取出应该轻捷，垂直向上取出转子，谨防转子跌落损伤驱动轴。

同步训练

1. 技能训练中为什么会出现离心后固相中含水量不同的结果，你认为在工业化操作时应怎样选择离心时间？

2. 离心分离的常用方法及特点有哪些？

3. 离心分离的基本原理是什么？

4. 离心分离的常用设备类型及特点有哪些？

核心概念小结

预处理：是指在进行最后加工完善以前进行的准备过程，具体应用在生物制药行业，预处理的对象是生物物质。

细胞破碎技术：是指利用外力破坏细胞膜和细胞壁，使细胞内容物包括目的产物成分释放出来的技术，它是分离纯化细胞内合成的非分泌型生化物质（产品）的基础。结合重组DNA技术和组织培养技术上的重大进展，以前认为很难获得的蛋白质现在已经可以大规模进行生产。

沉降：是依靠外力的作用，利用分散物质（固相）与分散介质（液相）的密度差异，使之发生相对运动，从而实现固、液分离的过程。

固-液分离：是指将发酵液（或培养液）中的悬浮固体，如细胞、菌体、细胞碎片以及蛋白质等的沉淀物或它们的絮凝体分离除去。

模块四

生物制药初步纯化技术

生物制药初步分离是指从菌体发酵液、细胞培养液、胞内提取液（细胞破碎液）及其他各种生物原料中初步提取目标产物，使目标产物得到浓缩和初步分离的下游加工过程。初步分离的对象具有体积大、杂质含量高等特点；生物药下游纯化成本占总成本的50%～80%，因此初步分离技术应具有操作成本低、适合大规模生产的优势，以利于后续的各步操作。

学习与职业素养目标

通过学习本模块，熟知分离提纯的生物目标物质的理化及生物学性质；会根据生物药物的性能选择不同的萃取方法，通过萃取、沉淀、膜过滤及色谱技术进行生物药物的初步分离纯化；知晓创新生物制药初步纯化技能及开发思路。

通过膜分离技术讲解，了解绿色分离技术，引导在纯化技术选择上的科学性、严谨性，培养环保意识和生态文明。

学习单元一　生物制药产品萃取（提取）技术

萃取技术是生物制药工业中普遍采用的分离技术之一，具有传质速度快、生产周期短，便于连续操作、容易实现自动控制，分离效率高、生产能力大等一系列优点。在生物分离中萃取是一个重要的提取方法和分离混合物的单元操作，有着广泛的应用。对抗生素、有机酸、维生素、激素等发酵产物，常采用有机溶剂萃取法进行提取。有机溶剂萃取是目前使用频率最高的一种。

目前新型萃取技术的开发有两大方向：一是开发新型萃取工艺，如双水相萃取、反胶团萃取等，以扩大萃取技术的适用范围；二是开发与其他工艺或技术耦合的新型萃取技术，如亲和萃取、萃取结晶等，使部分过程得到集成。

知识准备

一、溶剂萃取

在液体混合物（原料液）中加入一个与其基本不相混溶的液体（溶剂），利用原料液中各组分在两液相中溶解度的不同，而使原料液混合物得以分离的方法。

1. 溶解度的应用

（1）物质溶解度的大小与溶剂性质的关系 如果溶质-溶剂相互作用占优势，则溶质的溶解度大。如溶质-溶质或溶剂-溶剂其中一个系统相互作用很强，或者两个系统相互作用都很强，则溶质在该溶剂中的溶解度小。例如，如果平衡常数 C 大于 A 和 B，则溶质-溶剂相互作用占优势，溶质在溶剂中的溶解度大。如图 4-1-1 所示。

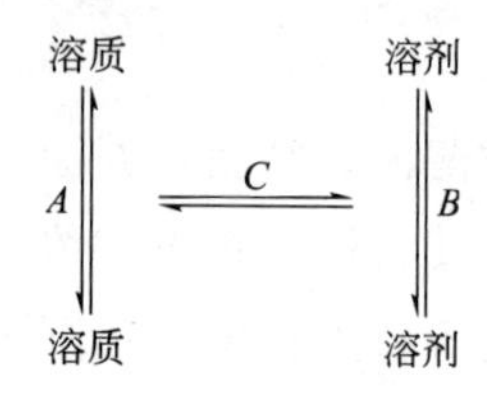

图 4-1-1 溶质-溶质、溶剂-溶剂及溶质-溶剂关系

（2）物质溶解过程中的作用力 为偶极-偶极相互作用，偶极-诱导偶极作用，弥散力，氢键，离子基团的静电作用。

（3）溶剂的选用 作为萃取剂的有机溶剂应满足以下要求：

① 不与目标产物发生反应并且与水相不互溶；

② 对产物有较大的溶解能力，有较高的选择性；

③ 容易回收和再利用；

④ 价廉易得；

⑤ 毒性低，腐蚀性小，使用安全。

一是选择一个对制备物溶解度大而对杂质溶解度小的溶剂，使制备物从混合组分中有选择地被分离出来；二是选择一个对制备物溶解度小而对杂质溶解度大的溶剂，使制备物沉淀或结晶析出。在工业上还要求溶剂具有价格低廉、挥发性小、毒性小、来源广等特点；萃取剂应易于回收。在生产中，应尽量避免采用强毒性溶剂。

2. 物质溶解性质的一般规律——“相似相溶”

溶剂对产物的溶解能力强弱遵从相似相溶规律；溶质通常容易溶解在结构类似的溶剂中；极性溶剂溶解极性溶质，非极性溶剂溶解非极性溶质；碱性物质易溶于酸性溶剂中，酸性物质易溶于碱性溶剂中；在极性溶液中，若溶剂的介电常数减少，则溶质的溶解度也随之减少。

萃取剂一般须满足两个条件：

① 含有由 N、O 等原子形成的功能基团；

② 含有长链烃基或芳烃基。

常用的溶剂有乙醇、丙酮、乙酸乙酯、乙酸丁酯、甲醇、丁醇等。

3. 分配定律与分配系数

萃取是一种扩散分离操作，不同溶质在两相中分配平衡的差异是实现萃取分离的主要因素。分配定律为：

$$K=\frac{c_1}{c_2}=\frac{\text{萃取相的浓度}}{\text{萃余相的浓度}}$$

在恒温恒压条件下，溶质在互不相溶的两相中达到分配平衡时，在两相中的平衡浓度之比为常数（分配系数 K）。分配系数是萃取工艺设计的重要依据。

分配定律成立的条件：①溶质浓度较低；②两相中的溶质为同一分子形式。

根据溶质的分配系数可以判定萃取剂对溶质的萃取能力，可以用来指导选择合适的萃取溶剂体系。

4. 分离因素（β）

如果原来料液中除溶质 A 以外，还含有溶质 B，则由于 A、B 的分配系数不同，萃取相中 A 和 B 的相对含量就不同于萃余相中 A 和 B 的相对含量。如 A 的分配系数较 B 大，则萃取相中 A 的含量（浓度）较 B 多，这样 A 和 B 就得到一定程度的分离。萃取剂对溶质 A 和 B 分离能力的大小可用分离因素（β）来表征：

$$\beta=\frac{c_{1A}/c_{2A}}{c_{1B}/c_{2B}}=\frac{K_A}{K_B}$$

分离因素体现了不同溶质分配平衡的差异，是实现萃取分离的基础，决定了两种溶质能否分离。

5. 影响物质溶解度的几个主要因素

(1) 离子强度　加入盐析剂，可使溶质在水中的溶解度降低而易于转入到溶剂中去（图 4-1-2）。盐析剂的加入，也能减少有机溶剂在水中的溶解度。盐析剂常用的有无机盐氯化钠、硫酸铵等。

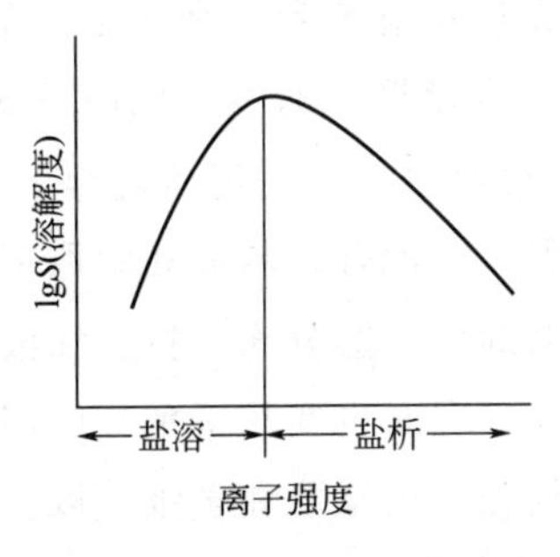

图 4-1-2 “盐溶”和“盐析”现象

(2) pH 值　离子状态的物质易溶于水，非离子的分子状态的物质则易溶于有机溶剂，酸性物质处于低 pH 值、碱性物质处于高 pH 值时，都可以转溶于有机溶剂。选择适当的 pH 值，不仅有利于提高产物收率，还可提高萃取的选择性。

(3) 温度　温度也是影响溶质分配系数和萃取速度的因素之一。温度的升高可增加物质的溶解度，减少溶液的黏度。一般来说，低温萃取速度较慢，可适当提高温度；但是由于萃取剂多为有机溶剂，在高温下，产品的稳定性较差而受破坏，故萃取应尽可能在低温或常温下进行。

(4) 去垢剂　去垢剂一般具有乳化、分散和增溶作用，其中中性去垢剂对蛋白质的变性作用影响较小，适宜于蛋白质或酶提取之用。

6. 萃取的工艺过程

如上文所述，萃取分离是依据不同物质在互不相溶的两相中溶解度的不同，达到分配平衡后在两相中的相对含量不同而实现物质的相对纯化。

工艺设计依据：分配定律与分配平衡（达到分配平衡后两相中均含有产物和杂质，但相对含量不同）。

（1）萃取的基本过程 流程：混合→分离→溶剂回收（图 4-1-3）。

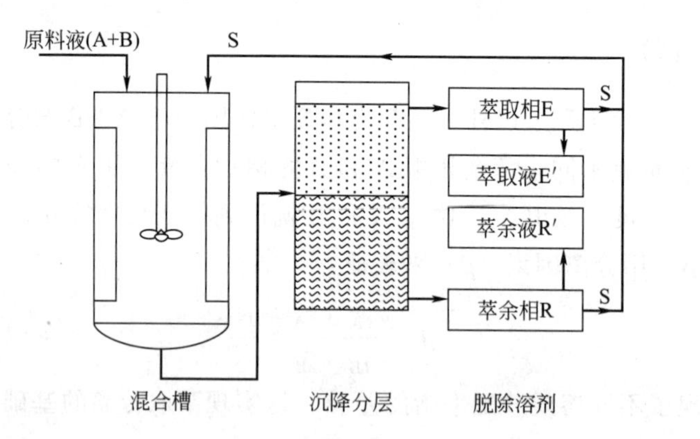

图 4-1-3 萃取的基本过程

液液萃取体系至少是三元体系（溶剂和原料液中的两个组分）。以三元体系为例，液液萃取的基本过程如下所述。其中组分 A 在萃取剂 S 中的溶解度较大（易分离），组分 B 则难溶（稀释剂）。操作时，萃取剂与混合液在萃取釜中充分混合后，组分 A 即从混合液向萃取剂 S 中转移，而 B 则较难进入萃取剂 S 中。

萃取后的液体进入分离器，形成萃取相 E 和萃余相 R。萃取结束后的两相 E 和 R 都是均相混合物，一般还需要采取蒸馏、蒸发等分离手段回收溶剂（萃取剂）以获得组分 A 和 B。萃取过程的实质是溶质由一相转移至另一相的传质过程。

工业上的萃取操作包括 3 个步骤：①混合，料液和萃取剂充分混合，形成具有很大比表面积的乳浊液产物，将料液转入萃取剂中；②分离，将乳浊液分成萃取相和萃余相；③提取及回收，即产品提取及萃取剂的回收，有时也要从萃余相中回收萃取剂。

（2）萃取的工艺 萃取操作流程分单级萃取和多级萃取。多级萃取中又有多级错流萃取和多级逆流萃取。

① 单级萃取 特点：操作简单，但对分配系数不大的产物分离时回收率低（图 4-1-4）。

② 多级错流萃取 原料由第 1 级混合器进，由第 n 级分离器出；萃取剂由每级的混合器加入，由每级的分离器流出，最后合并所有萃取相进行产物分离及溶剂回收（图 4-1-5）。

特点：回收率较高，但溶剂用量大、产物浓度低、能耗较大，并且由几个萃取器串联组成。

③ 多级逆流萃取 原料从第 1 级混合器加入，从第 n 级分离器流出；萃取剂由第 n 级混合器加入，从第 1 级分离器流出（图 4-1-6）。

特点：萃取效率高，萃取相中目标产物浓度高。在整个过程中，萃取剂与原料液互成逆

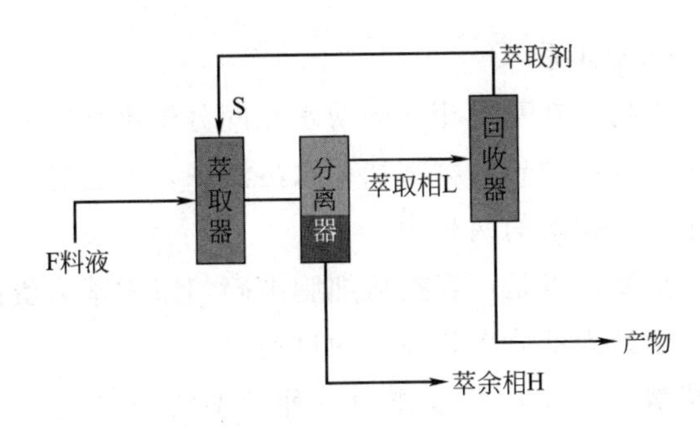

图 4-1-4　单级萃取

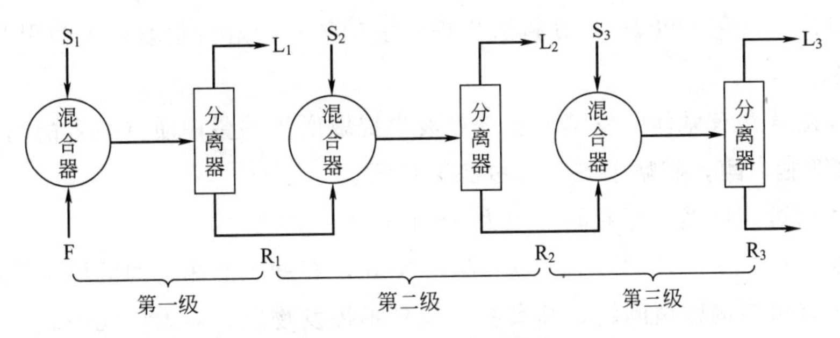

图 4-1-5　多级错流萃取

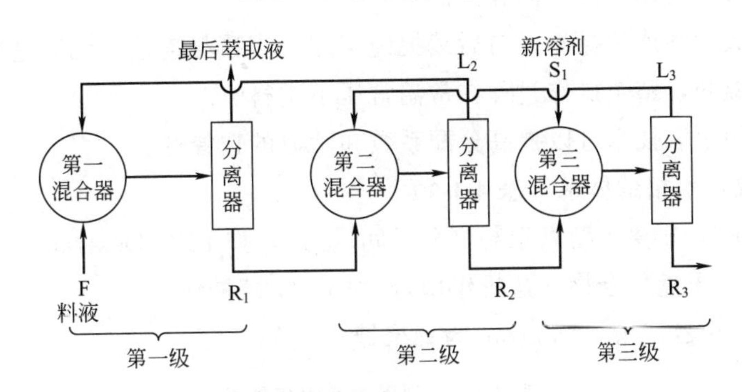

图 4-1-6　多级逆流萃取

流接触。

此法与错流萃取相比，萃取剂耗量较少，因而萃取液平均浓度较高。

(3) 加速提取的措施

为了加速提取，可以重点采取下列措施：

① 充分破碎材料，增加扩散面积，减少扩散距离。

② 搅拌，保持两相界面最大浓度差。

③ 分次提取，提高扩散速度。

④ 提高提取温度，降低溶液黏度。

二、双水相萃取

1. 双水相萃取技术基本原理

在一定条件下，两种亲水性的聚合物水溶液相互混合，由于较强的斥力或空间位阻，相互间无法渗透，可形成双水相体系。

双水相萃取是利用生物物质在互不相溶的两水相间分配系数的差异进行分离的过程。双水相系统一般是指将两种亲水性的聚合物都加在水溶液中，当超过某一浓度时，就会产生两相，两种聚合物分别溶于互不相溶的两相中。

双水相萃取法的一个重要优点是可直接从细胞破碎匀浆中萃取蛋白质，而无需分离细胞碎片。因而可直接萃取，达到固液分离和纯化的目的。

(1) 双水相萃取的优势 双水相萃取作为一种新型的分离技术，对生物物质、天然产物、抗生素等的提取、纯化表现出以下优势。

① 含水量高（70%～90%），在接近生理环境的体系中进行萃取，不会引起生物活性物质失活或变性。

② 可以直接从含有菌体的发酵液和培养液中提取所需的蛋白质（或者酶），还能不经过破碎直接提取细胞内酶，省略了破碎或过滤等步骤。

③ 分相时间短，自然分相时间一般为5～15min。

④ 界面张力小，为 $(10^{-7}\sim10^{-4})\times10^{-3}$N/m，有助于两相之间的质量传递。

⑤ 不存在有机溶剂残留问题，高聚物一般是不挥发物质，对人体无害。

⑥ 大量杂质可与固体物质一同除去。

⑦ 易于工艺放大和连续操作，与后续提纯工序可直接相连接，无需进行特殊处理。

⑧ 操作条件温和，整个操作过程在常温常压下进行。

⑨ 亲和双水相萃取技术可以提高分配系数和萃取的选择性。

(2) 可以构成双水相的体系（表4-1-1）

① 离子型高聚物-非离子型高聚物（分子间斥力），如PEG-Dextran。

② 高聚物-低分子量化合物（盐析作用），如PEG-硫酸铵。

其中，PEG为聚乙二醇，Dextran为葡聚糖。

表4-1-1 常用的双水相体系

体系类型	化合物1	化合物2
高聚物/高聚物体系	聚丙二醇	聚乙二醇、聚乙烯醇、葡聚糖(Dextran)、羟丙基葡聚糖
	聚乙二醇(PEG)	聚乙烯醇、葡聚糖
高聚物/无机盐体系	聚乙二醇	硫酸镁、硫酸铵、硫酸钠、磷酸钾、酒石酸钾钠
高聚物/聚电解质体系	硫酸葡聚糖钠盐	甲基纤维素
聚电解质/聚电解质体系	羧甲基葡聚糖钠盐	羧甲基纤维素钠盐

(3) 双水相体系的形成原因 高聚物不相容性及分子间作用力。两种物质A和B，如果物质A分子A-A之间作用力大于物质B分子B-A之间作用力，则物质A可以与物质B相分离；反之，则不能分离。即

① A-A作用力>A-B作用力，相分离；

② A-A作用力<A-B作用力，混合。

上下两相聚合物组成不同，其疏水作用、形成氢键和离子键也不同，而使得相关性质不同的物质在两相中分配比例也不同。当两种不同结构的高分子聚合物之间的排斥力大于吸引

力时，聚合物就会发生分离，当达到平衡时，即形成分别富含不同聚合物的两相。

(4) 影响物质分配平衡的因素　影响物质分配平衡的主要因素有：聚合物及成盐的浓度，高聚物的平均分子量，体系的 pH 值及其他盐的种类和浓度，菌体或细胞的种类及含量，体系温度等。

2. 双水相萃取的操作过程

双水相萃取与有机溶剂萃取操作几乎完全相同，也包括混合、相分离、溶剂与产物回收三个步骤。

(1) 产物提取　先将产物分配在 PEG 相，经相分离后重新加盐，使蛋白质分配到无机盐相，再超滤或透析脱盐。

(2) PEG 回收　离子交换去除 PEG 中的离子；用洗脱剂先洗出 PEG，再洗出蛋白质。

(3) 无机盐回收　结晶或膜分离。回收盐类或除去 PEG 相的盐。

3. 双水相萃取的工艺应用

蛋白质和酶由于它们在有机溶剂中的溶解度低并且会变性，传统的溶剂萃取法并不适合。双水相萃取法的特点是能够保留产物的活性，整个操作可以连续化，在除去细胞或细胞碎片时，还可以纯化蛋白质 2～5 倍；处理量相同时，双水相萃取法是传统的分离方法及设备需用量的 1/10～1/3。该方法用于生物大分子（蛋白质、酶、核酸、干扰素等）及细胞和细胞器（病毒、叶绿体、线粒体、细胞膜等）的提取，表 4-1-2 列举了一些双水相萃取技术在分离中的例子。

表 4-1-2　双水相萃取技术在分离中的应用举例

分离物质	举例	体系	分配系数	收率/%
酶	过氧化氢酶的分离	PEG/Dextran	2.95	81
核酸	分离有活性核酸 DNA	PEG/Dextran	—	—
生长素	人生长激素的纯化	PEG/盐	6.4	60
病毒	脊髓病毒和线病毒	PEG/NaDS	—	90
干扰素	分离 β-干扰素	PEG-磷酸酯/盐	630	97
细胞组织	分离含有胆碱受体的细胞	三甲胺-PEG/Dextran	3.64	57

注：PEG 为聚乙二醇，Dextran 为葡聚糖。

(1) 分离和提取各种蛋白质（酶）　PEG/硫酸铵双水相体系提取 α-淀粉酶和蛋白酶时：α-淀粉酶收率 90%，分配系数为 19.6；蛋白酶的收率高于 60%，分离系数高达 15.1。

(2) 基因工程药物的分离与提取　用 PEG 4000 6.6%/磷酸盐 14%体系从 *E. coli* 碎片中提取人生长激素（hGH），当 pH=7，菌体含量为 1.35%（质量浓度）干细胞，混合 5～10s 后，即可达到萃取平衡，hGH 分配在上相，其分配系数高达 6.4，相比为 0.2，收率大于 60%，对蛋白质纯化系数为 7.8。若进行三级错流萃取，总收率可达 81%，纯化系数为 8.5。

用 PEG-磷酸酯/磷酸盐提取β-干扰素：β-干扰素是合成纤维细胞或小白鼠体内细胞的分泌物。培养基中总蛋白质浓度为 1g/L，而它的浓度仅为 0.1mg/L。对于一般 PEG-Dextran 体系，不能将β-干扰素与主要杂蛋白分开，必须具有带电基团或亲和基团的 PEG 衍生物如 PEG-磷酸酯与盐的系统才能使β-干扰素分配在上相、杂蛋白完全分配在下相而得到分离。并且β-干扰素的浓度越高，分配系数越大，纯化系数甚至可高达 350。这一技术已用于 1×10^9 单位β-干扰素的回收，收率高达 97%，干扰素的特异活性为 1×10^6 单位/mg 蛋白。

三、超临界流体萃取

超临界流体萃取是以超临界流体为萃取剂，在临界温度和临界压力附近的状态下萃取目的组分的过程。

超临界流体萃取是当前国际上最先进的物理分离技术之一。常见的超临界流体中，由于二氧化碳（CO_2）化学性质稳定、无毒性和无腐蚀性、不易燃和不爆炸、临界状态容易实现，而且临界温度（31.1℃）接近常温，在食品及医药中对香气成分、生理活性物质、酶及蛋白质等热敏物质无破坏作用，因而常被用作为萃取剂进行超临界萃取。

超临界 CO_2 的萃取特点：提取温度低，提取率高（>95%），无污染，生产周期短，能耗低，无易燃易爆危险，一套装置多种用途，以及操作参数容易控制等。

1. 超临界 CO_2

二氧化碳在温度高于临界温度 31.26℃、压力高于临界压力 7.3MPa 的状态下，性质会发生变化。其密度近于液体，黏度近于气体，扩散系数为液体的 100 倍，因而具有惊人的溶解能力。故用它可溶解多种物质，然后提取其中的有效成分，具有广泛的应用前景。超临界二氧化碳是目前研究最广泛的流体之一，因为它具有以下几个特点：

① CO_2临界温度为 31.26℃，临界压力为 7.3MPa，临界条件容易达到。

② CO_2化学性质不活泼，无色、无味、无毒，安全性好。

③ 价格便宜，纯度高，容易获得。

如图 4-1-7 所示为临界点附近的 p-T 相图。

超过临界点的物质，不论压力多大都不会使其液化，压力的变化只引起流体密度的变化。超临界流体有别于液体和气体，超临界流体是存在于气、液这两种流体状态以外的第三流体。

超临界流体具有十分独特的物理化学性质，它的密度接近于液体，黏度接近于气体，而且扩散系数大、黏度小、介电常数大，是很好的溶剂。

2. 超临界 CO_2 萃取过程

超临界 CO_2的密度对温度和压力变化十分敏感，所以调节正在使用的 CO_2的压力和温度，就可以调整 CO_2的密度，进而来调整该 CO_2对欲提取物质的溶解能力；对应各压力范围所得到的萃取物不是单一的，可以控制条件得到最佳比例的混合成分，然后借助减压、升温的方法使超临界流体变成气体，与被萃取物完全分开，从而达到分离提纯的目的，这就是一个超临界 CO_2萃取过程（图 4-1-8）。

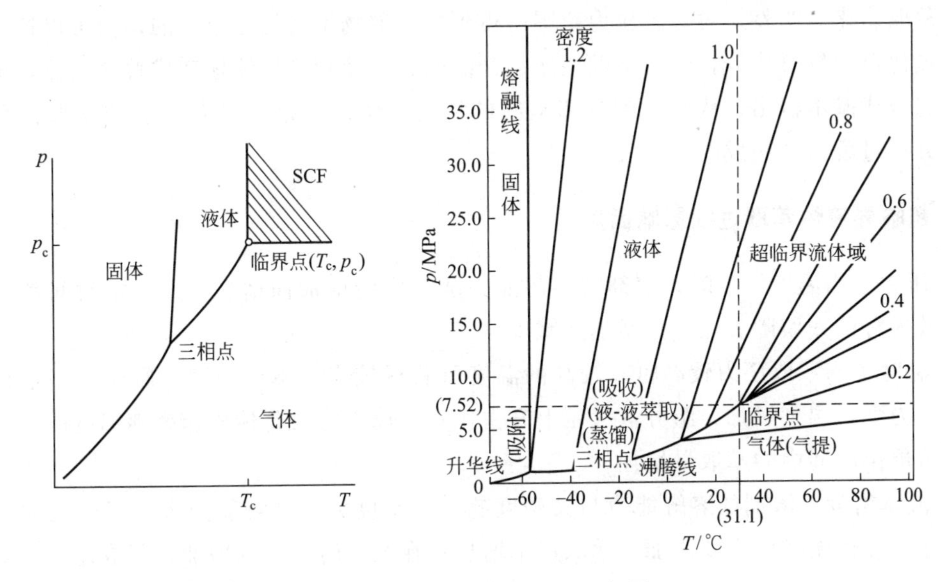

图 4-1-7　临界点附近的 p-T 相图

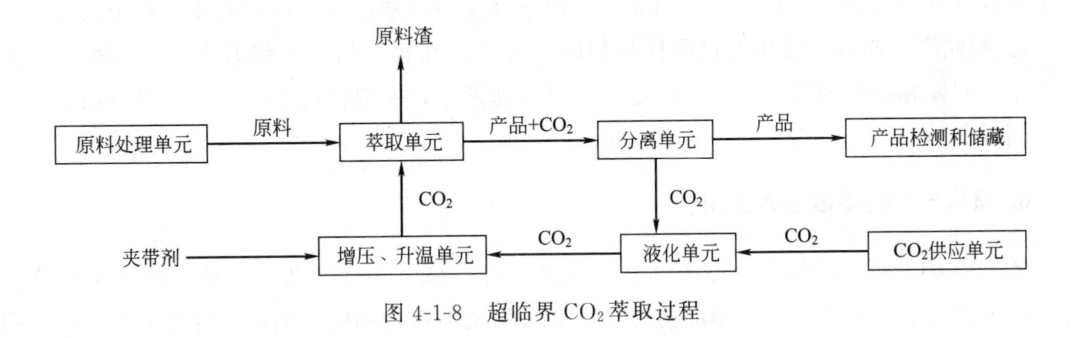

图 4-1-8　超临界 CO_2 萃取过程

3. 超临界 CO_2 的溶解选择性

在超临界状态下，将超临界流体 CO_2 与待分离的物质接触，超临界状态下的 CO_2 流体具有对待分离的物质选择性溶解作用，对低分子、弱极性、脂溶性、低沸点的成分如挥发油、烃、酯、醚等表现出优异的溶解性；而对具有极性基团（—OH、—COOH 等）的化合物，极性基团越多，就越难萃取；对于分子量高的化合物，分子量越高，越难萃取，分子量超过 500 的高分子化合物也几乎不溶，因而对这类物质的萃取，就需要加大萃取压力或向有效成分和超临界 CO_2 组成的二元体系中加入具有改变溶质溶解度的第三组分（即夹带剂），来改变原来有效成分的溶解度。一般来说，具有很好溶解性能的溶剂，也往往是很好的夹带剂，如甲醇、乙酸、乙酸乙酯等物质。

4. 超临界萃取技术原理

超临界 CO_2 流体萃取（SFE）分离过程的原理是利用超临界流体的溶解能力与其密度的关系，即利用压力和温度对超临界流体溶解能力的影响而进行的。在超临界状态下，将超临界流体与待分离的物质接触，使其有选择性地把极性大小、沸点高低和分子量大小不同的成分依次萃取出来。当然，对应各压力范围所得到的萃取物不可能是单一的，但可以控制条件得到最佳比例的混合成分，然后借助减压、升温的方法使超临界流体变成普通气体，被萃取物质则完全或基本析出，从而达到分离提纯的目的。所以，超临界 CO_2 流体萃取过程是由萃取和分离过程组合而成的。

5. 超临界流体萃取过程影响因素

① 压力 当温度恒定时，溶剂的溶解能力随压力的增加而增加；经一定时间萃取后原料中有效成分的残留随着压力的增加而减少。

② 温度 当萃取压力较高时，较高的温度可获得较高的萃取速率。原因之一是在相对较高的压力下，温度增加，组分蒸气压上升占优势；原因之二是传质速率随温度的增加而增加，使得单位时间内的萃取量增加。

③ 流体密度 溶剂的溶解能力与其密度有关，密度大，溶解能力大；但密度大时，传质系数小。在恒温时，密度增加，萃取速率增加；在恒压时，密度增加，萃取速率下降。

④ 溶剂比 当萃取温度和压力确定后，溶剂比是一个重要的参数。在低溶剂比时，经一定时间萃取后固体中残留量大。用非常高的溶剂比时，萃取后固体中的残留趋于低限。

⑤ 颗粒度 超临界流体通过固体物料时的传质，在很多情况下将取决于固体相内的传质速率。固体相内传递路径的长度决定了质量传递速率，一般情况下，萃取速率随颗粒尺寸减小而增加。

6. 超临界 CO_2 萃取技术应用

超临界 CO_2 萃取的特点决定了其应用范围十分广阔。如在医药工业中，可用于中草药有效成分的提取、热敏性生物制品药物的精制及脂质类混合物的分离；在食品工业中，可用于啤酒花的提取、色素的提取等；在香料工业中，用于天然及合成香料的精制；在化学工业中用于混合物的分离等。具体应用可以分为以下几个方面。

① 从药用植物中萃取生物活性分子，生物碱萃取和分离。

② 来自不同微生物的类脂脂类，或用于类脂脂类回收，或从配糖和蛋白质中去除类脂脂类。

③ 从多种植物中萃取抗癌物质，特别是从红豆杉树皮和枝叶中获得紫杉醇防治癌症。

④ 维生素，主要是维生素 E 的萃取。

⑤ 对各种活性物质（天然的或合成的）进行提纯，除去不需要分子（比如从蔬菜提取物中除掉杀虫剂）或“渣物”以获得提纯产品。

⑥ 对各种天然抗菌或抗氧化萃取物的加工，如百里香、蒜、洋葱、春黄菊、辣椒粉、甘草和茴香子等。包括：

a. 保健及功能食品 沙棘籽油、小麦胚芽油、葡萄籽油、青刺果仁油、茶籽油、杏仁油、当归精油、红花籽油、枸杞籽油、月见草籽油等保健油脂的萃取。

b. 脂溶性天然色素 番茄红素、辣椒红素、叶黄素、枸杞色素、紫草色素等。

c. 黄酮类化合物 红车轴草异黄酮、竹叶黄酮等。

d. 调味油 大蒜油、洋葱油、孜然油、芥末油、姜油等。

【例】 用超临界CO_2从咖啡中脱除咖啡因，超临界CO_2可以有选择性地直接从原料中萃取咖啡因而不失其芳香味。具体过程为：将绿咖啡豆预先用水浸泡增湿，用70～90℃、16～22MPa的超临界CO_2进行萃取，咖啡因从豆中向流体相扩散然后随CO_2一起进入水洗塔，用70～90℃水洗涤；约10h后，所有的咖啡因都被水吸收；该水经脱气后进入蒸馏器回收咖啡因。CO_2可循环使用。通过萃取，咖啡豆中的咖啡因可以从原来的0.7%～3%下降到0.02%以下，具体工艺流程如图4-1-9所示，图4-1-10所示为超临界CO_2萃取生产设备。

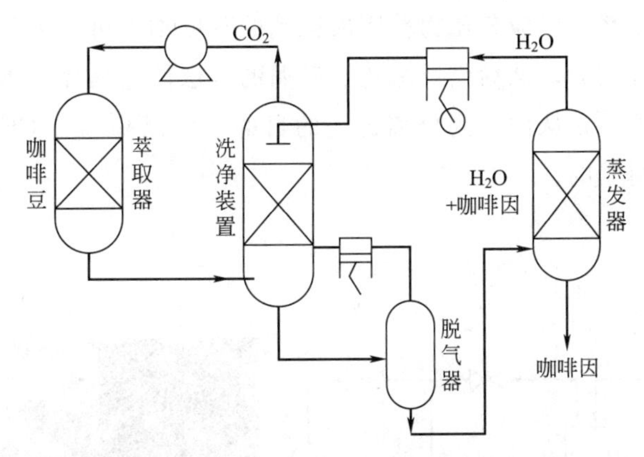

图4-1-9　超临界CO_2萃取咖啡因工艺流程

图4-1-10　超临界CO_2萃取生产设备

技能训练　超临界萃取

【目的】

1. 了解超临界萃取装置的基本原理和实验方法。
2. 了解CO_2流体溶解度的定性经验规律。
3. 了解影响超临界CO_2流体溶解性能的因素。

【原理】

超临界流体是介于气液之间的一种既非气态又非液态的物态，这种物质只能在其温度和压力超过临界点时才能存在。超临界流体的密度较大，与液体相仿，而它的黏度又较接近于气体。因此超临界流体是一种十分理想的萃取剂。

超临界 CO_2 流体萃取（SFE）分离过程的原理是利用超临界流体的溶解能力与其密度的关系，即利用压力和温度对超临界流体溶解能力的影响而进行的。在超临界状态下，将超临界流体与待分离的物质接触，使其有选择性地把极性大小、沸点高低和分子量大小不同的成分依次萃取出来。当然，对应各压力范围所得到的萃取物不可能是单一的，但可以控制条件得到最佳比例的混合成分，然后借助减压、升温的方法使超临界流体变成普通气体，被萃取物质则完全或基本析出，从而达到分离提纯的目的，所以超临界 CO_2 流体萃取过程是由萃取和分离过程组合而成的。

【器材与试剂】

超临界萃取装置（图 4-1-11）。

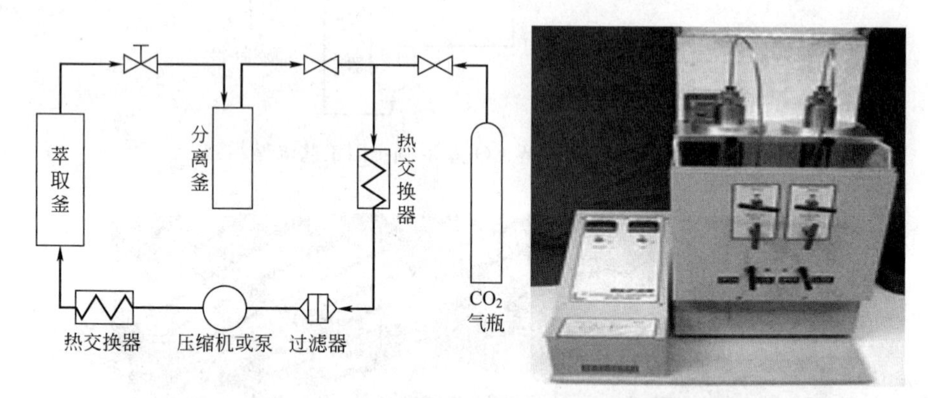

图 4-1-11 超临界萃取工艺流程及超临界萃取（SFT-100XW）仪器

【操作步骤】

操作原则：先升温，后升压；先释压，后降温。

1. 安装萃取釜

清洗并干燥萃取釜及其上下接口处的过滤器后，用两个扳手配合，拧紧萃取釜上下接口的螺丝，把萃取釜安装到正确的位置上。确认各部件及管路的安装连接良好。

2. 吹扫管路残余水分

关闭单向阀、动静态阀和背压阀。打开 CO_2 钢瓶阀门，缓慢交替打开动静态阀和背压阀的阀门，用手指感应 CO_2 流体的出现，手指感觉到很凉时，即有 CO_2 流体流出，这样持续吹扫 1min 左右。关闭 CO_2 钢瓶阀门，吹扫结束。

3. 装料

用两个扳手配合，松开萃取釜上口螺丝，放入物料包。拧紧萃取釜上口螺丝，使之不发生泄漏。

4. 检查 CO_2 钢瓶气压

关闭单向阀、动静态阀和背压阀，打开 CO_2 钢瓶阀门。打开 CO_2 泵的电源开关，选取 CO_2 泵的状态为亮灯闪烁，检查 CO_2 钢瓶中气体的压力。理想的压力范围为 800～900psi（1psi＝6894.76Pa）（若实际压力低于 750psi 应立即更换 CO_2 钢瓶）。

5. 打开制冷机开关

打开 CO_2 泵左下角的制冷开关。

6. 设定工作参数

接通电源，打开电源开关。

(1) 温度设定 打开主机箱左边温度控制器的开关，用手按住“※”键，使用“△”和“▽”键，分别设置萃取釜和背压阀的温度。通常情况下，背压阀的温度以高于萃取釜的温度 5～10℃为宜。

(2) 压力设定 通过改变设定模式（亮灯非闪烁时为设置模式）设定萃取釜所需的工作压力、报警压力、CO_2 流量。实验压力值小于上限报警压力值（具体数值根据实验精度而定）。

(3) 携带剂流量设定 打开单向阀，把携带剂过滤头放入携带剂瓶中，利用注射器抽出携带剂泵残余气体，至抽出 2～3mL 携带剂为止。关闭单向阀后，再拔出注射器。打开携带剂泵开关，设定携带流量（是否需要及加入量根据实验要求而定）。

7. 排除萃取釜空气

打开萃取釜进、出口阀门，用 CO_2 吹扫整个系统管路，待 CO_2 气体流出后持续几分钟，吹扫结束，关闭萃取釜出口阀门。

8. 启动 CO_2 泵和携带剂泵

待萃取釜的温度达到设定值并维持恒定后，打开萃取釜之前的进料阀，按下 CO_2 泵和携带剂泵的 RUN/STOP 键，启动 CO_2 泵和携带剂泵。CO_2 和携带剂被送入萃取釜内，直到达到所需要的压力和所需要的携带剂量（携带剂的总量可以通过进料速度和进料时间计算）为止。

9. 检查工作参数

改变 CO_2 高压泵工作模式（亮灯闪烁时为工作模式），观察 CO_2 的实际流量、萃取釜的实际压力（若实际压力低于 750psi 应立即更换 CO_2 钢瓶），观察萃取仪的工作温度变化，利用秒表确定携带剂的加入量（携带剂量占萃取釜体积的 5%）。经过一段时间后，釜的工作温度、釜内压力会在一个平衡值范围内上下浮动。

10. 检查管路密封性

用小毛刷沾取肥皂水均匀涂抹在管路的各个接口，观察管路的密封性。若有泄漏，必须泄压后用工具紧固，用力必须适中，绝对不可带压操作。

11. 萃取模式和时间

操作者可以根据实验要求选择动态或静态萃取模式进行，选择萃取时间和携带剂的加入量。注意：动态萃取过程中操作人员需耐心调节动态流量使其小于 CO_2 泵的设置流量以维持恒定压力。

12. 收集产品、关机

萃取过程完成后，缓慢打开动静态阀和背压阀，收集产品。采用动态萃取时，出料速度需保证实际压力，实际流量变化幅度不宜过大。采用静态萃取时，关闭 CO_2 钢瓶阀门、关闭 CO_2 高压泵、关闭 CO_2 高压泵制冷机、关闭携带剂泵（携带剂不需要后即可关闭），缓慢排空（通过 CO_2 高压泵显示压力的变化）萃取釜内的气体（同时收集产品）。关闭萃取仪加热器，关闭动静态阀和背压阀。

13. 结束

关闭各电源开关，拔出各电源插头。等待萃取釜的表面温度降低后，打开萃取釜，取出物料，操作结束。实验完成后必须清理萃取装置和实验器具、物料等，擦洗操作台以保证设施完好。

【注意事项】

① 调试、萃取操作必须参照操作流程。

② 开关动静态阀和背压阀时，只可用手操作，无需使用工具以防用力过大损毁之。管路密封紧固时，用力不得过大，以防滑丝。

③ 定时清洗反应釜的上下接口处过滤器。

④ 检查萃取釜的上下口是否安装到位。

⑤ 泄压口的安装方向不可对着操作者。

⑥ 压力管路的外表虽然一样，但是承受的压力是不同的，不能随便使用。

⑦ 承装物料的布袋，极易吸收萃取物，建议采用不锈钢网状结构容器。

⑧ 二氧化碳钢瓶压力低于 750psi 时，要及时更换钢瓶。

⑨ 用肥皂水查找漏点，关掉仪器消除噪声，辨别泄漏源。在用肥皂水检查泄漏时要防止短路。

⑩ 携带剂的加入：设定好流量后，用计时的方法确认加入量。携带剂根据实际情况加入，不用后及时关闭携带剂泵。

⑪ 因为温度对压力的影响很大，所以在实际操作中，开始设定的压力要低于实验压力，随着工作温度上升到设定温度并保持一段时间后，把压力调到实验压力。

⑫ 容易忽略的三个问题：开机前的吹扫（吹扫不需要打开二氧化碳高压泵）、携带剂泵残余气体的排除（必须关闭携带剂泵后才抽取残余气体）、二氧化碳高压泵工作的时候，制冷机没有打开。

⑬ 出料口加热温度达 65℃以上。

⑭ 进入萃取釜的 CO_2 泄漏会影响萃取效率，萃取釜出料接口的 CO_2 泄漏会影响萃取数据。但后者的影响结果会远远大于前者，因为产品会随着 CO_2 挥发掉。

⑮ 萃取过程中必须保持压力的恒定。

⑯ 在萃取过程中，由于设备高压运行，实验者不得离开操作现场。不得随意乱动仪器后面的管路、管件等，如发现问题应及时断电，然后协同指导老师解决。

⑰ 为防止发生意外事故，在操作过程中，若发现超压、超温、异常声音、系统发生漏气等现象，必须立即关闭各电源开关，然后汇报指导老师协同处理。

⑱ 若实验中管路堵塞，必须进行及时处理。处理方法为：将压力排空，用酒精萃取；或将压力排空后无法通气的管路，人为疏通，再用酒精萃取，确保安全使用。

⑲ 出料步骤：打开下部背压阀→微调上部动静态阀调节流量。关闭步骤：缓慢关闭上部动静态阀门→缓慢关闭下部背压阀。

⑳ 实验完成后必须清理萃取装置和实验器具、物料等，擦洗操作台以保证设施完好。

同步训练

1. 液-液萃取时溶剂的选择要注意什么？
2. 超临界萃取的原理及超临界 CO_2 萃取的优点有哪些？

学习单元二　固相析出分离技术

知识准备

生物分子在水中形成稳定的溶液是有条件的，这些就是溶液的各种理化参数。任何能够影响这些条件的因素都会破坏溶液的稳定性。

固相析出的基本原理就是采用适当的措施改变溶液的理化参数，以控制溶液的各种成分的溶解度，根据不同物质在溶剂中的溶解度不同而达到分离的目的。

固相析出法不仅用于实验室中，因其不需专门设备且易于放大，也广泛用于生产的制备过程，是分离纯化生物大分子，特别是制备蛋白质和酶时最常用的方法之一。其优点是：操作简单、经济、浓缩倍数高；缺点是：针对复杂体系而言，分离度不高、选择性不强。

常用的固相析出法有盐析法、有机溶剂沉淀法、等电点沉淀法和结晶法等。

一、盐析法

向蛋白质溶液中加入高浓度的中性盐，以破坏蛋白质的胶体性质，使蛋白质的溶解度降低，而从溶液中析出的现象。

1. 蛋白质表面特性

(1) 蛋白质表面结构特点　在蛋白质分子表面分布着各种亲水区域和疏水区域，同时蛋白质是两性物质，既有正电荷区域又有负电荷区域。

裂解盐析室

如图 4-2-1 所示。

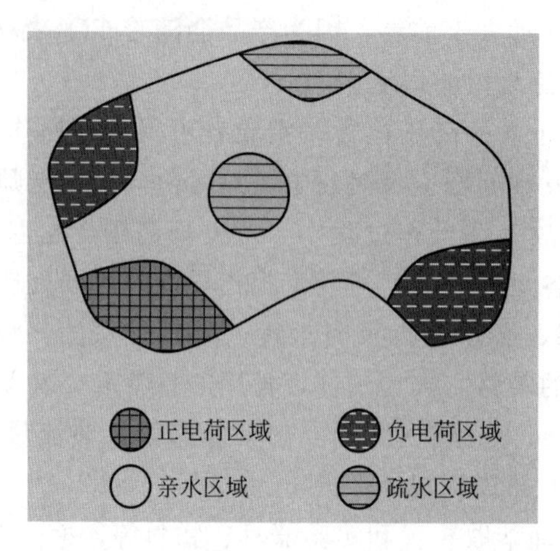

图 4-2-1 蛋白质分子的表面特征示意

(2) 蛋白质的胶体特性 蛋白质等生物大分子物质以一种亲水胶体形式存在于水溶液中，无外界因素影响时，呈稳定分散状态。这是因为：一是蛋白质为两性物质，二是蛋白质分子表面的疏水区形成的水化层，具体特性如下：

① 蛋白质的分子量 6～1000kDa，直径为 1～30nm。

② 分子表面的水化层 紧密结合的水化层可达到 0.35g/g 蛋白质，疏松结合的水化层可达到蛋白质分子质量的 2 倍以上。蛋白质表面水化层越厚，蛋白质分子的溶解度越大。

③ 分子间的静电排斥 [双电层（图 4-2-2)]。

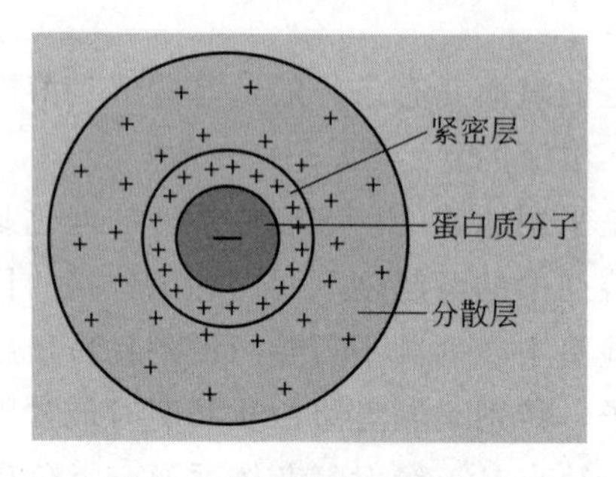

图 4-2-2 蛋白质分子在水溶液中形成胶体的双电层示意

a. 双电层中存在距表面由高到低（绝对值）的电位分布，双电层的性质与该电位分布密切相关。

b. 紧密层和分散层交界处的电位值称为 ξ(zeta) 电位，带电粒子间的静电相互作用取决于 ξ 电位（绝对值）的大小。

c. 当双电层的 ξ 电位足够大时，静电排斥作用抵御分子间的相互吸引作用（分子间力)，使蛋白质溶液处于稳定状态。

④ 蛋白质沉淀的机制（环境、沉淀剂） 蛋白质表面有一些亲水基团易起水合作用，从而形成水化层，导致蛋白质颗粒不易聚集沉淀，这些蛋白质分子直径在 2～20nm 范围，所以蛋白质溶液是亲水胶体，具有半通透性、丁达尔效应、布朗运动等一些亲水胶体性质。

蛋白质可解离基团包括末端 α-氨基和末端 α-羧基及可解离侧链 R 基。这些可解离基团在特定的 pH 范围内解离，产生带正电荷或者带负电荷的基团（图 4-2-3）。当溶液 pH 使蛋白质所带正电荷与负电荷恰好相等，即蛋白质分子本身净电荷为零，此时 pH 即为该蛋白质分子的等电点，用 pI 表示。测 pI 时一定在缓冲液中进行，因为离子强度可以使 pI 改变。

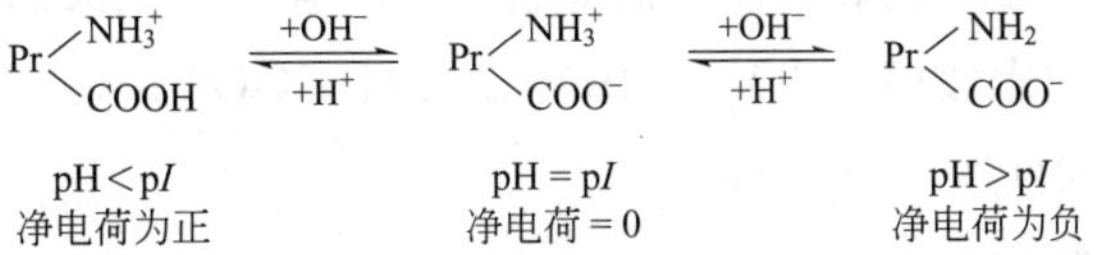

$$\mathrm{Pr}\begin{cases}NH_3^+\\COOH\end{cases} \underset{+H^+}{\overset{+OH^-}{\rightleftharpoons}} \mathrm{Pr}\begin{cases}NH_3^+\\COO^-\end{cases} \underset{+H^+}{\overset{+OH^-}{\rightleftharpoons}} \mathrm{Pr}\begin{cases}NH_2\\COO^-\end{cases}$$

pH < pI　净电荷为正　　pH = pI　净电荷 = 0　　pH > pI　净电荷为负

图 4-2-3　两性解离和等电点

蛋白质胶粒上同性电荷互相排斥，不易凝聚成团下沉；蛋白质表面许多亲水基团由水合作用形成一层水化膜，在胶粒之间起隔离作用。蛋白质在水溶液中，虽分子量很大，但仍能维持稳定溶解状态。若能除去其水化膜并中和其电荷，则蛋白质可从溶液中沉淀而出。常用的有以下几种沉淀方法：盐析法、有机溶剂沉淀法、等电点沉淀法、变性沉淀分离技术、复合盐沉淀法。

2. 盐析沉淀技术

(1) 蛋白质盐析沉淀的原理（图 4-2-4）

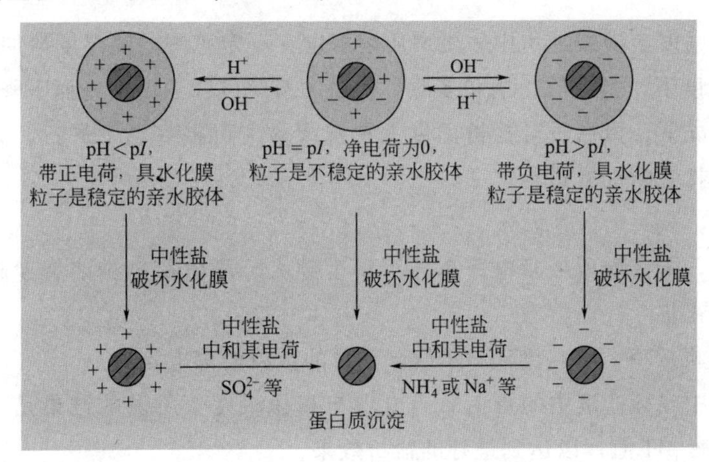

图 4-2-4　蛋白质沉淀的机制

① 盐析　在高浓度的中性盐存在下，蛋白质（酶）等生物大分子物质在水溶液中的溶解度随盐浓度的升高会急剧下降，并产生沉淀，这种现象称为盐析。

特点：不易导致蛋白质变性、操作简单、不需特殊设备，盐析后需对蛋白质脱盐处理，容易引起蛋白质共沉，一般作为粗提纯方法。

② 盐溶　在低盐浓度下，蛋白质的溶解度随盐浓度的升高而略有上升，这种现象称为盐溶。

③ 盐析原理

破坏双电层：在高盐溶液中，带大量电荷的盐离子能中和蛋白质表面的电荷，使蛋白质分子之间因电排斥作用相互减弱而能相互聚集起来。

破坏水化层：中性盐的亲水性比蛋白质大，盐离子在水中发生水化而使蛋白质脱去了水化膜，暴露出疏水区域，由于疏水区域的相互作用，使其沉淀。

(2) 影响盐析的因素

① 无机盐的种类及选择 在相同离子强度下，盐的种类对蛋白质溶解度的影响有一定差异。一般的规律为：半径小的高价离子的盐析作用较强，半径大的低价离子作用较弱。

阴离子盐析效果：柠檬酸根＞PO_4^{3-}＞SO_4^{2-}＞CH_3COO^-＞Cl^-＞NO_3^-＞SCN^-；

阳离子盐析效果：NH_4^+＞K^+＞Na^+。

阴离子的影响大于阳离子。

盐析中常用的盐：硫酸铵、硫酸钠、磷酸钾、磷酸钠，硫酸铵是最常用的蛋白质盐析沉淀剂。缺点：水解变酸；高 pH 释氨，具腐蚀性；残留产品有影响。

② 盐浓度对盐析效果的影响

a. 一般来说，盐浓度越大，蛋白质的溶解度越低，但不同种类的蛋白质受盐浓度影响不同，因此可通过改变盐浓度分别使不同的蛋白质沉淀。

b. 组成相近的蛋白质，分子量越大，沉淀所需盐的量越少；蛋白质分子不对称性越大，也越易沉淀。

c. 在进行分离的时候，一般从低盐浓度到高盐浓度顺次进行。

③ 温度

a. 在低离子强度溶液或纯水中，蛋白质溶解度在一定范围内随温度增加而增加。

b. 在高盐浓度下，蛋白质、酶和多肽类物质的溶解度随温度上升而下降。

c. 在一般情况下，蛋白质对盐析温度无特殊要求，可在室温下进行，只有某些对温度比较敏感的酶要求在 0～4℃进行。

④ pH 值

a. 一般来说，蛋白质所带净电荷越多溶解度越大，净电荷越少溶解度越小，在等电点时蛋白质溶解度最小。

b. 为提高盐析效率，多将溶液 pH 值调到目的蛋白的等电点处。

c. 注意在水中或稀盐液中的蛋白质等电点与高盐浓度下所测的结果是不同的，需根据实际情况调整溶液 pH 值，以达到最好的盐析效果。

⑤ 蛋白质浓度对盐析的影响

a. 高浓度蛋白质溶液可以节约盐的用量，若蛋白质浓度过高，会发生严重共沉淀作用，除杂蛋白的效果会明显下降。

b. 在低浓度蛋白质溶液中盐析，所用的盐量较多，共沉淀作用比较少，但回收率会降低。

c. 分步分离提纯时，宁可选择稀一些的蛋白质溶液，多加一点中性盐，使共沉淀作用减至最低限度。

d. 一般认为 2.5%～3.0%的蛋白质浓度比较适中，相当于 25～30mg/mL。

(3) 盐析的方法（分级沉淀） 依据不同的蛋白质的溶解度与等电点不同，沉淀时所需的 pH 值与离子强度不同，改变盐浓度与溶液 pH 值，将混合液中蛋白质分批盐析分离。具体操作如下：

① 在一定 pH 和温度下，改变体系离子强度进行盐析（由于蛋白质对离子强度的变化非常敏感，易产生共沉淀现象，因此常用于提取液的前处理，如图 4-2-5 所示）。

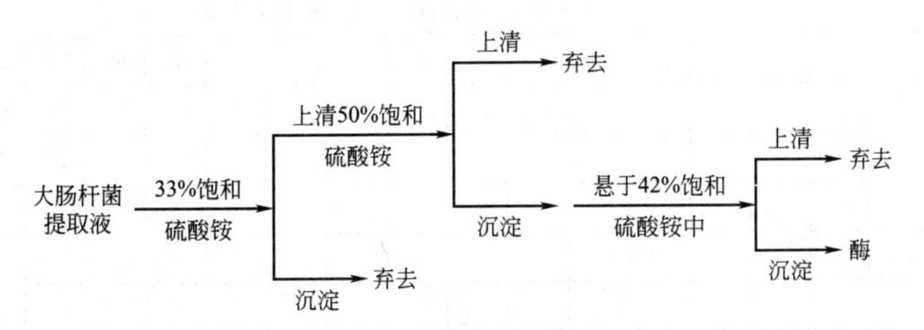

图 4-2-5 RNA 聚合酶的分离纯化

反抽提法：一定的盐浓度下将目的蛋白夹带一定量的杂蛋白一同沉淀。将沉淀用较低浓度盐溶液平衡，溶出其中的杂蛋白。

② 在一定离子强度下，改变 pH 和温度进行盐析（常用于初步的纯化）。

(4) 加盐方式 盐析法中应用最广泛的盐类是硫酸铵，硫酸铵的加入有以下几种方法：

① 加入固体盐法 在工业生产溶液体积较大时，或需要达到较高的硫酸铵饱和度时，可采用这种方式。为达到所需的饱和度，应加入固体硫酸铵的量可查表 4-2-1 和表 4-2-2 而得或由下式计算而得：

$$X=\frac{G(S_2-S_1)}{1-AS_2}$$

式中，S_1及 S_2为初始和最终溶液的饱和度，%；X 为 1L 溶液所需加入的固体硫酸铵的质量，g；G 为经验常数，0℃时为 515、20℃为 513；A 为常数，0℃时为 0.27、20℃为 0.29。

表 4-2-1 调整硫酸铵溶液饱和度计算表（25℃）

		硫酸铵终浓度/%(饱和度)																
		10	20	25	30	33	35	40	45	50	55	60	65	70	75	80	90	100
		每 1L 溶液加固体硫酸铵的质量/g																
硫酸铵初浓度/%(饱和度)	0	56	114	144	176	196	209	243	277	313	351	390	430	472	516	561	662	767
	10		57	86	118	137	150	183	216	251	288	326	365	406	449	494	592	694
	20			29	59	78	91	123	155	189	225	262	300	340	380	424	520	619
	25				30	49	61	93	125	158	193	230	267	307	348	390	485	583
	30					19	30	62	94	127	162	198	235	273	314	356	449	546
	33						12	43	74	107	142	177	214	252	292	333	426	522
	35							31	63	94	129	164	200	238	278	319	411	506
	40								31	63	97	132	168	205	245	285	375	469
	45									32	65	99	134	171	210	250	339	431
	50										33	66	101	137	176	214	302	392
	55											33	67	103	141	179	264	353

续表

		硫酸铵终浓度/%(饱和度)																
		10	20	25	30	33	35	40	45	50	55	60	65	70	75	80	90	100
		每1L溶液加固体硫酸铵的质量/g																
硫酸铵初浓度/%(饱和度)	60												34	69	105	143	227	314
	65													34	70	107	190	275
	70														35	72	153	237
	75															36	115	198
	80																77	157
	90																	79

表 4-2-2 调整硫酸铵溶液饱和度计算表（0℃）

		硫酸铵终浓度/%(饱和度)																
		20	25	30	35	40	45	50	55	60	65	70	75	80	85	90	95	100
		每1L溶液加固体硫酸铵的质量/g																
硫酸铵初浓度/%(饱和度)	0	106	134	164	194	226	258	291	326	361	398	436	476	516	559	603	650	697
	5	79	108	137	166	197	229	262	296	331	368	405	444	484	526	570	615	662
	10	53	81	109	139	169	200	233	266	301	337	374	412	452	493	536	581	627
	15	26	54	82	111	141	172	204	237	271	306	343	381	420	460	503	547	592
	20	0	27	55	83	113	143	175	207	241	276	312	349	387	427	469	512	557
	25		0	27	56	84	115	146	179	211	245	280	317	355	395	436	478	522
	30			0	28	56	86	117	148	181	214	249	285	323	362	402	445	488
	35				0	28	57	87	118	151	184	218	254	291	329	369	410	453
	40					0	29	58	89	120	153	187	222	258	296	335	376	418
	45						0	29	59	90	123	156	190	226	263	302	342	383
	50							0	30	60	92	125	159	194	230	268	308	348
	55								0	30	61	93	127	161	197	235	273	313
	60									0	31	62	95	129	164	201	231	279
	65										0	31	63	97	132	168	205	244
	70											0	32	65	99	134	171	209
	75												0	32	66	101	137	174
	80													0	33	67	103	139
	85														0	34	68	105
	90															0	34	70
	95																0	35
	100																	0

表4-2-1、表4-2-2中左边线竖行数字为硫酸铵起始浓度，顶端横行为最终浓度。任取两点的引线交叉点表示从起始浓度变成某一个最终浓度时，在每升溶液中所需加入硫酸铵的量（g）。

② 加入饱和溶液法 在实验室和小规模生产中溶剂体积不大时，或硫酸铵浓度不需要太高时，可采用这种方式。可以防止溶液局部过浓，但加量过多时，料液会被稀释，不利于下一步的分离纯化。

为达到一定的饱和度，所需加入的饱和硫酸铵溶液的体积可由下式计算：

$$V=V_0\times\frac{S_2-S_1}{1-S_2}$$

式中，V 为加入的饱和硫酸铵溶液的体积，L；V_0为溶液的原始体积，L；S_1及 S_2为初始和最终溶液的饱和度，%。

此法比加入固体硫酸铵沉淀法温和，但是对于大体积样品不适用。

③ 脱盐 利用盐析法进行初级纯化时，产物中的盐含量较高，一般在盐析沉淀后进行脱盐处理。即将小分子的盐与目的物分开，方法有凝胶过滤和透析两种。

(5) 盐析操作必须注意的问题

① 加固体硫酸铵时，必须了解“硫酸铵添加量”表上所规定的温度，一般有室温和0℃两种，加入固体盐后所引起的体积变化已考虑在表中，不需再考虑。

② 分段盐析时，要考虑到每次分段后蛋白质浓度的变化。蛋白质浓度不同，要求盐析的饱和度也不同。

③ 为了获得试验的重复性，盐析的条件（如 pH、温度和硫酸铵的纯度）都必须严格控制。

④ 盐析后一般须放置 0.5～1h，待沉淀完全后才过滤离心，过早的分离将影响收率。低浓度的硫酸铵溶液盐析后固液分离采用离心方法，高浓度硫酸铵溶液则常用过滤方法。因高浓度硫酸铵的密度太大，蛋白质要在悬浮液中沉降出来，需要较高的离心速度和长时间的离心操作，故采用过滤法较合适。

⑤ 盐析过程中，搅拌必须是有规则的和温和的。搅拌太快将引起蛋白质变性，其变性特征是起泡。

⑥ 为了平衡硫酸铵溶解时发生的轻微酸化作用，沉淀反应至少应在 50mmol/L 缓冲溶液中进行。

(6) 盐析方法的应用 盐析法由于成本低，操作安全简单，对许多生物活性物质具有很好的稳定作用，常用于蛋白质、酶、多肽、多糖、核酸等物质的初级分离，示例如图 4-2-6 和图 4-2-7 所示。

二、有机溶剂沉淀法

在含有蛋白质等生物大分子的水溶液中加入一定量的亲水有机溶剂，降低蛋白质的溶解度，使其沉淀析出。

优点在于：①分辨能力比盐析法高，即蛋白质等只在一个比较窄的有机溶剂浓度下沉淀，②沉淀不用脱盐，过滤较为容易；

缺点是：①对具有生物活性的大分子容易引起变性失活，②操作要求在低温下进行，③成本高，有机溶剂用量大。

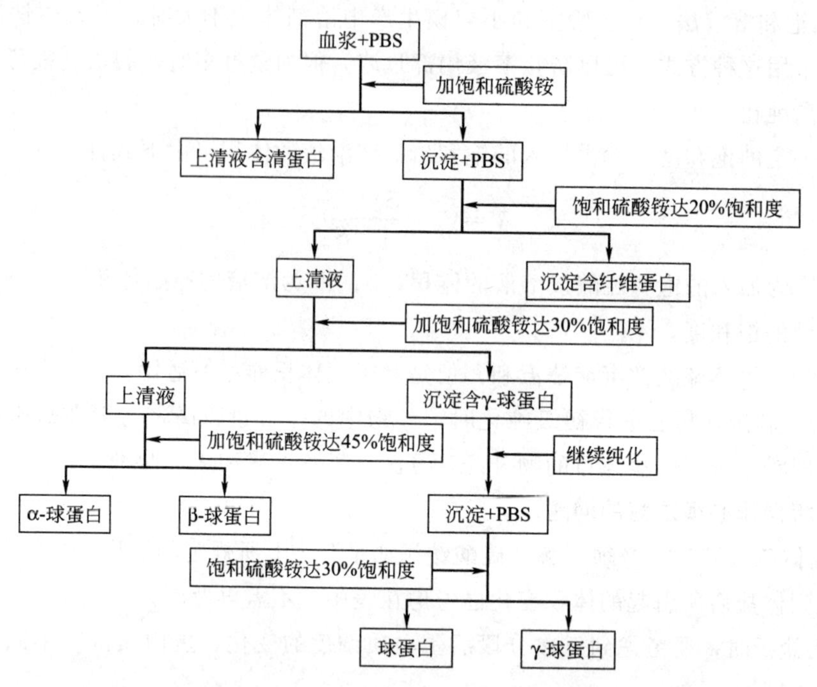

图 4-2-6 硫酸铵分级盐析分离血浆中主要蛋白质操作流程

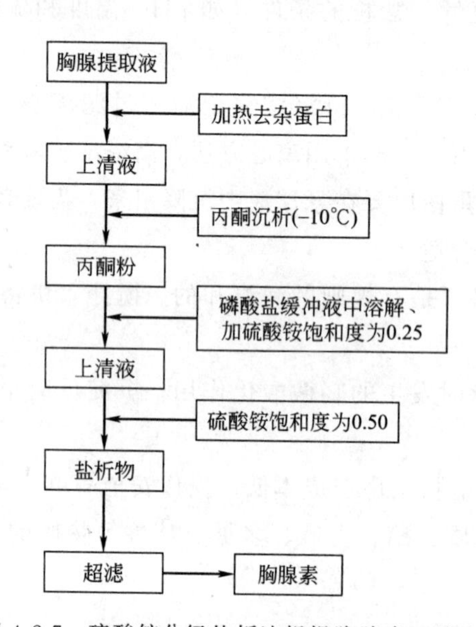

图 4-2-7 硫酸铵分级盐析法粗提胸腺素工艺流程

总体来说，蛋白质和酶的有机溶剂沉淀法不如盐析法普遍。蛋白质的分子量越大，有机溶剂沉淀越容易。

1. 有机溶剂沉淀的机理

(1) 降低溶液的介电常数（介电常数 $D_{有机}<D_{水}$） 减小溶剂的极性，降低带电基团的电离度，降低蛋白质分子间的排斥力，可使之聚集形成沉淀。如 20℃时，水的介电常数为 80，82%乙醇的介电常数为 40。

(2) 破坏蛋白质胶体分子的水化膜　由于使用的有机溶剂与水互溶，它们在溶解于水的同时从蛋白质分子周围的水化层中夺走了水分子，破坏了水化层，降低了它的亲水性，导致脱水凝集。

(3) 增大蛋白质分子间吸引力　破坏蛋白质分子的次级键，疏水基团暴露并与有机溶剂疏水基团结合形成疏水层，使蛋白质相互之间聚集。

2. 常用的有机溶剂沉淀剂

(1) 有机溶剂选择依据　水溶性好；介电常数合适；致变性作用小；毒性小，挥发性适中；容易获取，廉价。

沉淀蛋白质和酶常用的有机溶剂是乙醇、甲醇和丙酮。沉淀核酸、糖、氨基酸和核苷酸最常用的有机溶剂是乙醇。乙醇是最常用的沉淀剂。因为乙醇沉淀作用强，挥发性适中，无毒，常用于蛋白质、核酸、多糖等生物大分子的沉淀；而丙酮的沉淀作用更强，用量省，但毒性大，应用范围不广。

有机溶剂沉淀作用比较：丙酮＞乙醇＞甲醇。

(2) 乙醇的稀释　用乙醇沉淀蛋白质，可用图 4-2-8 所示方法计算各组分的量。

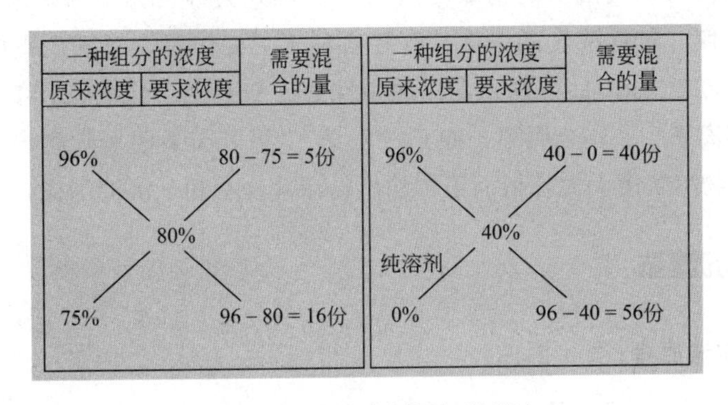

图 4-2-8　有机溶剂图解稀释法

(3) 有机溶剂用量的计算　如下式。

$$V=\frac{V_0(S_2-S_1)}{(100-S_2)}$$

式中，V 为需加入有机溶剂的体积；V_0 为蛋白质溶液的原始体积；S_1 为蛋白质溶液中有机溶剂的浓度；S_2 为蛋白质溶液中欲达到的有机溶剂浓度；100 是指加入的有机溶剂浓度为 100%，如果不是 100%，则以实际纯度代入计算。

3. 有机溶剂沉淀法的影响因素

(1) 温度　使用有机溶剂沉淀时，操作必须在低温下进行。有机溶剂与水混合时，会放出大量的热量，使溶液的温度显著升高，从而增加有机溶剂对蛋白质的变性作用。有机溶剂要缓缓加入，防止溶液局部升温。一般温度越低，沉淀越完全。

因此，所用的有机溶剂须预先冷却到－20～－10℃；在使用有机溶剂沉淀生物高分子时，整个操作过程应在低温下进行（图 4-2-9）。

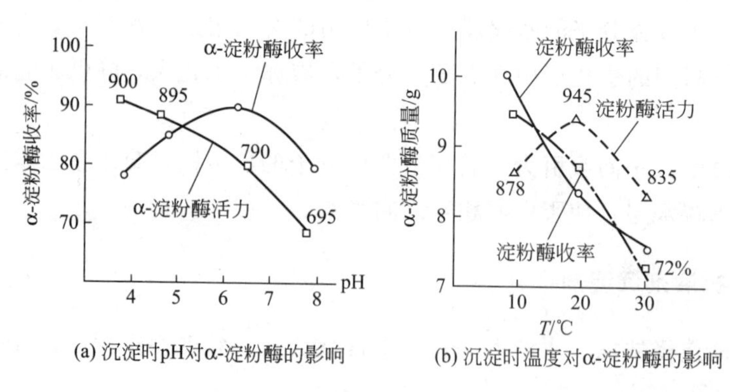

图 4-2-9 有机溶剂沉淀时 pH、温度对 α-淀粉酶的影响

材料：固体发酵的米曲霉，淀粉酶滤液，有机溶剂：70%乙醇

(2) 有机溶剂的种类和用量 不同种类的有机溶剂沉淀作用不一样，要严格控制有机溶剂的用量。一般情况下，介电常数越低的有机溶剂，其沉淀能力就越强。

(3) pH 值 pH 多控制在待沉淀蛋白质的等电点附近。

(4) 样品浓度 样品较稀，将增加有机溶剂投入量和损耗；样品太浓会增加共沉作用，但分辨率低。一般认为，蛋白质的初浓度以 0.5%～2%为好，黏多糖则以 1%～2%较合适。

(5) 中性盐浓度 较低浓度的中性盐存在有利于沉淀作用，且减少蛋白质变性。一般中性盐浓度以 0.01～0.05mol/L 为好，常用的中性盐为醋酸钠、醋酸铵、氯化钠等。

(6) 某些金属离子 一些金属离子如 Ca^{2+}、Zn^{2+} 等可与某些呈阴离子状态的蛋白质形成复合物，这种复合物溶解度大大降低而不影响生物活性，有利于沉淀形成，并降低溶剂用量。

三、等电点沉淀法

1. 等电点沉淀法原理(图 4-2-10)

等电点沉淀法主要是利用两性电解质分子在电中性时溶解度最低，而各种两性电解质具有不同等电点进行分离的一种方法。

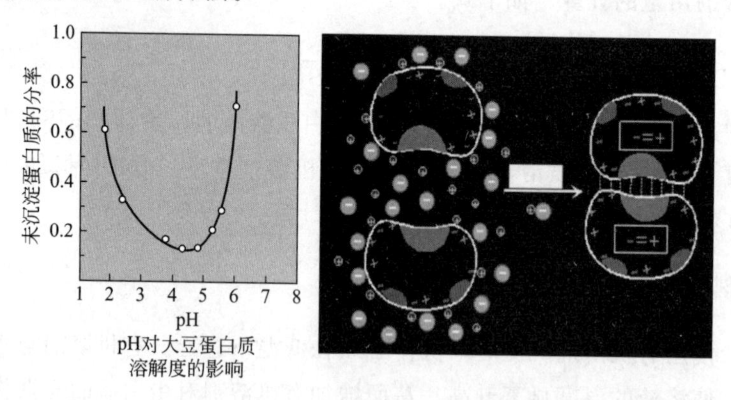

图 4-2-10 蛋白质等电点沉淀法原理

调节体系 pH 值，使两性电解质的溶解度下降并析出的操作称为等电点沉淀。

蛋白质是两性电解质，当溶液 pH 值处于等电点时，分子表面净电荷为 0，双电层破坏和水化膜变薄，由于分子间引力形成蛋白质聚集体，进而产生沉淀。

不同的两性电解质具有不同的等电点，以此为基础可进行分离。生产胰岛素时，在粗提液中先调 pH 8.0 去除碱性蛋白质，再调 pH 3.0 去除酸性蛋白质。

2. 等电点沉淀法注意事项

① 适用于憎水性较强的蛋白质，例如酪蛋白在等电点时能形成粗大的凝聚物。但对一些亲水性强的蛋白质，如明胶，则在低离子强度的溶液中，调 pH 在等电点并不产生沉淀。

② 等电点沉淀法往往不能获得高的回收率，通常与其他沉淀方法结合使用。

③ 在调节等电点时，如果采用盐酸、氢氧化钠等强酸、强碱，要注意防止酶的失活或蛋白质变性。为了使 pH 缓慢变动，也可用乙酸、碳酸等弱酸或碳酸钠等弱碱。

④ 中性盐浓度增大时，等电点向偏酸方向移动，同时最低溶解度会有所增大。

总之，等电点沉淀的操作条件是低离子强度，$pH \approx pI$。

3. 等电点沉淀实例

(1) 从猪胰脏中提取胰蛋白酶原　胰蛋白酶原的 $pI=8.9$，可先于 pH 3.0 左右进行等电点沉淀，除去共存的许多酸性蛋白质（$pI=3.0$）。工业生产胰岛素（$pI=5.3$）时，先调 pH 至 8.0 除去碱性蛋白质，再调 pH 至 3.0 除去酸性蛋白质（同时加入一定浓度的有机溶剂以提高沉淀效果）。

(2) 碱性磷酸酯酶的 pI 沉淀提取　发酵液调 pH 4.0 后出现含碱性磷酸酯酶的沉淀物，离心收集沉淀物。用 pH 9.0 的 0.1mol/L Tris-HCl 缓冲液重新溶解，加入 20%～40%饱和度的硫酸铵分级，离心收集的沉淀以 Tris-HCl 缓冲液再次沉淀，即得较纯的碱性磷酸酯酶。

四、水溶性非离子型聚合物沉淀法

水溶性非离子型聚合物有较强的亲水性，同时与生物大分子之间以氢键相互作用形成复合物，由重力作用和空间排斥作用而形成沉淀。

(1) 常用的非离子型多聚物　不同分子量的聚乙二醇（PEG）和葡聚糖，通常在蛋白质沉淀中使用 PEG-6000 或 PEG-4000，PEG 浓度常为 20%。

(2) 优点　室温条件下操作，沉淀的颗粒往往比较大，不容易破坏蛋白质活性。

(3) 缺点　所得的沉淀中含有大量的 PEG。

五、选择性变性沉淀法

主要是破坏杂质，保存目的物。原理是利用蛋白质、核酸、酶等生物大分子对某些物理或化学因素的敏感性不同，而有选择地使之变性，达到分离提纯的目的。可分为：

(1) 利用热稳定性差异　例如对于 α-淀粉酶等热稳定性好的酶，可以通过加热进行热处理，使大多数杂蛋白受热变性沉淀而被除去。

(2) 选择性酸碱变性　根据欲分离物质所含杂质的特性，通过改变 pH 值或加进某些金属离子等使杂蛋白变性沉淀而被除去。

(3) 选择性溶剂沉淀法 核酸的沉淀分离，可以选择适宜的溶剂进行处理，使蛋白质等杂质变性沉淀而获得核酸。

几种主要沉淀方法的比较见表4-2-3。

表4-2-3 几种主要沉淀方法的比较

方法	原理	优点	缺点	应用范围
盐析法	蛋白质的盐析作用	操作简便、成本低廉、对蛋白质或酶有保护作用，重复性较好	分辨力差，纯化倍数低，蛋白质沉淀中混杂大量盐分	蛋白质或酶的分级沉淀和结晶
有机溶剂沉淀法	脱水作用和降低介电常数	操作简便，分辨力较强	对蛋白质或酶有变性作用，成本较高	蛋白质、多肽、核酸和多糖等物质的分级沉淀
选择性沉淀法	等电点、热变性、酸碱变性和特殊的可逆沉淀作用	选择性较强，方法简便，种类较多	应用范围较窄	各种生物大分子物质的沉淀

六、结晶分离技术

结晶是溶质自动从过饱和溶液中析出，形成新相（固体）的过程。很多生化物质利用形成晶体的性质进行分离。

1. 结晶的特点

溶液中的溶质在一定条件下分子有规则排列而结合形成结晶，具有以下特点：

① 只有同类分子或离子才能排列成晶体，因此结晶过程有良好的选择性。

② 通过结晶，溶液中大部分的杂质会留在母液中，再通过过滤、洗涤，可以得到纯度较高的晶体。

③ 可在较低温度下进行，操作相对安全。

④ 无有毒或废气逸出，有利于环境保护。

⑤ 结晶过程成本低、设备简单、操作方便，广泛应用于氨基酸、有机酸、抗生素、维生素、核酸等产品的精制中。

结晶与沉淀相比析出速度慢，溶质分子有足够时间进行排列，粒子排列有规则（图4-2-11）。

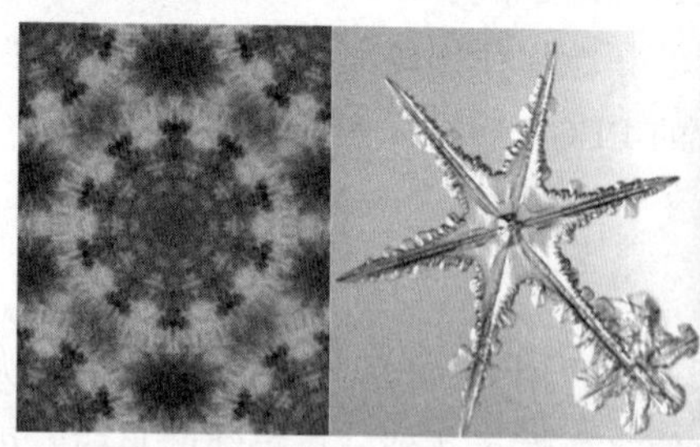

图4-2-11 典型的晶体结构

2. 结晶的原理与过程

(1) 结晶原理 结晶是一个以过饱和度为推动力的质量与能量的传递过程。

① 溶液的过饱和与结晶 溶质只有在过饱和溶液中才能析出晶体。

饱和溶液是溶质浓度等于饱和溶解度时的溶液；过饱和溶液是溶质浓度超过饱和溶解度时的溶液。超溶解度是当溶液处于过饱和状态而又欲自发地产生晶核时的溶质的极限溶解度，也称为该溶质的超溶解度。超溶解度受很多因素的影响，例如有无搅拌、有无晶种、冷却速度的快慢等。

② 饱和曲线与过饱和曲线（图 4-2-12、图 4-2-13） 溶质在溶剂中存在两个过程，即固体溶解与溶质沉积。溶解度与温度的关系用饱和曲线来表示，开始有晶核形成的过饱和溶液浓度与温度的关系用过饱和曲线来表示。

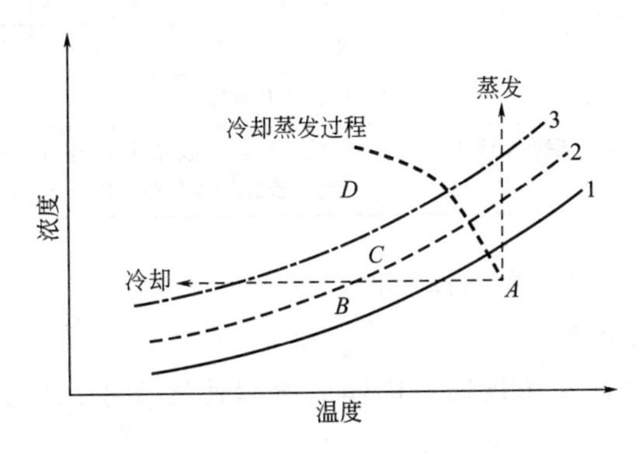

图 4-2-12 过饱和与超溶解度曲线

A—稳定区；B—第一介稳区；C—第二介稳区；D—不稳定区

1—溶解度曲线；2—第一超溶解度曲线；3—第二超溶解度曲线

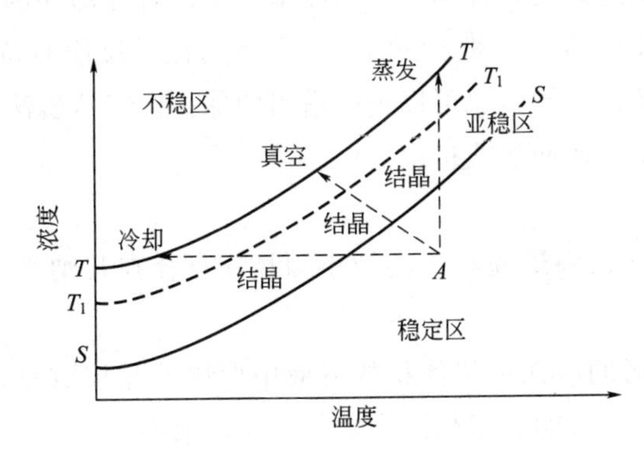

图 4-2-13 饱和曲线与过饱和曲线

溶液在稳定区时稳定；而在亚稳定区时，需加入晶核，晶体才能生长；溶液在不稳定区则自发形成结晶。

对于图 4-2-12，*A* 为稳定区：不饱和区，没有结晶的可能。

B、*C* 为介稳区或亚稳区：在此区域内，如果不采取措施，溶液可以长时间保持稳定，如遇到某种刺激，则会有结晶析出。另外，此区不会自发产生晶核，但如已有晶核，则晶核长大而吸收溶质，直至浓度回落到饱和线上。介稳区又细分为两个区，即第一介稳区：加入晶种（结晶过程中加入的促进结晶的晶体），结晶会生长，但不产生新的晶核；第二介稳区：加入晶种结晶会生长，同时有新晶核产生。

D 为不稳区：是自发成核区域，溶液不稳定，瞬时出现大量微小晶核，容易发生晶核

泛滥。

上述三个区域，稳定区内，溶液在不饱和状态，没有结晶；不稳区内，晶核形成的速率较大，因此产生的结晶量大，晶粒小，质量难以控制；介稳区内，晶核的形成速率较慢，生产中常采用加入晶种的方法，并把溶液浓度控制在介稳区内的养晶区，让晶体慢慢长大。具体各区域内溶液特性及其与溶质晶体的关系见表 4-2-4。

表 4-2-4　各区域内溶液特性及其与溶质晶体的关系

项目	稳定区	介稳区	不稳定区
区域名称	不饱和区(溶解区)	亚稳区	过饱和区
区域范围	曲线 SS 下方	曲线 SS 和 TT 之间	曲线 TT 上方
溶液特点	不饱和溶液	略过饱和溶液	过饱和溶液
液相与溶质晶体关系	无晶体析出现象，外加晶体溶解	晶核不会自动形成，但诱导可以产生，若有晶体存在可以长大	可以自然产生大量晶核，晶体也可长大

(2) 结晶过程　结晶包含三个过程：

第一，过饱和溶液的形成

只有当溶液浓度超过饱和浓度时，固体的溶解速度小于沉降速度，这时才能有晶体析出。

过饱和溶液的制备：①饱和溶液冷却。自然冷却、间壁冷却（冷却剂与溶液隔开）、直接接触冷却（在溶液中通入冷却剂）。②蒸发溶剂。加压、减压或常压蒸馏。③真空蒸发冷却法。使溶剂在真空下迅速蒸发，并结合绝热冷却，是结合冷却和部分溶剂蒸发两种方法的一种结晶方法。④化学反应结晶。其方法的实质是利用化学反应对待结晶的物质进行修饰，一方面可以调节其溶解特性，同时也可以进行适当的保护。⑤盐析法。向溶液中加入某些沉淀剂，降低溶质的溶解度从而使溶质析出沉淀。

第二，晶核的生成

① 晶核　是过饱和溶液中最先析出的微小颗粒，直径在几纳米至几十微米，它是晶体凝结中心。

② 成核速度　单位时间内在单位体积的溶液中形成的晶核数目，成核速度决定晶体的大小，也对晶体纯度有较大影响。成核速度快导致晶体细小。

③ 影响成核的因素

a. 过饱和度

$$过饱和度=\frac{c}{c_0}\times 100\%$$

式中，c 为过饱和溶液的浓度；c_0 为饱和溶液浓度。在一定温度下成核速度随过饱和度的增加而加快。

b. 温度　影响溶质的溶解度和分子运动速度。实际结晶中，成核速度开始随温度的升高而升高，达到最大值时，温度升高，成核速度反而降低。

c. 溶质种类　分子结构越复杂、分子量越大，越不容易成核。

④ 常用的工业起晶方法

a. 自然起晶法 溶剂蒸发进入不稳定区形成晶核，当产生一定量的晶种后，加入稀溶液使溶液降至亚稳定区的浓度，新的晶种不再产生，溶质在晶种表面生长。

b. 刺激起晶法 将溶液蒸发至亚稳定区后，冷却，进入不稳定区，形成一定量的晶核，此时溶液的浓度会有所降低，进入并稳定在亚稳定的养晶区使晶体生长。

c. 晶种起晶法 将溶液蒸发后冷却至亚稳定区的较低浓度，加入一定量和一定大小的晶种，使溶质在晶种表面生长。该方法容易控制，所得晶体形状大小均较理想，是一种常用的工业起晶方法。

第三，晶体的生长

分子在以晶核为中心的晶体表面有规则地排列使晶体体积增大的过程称为晶体的生长。

该过程包括三个步骤：①扩散传质过程；②表面反应过程；③放出来的结晶热借热传导方式释放到溶液中去。

影响因素：当晶体生长速度大大超过晶核生成速度时，得到粗大而有规则的晶体；反之得到细小而又不规则的晶体。

① 过饱和度 过饱和度适当高一点会使晶体增大，但过饱和度过高易析出沉淀。

② 温度 温度低则晶体细小。温度升高有利于扩散，因而结晶速度加快。

③ 搅拌速度 搅拌促进分子扩散，加快成核速度，搅拌速度高也能造成晶体细小。

④ 杂质 有的杂质能抑制晶体生长，有的则能促进生长。

3. 影响结晶析出的主要条件

(1) 溶液浓度 溶液的浓度应根据工艺和具体情况确定。一般地说，生物大分子的浓度控制在3%～5%比较适宜，小分子物质如氨基酸浓度可适当增大。

(2) 样品纯度 大多数生物分子需要有一定的纯度才能够结晶析出。一般来说，结晶母液中目的物的纯度应达到50%以上，纯度越高越容易结晶。

(3) 溶剂 对于大多数生物小分子来说，水、乙醇、甲醇、丙酮、氯仿、乙酸乙酯、异丙醇、丁醇、乙醚等溶剂使用较多。尤其是乙醇，既亲水又亲脂，而且价格便宜、安全无毒，所以应用较多。对于蛋白质、酶和核酸等生物大分子，使用较多的溶剂是硫酸铵溶液、氯化钠溶液、磷酸缓冲溶液、Tris缓冲溶液和丙酮、乙醇等。

结晶溶剂要具备以下几个条件：①溶剂不能和结晶物质发生任何化学反应。②溶剂对结晶物质要有较高的温度系数。③溶剂应对杂质有较大的溶解度，或在不同的温度下结晶物质与杂质在溶剂中应有溶解度的差别。④溶剂如果是容易挥发的有机溶剂时，应考虑操作方便、安全。

(4) pH值 一般来说，两性生化物质在等电点附近溶解度低，有利于达到过饱和而使晶体析出。故所选择pH值应在生化物质稳定范围内，尽量接近其等电点。

(5) 温度 生化物质的结晶温度一般控制在0～20℃。但有时温度过低时，由于溶液黏度增大会使结晶速度变慢，这时可在析出晶体后，适当升高温度。另外，通过降温促使结晶时，降温快，则结晶颗粒小；降温慢，则结晶颗粒大。

4. 影响晶体质量的因素及控制方法

晶体质量是指晶体大小、形状（均匀度）、纯度。

(1) 晶体大小的控制 取决于晶核形成速度和晶体生长速度之间的对比关系。主要影响因素包括过饱和度、温度、搅拌速度和晶种。

① 过饱和度 过饱和度若增加，则晶体细小（图 4-2-14）。

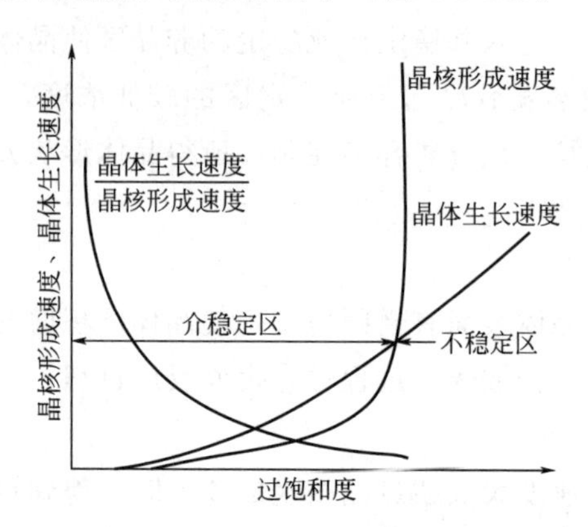

图 4-2-14 晶核形成速度、晶体生长速度与过饱和度的关系

② 温度 快速冷却得到细小晶体。

③ 搅拌 搅拌越快晶体越细小。

④ 晶种 加入大小均匀的晶种可得到均匀的成品晶体。

(2) 晶体形状的控制

① 过饱和度 过饱和度对其各晶面的生长速度影响不同。提高或降低过饱和度有可能使晶体外形受到显著影响。

② 选择不同的溶剂 在不同溶剂中结晶常得到不同的外形。

③ 杂质 杂质存在会影响晶形。另外，晶种形状、结晶温度、溶液 pH 值等也会影响晶体的形状。

(3) 晶体纯度的控制 母液中的杂质、结晶速度、晶体粒度及粒度分布均影响晶体纯度。

① 晶体洗涤 选择对杂质溶解度较大、对晶体有效成分溶解度小的溶剂进行洗涤。

② 重结晶 是利用杂质和结晶物质在不同溶剂和不同温度下的溶解度不同，将晶体用合适的溶剂再次结晶，以获得高纯度的晶体的操作。经过一次粗结晶后，得到的晶体通常会含有一定量的杂质，此时工业上常需要采用重结晶方式进行精制。

(4) 晶体结块的控制 结晶过程中控制晶体粒度（图 4-2-15）；保持较窄的粒度分布；良好的晶体外形；储存在干燥、密闭的容器中。

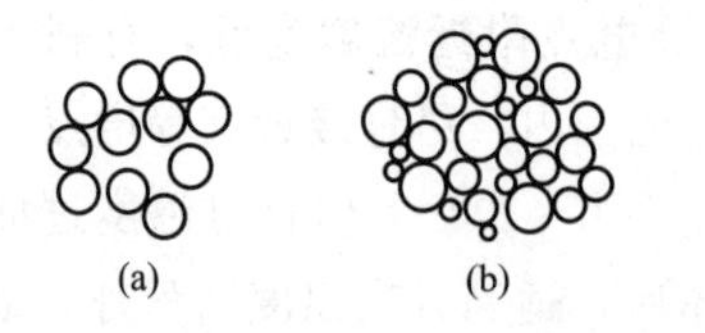

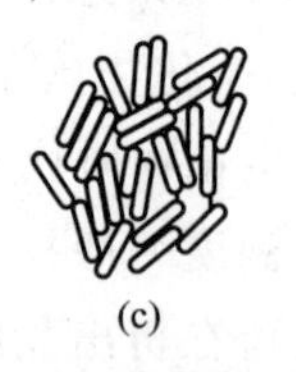

图 4-2-15 晶粒形状对结块的影响

5. 结晶操作及设备

(1) 分批结晶 在结晶设备中一次性地完成结晶操作的过程（图 4-2-16）。

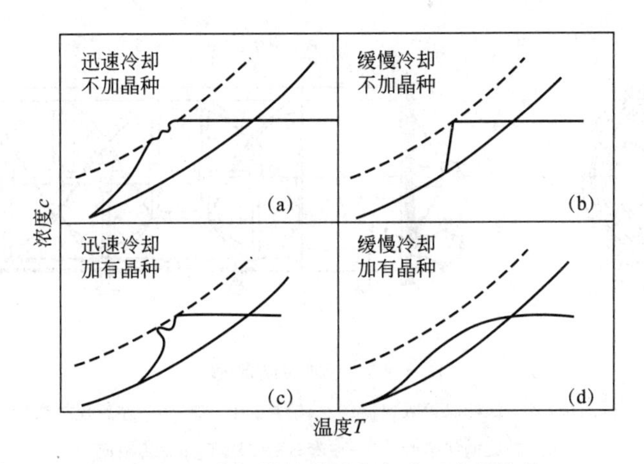

图 4-2-16 冷却结晶的操作方式（分批结晶）

① 操作要点 溶液的状态控制在亚稳定区；溶液中添加适量的晶种；温和地搅拌。

分批结晶步骤：a. 结晶器的清洁；b. 加料到结晶器中；c. 产生过饱和度；d. 成核与晶体生长；e. 晶体的排除。

优点：生产出指定纯度、粒度分布及晶形的产品；

缺点：成本高，操作和产品质量稳定性差。

② 常用结晶器 立式搅拌结晶罐是最简单的一种分批式结晶器（图 4-2-17），如在谷氨酸和柠檬酸结晶中都采用。

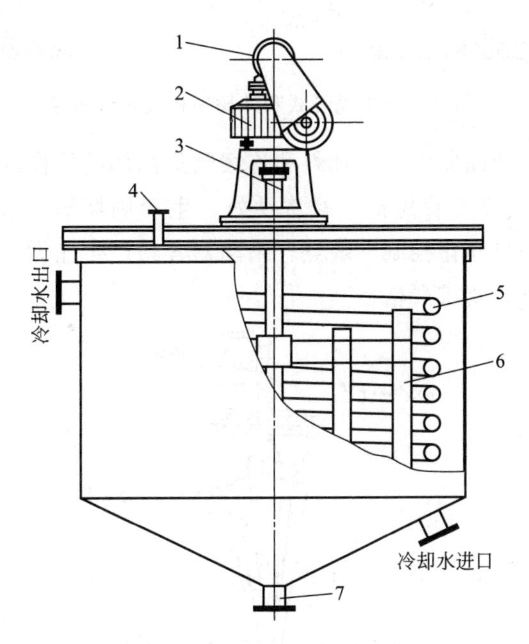

图 4-2-17 立式搅拌结晶罐

1—电动机；2—减速器；3—搅拌轴；4—进料口；
5—冷却蛇管；6—框式搅拌器；7—出料口

卧式结晶槽（图 4-2-18）中设有一定的冷却空间、搅拌器等，可作结晶器和晶浆贮罐。

釜式冷却结晶器如图 4-2-19 所示。

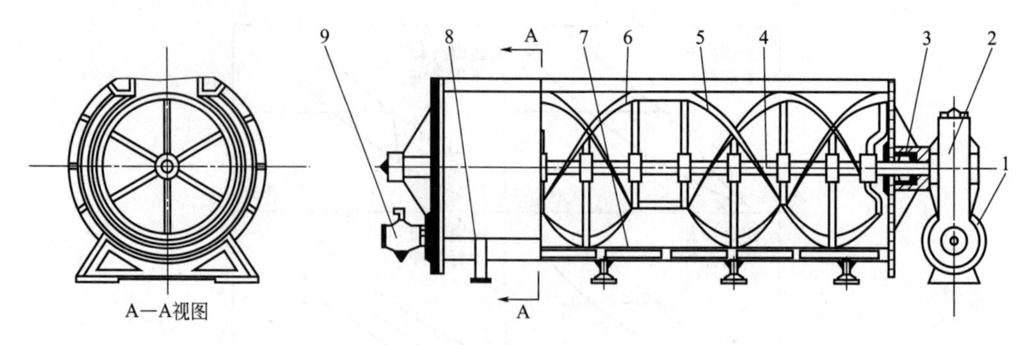

图 4-2-18 卧式结晶槽

1—电动机；2—蜗杆涡轮减速器；3—轴封；4—轴；5—左旋搅拌桨叶；

6—右旋搅拌桨叶；7—夹套；8—支脚；9—排料阀

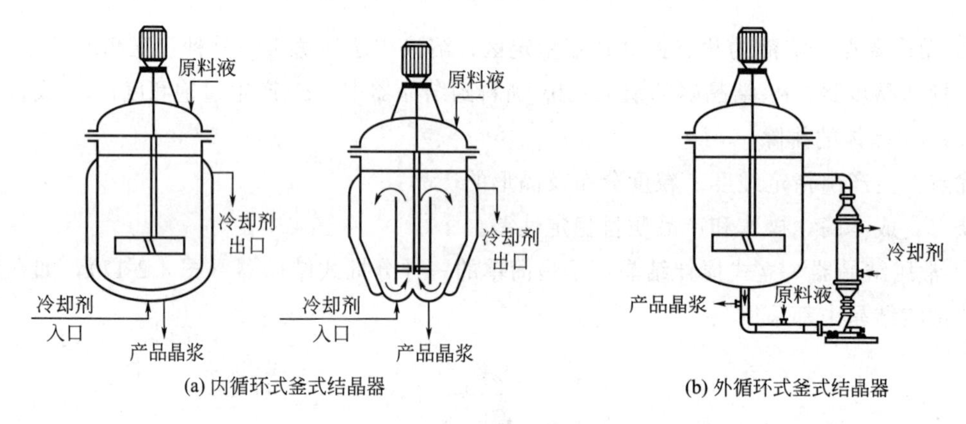

图 4-2-19 内循环式和外循环式釜式结晶器

(2) 连续结晶 即在结晶器中连续加料和连续收集晶体的操作过程。

① 连续结晶特点 优点：费用低，经济性好；生产周期短，节约劳动力及其他费用；结晶工艺简化，易于实现自动化控制。缺点：结晶器容易产生晶垢；产品平均粒度较小；操作控制上比分批结晶困难，要求严格。

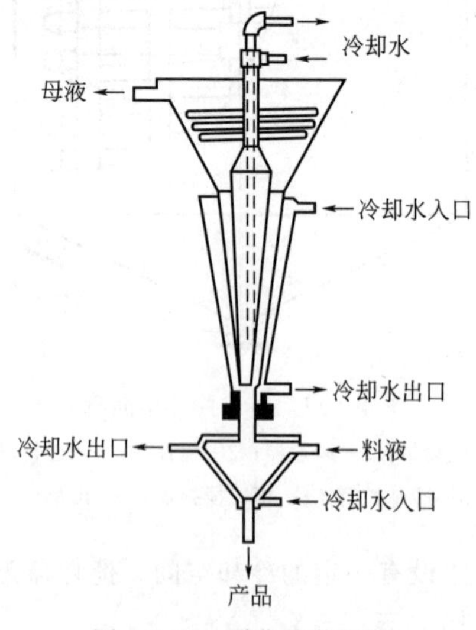

图 4-2-20 霍华德结晶器

② 常用结晶器　如 Howard（霍华德）结晶器（图 4-2-20），其工作原理为：饱和溶液从结晶器下部通入，在向上流动的过程中析出结晶，析出的晶体向下沉降。

还有 Krystal-Oslo（克里斯塔尔-奥斯陆）结晶器（图 4-2-21），其结构有结晶器、蒸发室和外部加热器。

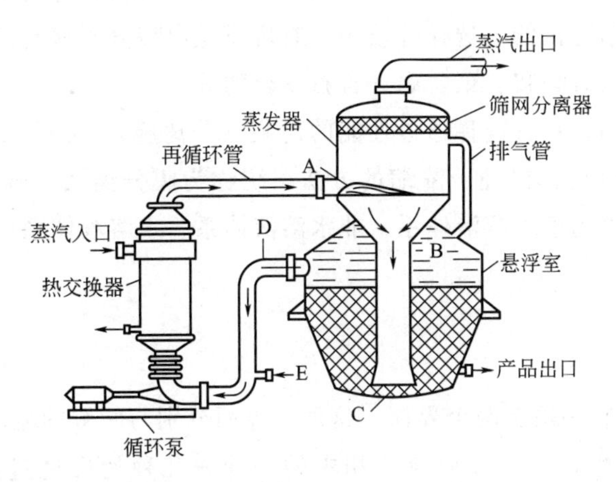

图 4-2-21　克里斯塔尔-奥斯陆结晶器（Krystal-Oslo 结晶器）

A—闪蒸区入口；B—亚稳区入口；C—床层区入口；D—循环流出口；E—结晶料液入口

同步训练

1. 影响盐析的因素有哪些？
2. 常用的蛋白质沉淀方法有哪些？
3. 结晶操作中三个主要过程的特点分别是什么？

学习单元三　膜分离技术

膜分离技术是指不同粒径分子的混合物在通过半透膜时，实现在分子水平上选择性分离的技术。半透膜又称分离膜或滤膜，膜壁布满小孔，根据孔径大小可以分为：微滤膜（MF）、超滤膜（UF）、纳滤膜（NF）、反渗透膜（RO）等，膜分离都采用错流过滤方式，以下将进行详细介绍。

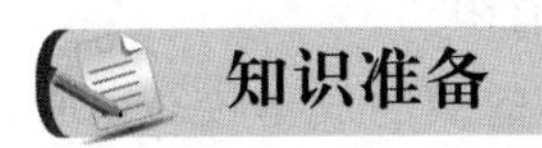

知识准备

一、膜分离技术概述

1. 膜分离的概念

膜是具有选择性分离功能的材料，利用膜的选择性分离实现料液的不同组分的分离、纯化、浓缩的过程称作膜分离。它与传统过滤的不同在于，膜可以在分子范围内进行分离，并且这个过程是一种物理过程，不需发生相的变化和添加助剂。

膜的孔径一般为微米级，依据其孔径的不同（或称为截留分子量），可将膜分为微滤膜、超滤膜、纳滤膜和反渗透膜；根据材料的不同，可分为无机膜和有机膜。无机膜主要是陶瓷膜和金属膜，其过滤精度较低，选择性较小。有机膜是由高分子材料做成的，高分子化合物如醋酸纤维素、芳香族聚酰胺、聚醚砜、含氟聚合物等。

用一张特殊制造的、具有选择透过性能的薄膜（分离膜），在外力推动下对双组分或多组分溶质和溶剂进行分离、提纯、浓缩的方法，统称为膜分离法。膜分离可用于液相和气相。对液相分离，可以用于水溶液体系、非水溶液体系、水溶胶体系以及含有其他微粒的水溶液体系等。

2. 膜的特性

① 不管膜多薄，它必须有两个界面。这两个界面分别与两侧的流体相接触。

② 膜传质有选择性，它可以使流体相中的一种或几种物质透过，而不允许其他物质透过。

3. 膜分离技术的工艺优点和缺点

膜分离过程与传统的分离方法如过滤、萃取等分离过程相比较，具有以下优点：

① 在常温下进行：有效成分损失极少，特别适用于热敏性物质，如抗生素等医药以及果汁、酶、蛋白质的分离与浓缩。

② 无相态变化：可保持原有的风味。

③ 无化学变化：典型的物理分离过程，不用化学试剂和添加剂，产品不受污染。

④ 选择性好：可在分子级内进行物质分离，具有普通滤材无法取代的卓越性能。

⑤ 适应性强：处理规模可大可小，可以连续也可以间隔进行，工艺简单，操作方便，易于自动化，适用于有机物和无机物，从病毒、细菌到微粒的广泛分离。

⑥ 能耗低：只需电能驱动，能耗极低，不发生相的变化。其费用约为蒸发浓缩或冷冻浓缩的 1/8～1/3。

膜分离的缺点：

① 膜面易发生污染，污染后膜分离性能降低，故需采用与工艺相适应的膜面清洗方法。

② 膜的稳定性、耐药性、耐热性、耐溶剂能力有限，故使用范围有限。

③ 单独的膜分离技术功能有限，需与其他分离技术联用。由于目前膜的成本较高，所以膜分离法投资较高。

4. 膜的分类

(1) 按膜的材料分类 用来制备膜的材料主要分为有机高分子材料如醋酸纤维素类、聚酰胺类和无机材料如陶瓷、多孔玻璃等材料。具体见表 4-3-1。

表 4-3-1　膜材料的分类

类别	膜材料	举例
纤维素酯类	纤维素衍生物类	醋酸纤维素，硝酸纤维素，乙基纤维素等
	聚砜类	聚砜，聚醚砜，聚芳醚砜，磺化聚砜等
	聚酰（亚）胺类	聚砜酰胺，芳香族聚酰胺，含氟聚酰亚胺等
非纤维素酯类	聚酯、烯烃类	涤纶，聚碳酸酯，聚乙烯，聚丙烯腈等
	含氟（硅）类	聚四氟乙烯，聚偏氟乙烯，聚二甲基硅氧烷
	其他	壳聚糖，聚电解质等

① 纤维素酯类膜材料　是由几千个椅式构型的葡萄糖基通过 1,4-β-苷链连接起来的天然线性高分子化合物，其结构式为：

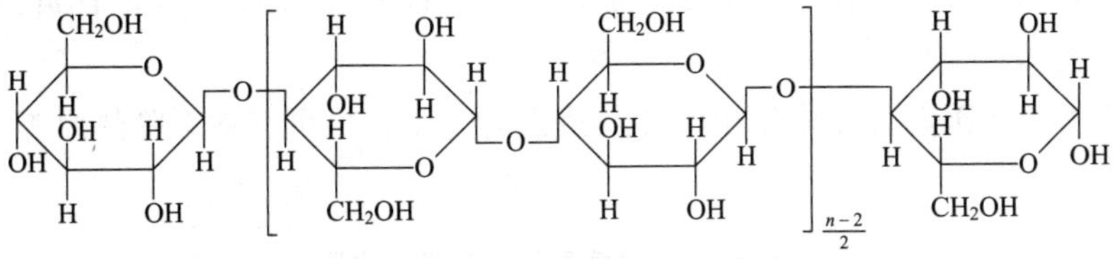

从结构上看，每个葡萄糖单元上有三个羟基。在催化剂（如硫酸、高氯酸或氧化锌）存在下，此类化合物能与冰醋酸、醋酸酐进行酯化反应，得到二醋酸纤维素或三醋酸纤维素。

醋酸纤维素是当今最重要的膜材料之一，其性能稳定，但在高温和酸、碱存在下易发生水解。

混合纤维素酯微孔滤膜是由精制硝化棉加入适量醋酸纤维素、丙酮、正丁醇、乙醇等制成的，其具有亲水、无毒卫生的特点，是一种多孔性的薄膜过滤材料，它的孔径分布比较均匀且具穿透性，微孔率高达 8%的绝对孔径；主要用于水系溶液的过滤，故也称水系膜。该膜广泛用于制药业、生物制品、矿泉饮料、酿造等工业方面的水质，以及医药及科研实验室等滤除细菌和微粒；一般 0.65μm 以上可除微粒，0.45μm 以下可除细菌。

主要特性：孔隙率高，无介质脱落，质地薄，阻力小，滤速快，吸附极小。

稳定性和用途：膜耐高温 120℃，易燃，不耐酸碱，只适用于过滤 pH 2～10 的药液、油类、空气、果汁、酒类等。

使用方法（表 4-3-2 所列为混合纤维素表面滤膜详细说明）：过滤液体时滤膜必须是润湿状态，若因消毒使滤膜成干燥状态，必须用无菌水润湿，如果润湿不好影响流速，除菌过滤前必须对所有器具、滤膜进行消毒，然后在无菌室进行除菌过滤，应该严格按照除菌操作规程进行，同时使用前必须了解过滤物质是否对滤膜有影响。

表 4-3-2　混合纤维素表面滤膜详细说明

应用	过滤膜代码	颜色	孔径/μm	泡点/bar	厚度/μm	水的流速/[mL/(min·cm²)]
DNA 和蛋白质的微量透析	VSWP	白色	0.025	21.1	105	0.15
	VMWP	白色	0.05	17.6	105	0.74
	VCWP	白色	0.1	14.1	105	1.5
除菌过滤，生物分析	GSWP	白色	0.22	3.52	150	18

续表

应用	过滤膜代码	颜色	孔径/μm	泡点/bar	厚度/μm	水的流速/[mL/(min·cm²)]
除菌过滤,空气监测,颗粒监测,颗粒去除,生物分析	PHWP	白色	0.3	2.46	150	32

注:1bar=10^5Pa。

② 聚偏氟乙烯膜(PVDF膜) 是聚偏氟乙烯(PVDF)溶液在支撑层通过先进生产工艺制造而成，具有耐pH值范围广，热分解温度350℃左右，长期使用温度范围在-40～150℃，机械强度高，耐辐照性好，良好的化学稳定性，在室温下不被酸、碱、强氧化剂和卤素所腐蚀，可重复在线高压蒸汽消毒等特点。该膜是良好气体、有机液体过滤的微孔滤膜。

聚偏氟乙烯膜在医药行业中用于气体及蒸汽的过滤，也可有效去除热原等，详细说明见表4-3-3。

表 4-3-3 聚偏氟乙烯膜详细说明

应用	孔径/μm	可湿性	泡点/bar	水的流速/[mL/(min·cm²)]
减少生物溶液中的支原体	0.1	亲水	≥4.8	2.4
除菌过滤生物溶液	0.22	亲水	≥3.45	6.7
澄清过滤生物溶液	0.45	亲水	≥1.55	29
澄清过滤生物溶液,颗粒监测	5	亲水	≥0.2	288
空气除菌,气体除菌,溶剂过滤	0.22	疏水	≥1.24	15

聚偏氟乙烯膜工程应用：医药行业用作无菌过滤终端滤芯，可以有效去除热原和离子交换膜材料等。

③ 改良聚醚砜表面滤膜 聚醚砜折叠滤芯采用当今世界上先进的聚醚砜微孔滤膜为过滤介质。该滤芯适用于消毒、灭菌及要求严格的预过滤和最终过滤。其具有独特亲水性的聚醚砜滤膜，不含表面活性剂和表面润滑剂。

应用范围：生物制药工业中用于大小容量注射液、滴眼液、注射用水、不可灭菌产品的终端过滤；疫苗、细胞培养基、生物制品、血清的澄清终端过滤等。食品工业中用于酒类、饮料、矿泉水及生活用水的过滤等。

改良聚醚砜表面滤膜优势：聚醚砜膜具有占滤膜面积百分之八十以上的微孔开孔率及独特的微孔几何形状，提高了对过滤难度较大溶液的过滤效率和过滤量；在高温中不会溶解；具有广泛的化学相容性。该膜可对组织培养剂、添加剂、缓冲液和其他水溶液进行快速除菌过滤，具有高流速、高通量以及低蛋白质吸附能力。

(2) 按膜的分离原理及适用范围分类 根据分离膜的分离原理和推动力的不同，可将其分为微孔膜、超过滤膜、反渗透膜、纳滤膜、渗析膜、电渗析膜、渗透蒸发膜等。

① 透析　是以膜两侧的浓度差为传质推动力，从溶液中分离出小分子物质的过程。在生物分离中主要用于蛋白质的脱盐。它是基于分离物质由高浓度向低浓度扩散的原理。

透析

② 反渗透　是在透析膜浓度高的一侧施加大于渗透压的压力，利用膜的筛分性质，使浓度较高的溶液进一步浓缩。分离过程必须具备两个条件，一是具有选择性和高渗透性的半透膜；二是操作压力必须高于溶液的渗透压。该技术用于海水淡化、药物浓缩、纯水制造等。

③ 微滤和超滤　是利用膜的筛分性质，以压差为传质推动力，主要用于截留固体微粒和高分子溶质。微滤广泛用于细胞、菌体等的分离和浓缩，操作压力通常为 0.05～0.5MPa。超滤适用于 1～50nm 的生物大分子的分离，如蛋白质、病毒等，操作压力常为 0.1～1.0MPa。

④ 电渗析　是在直流电场的作用下，以电位差为推动力，利用阴、阳离子交换膜对溶液中阴、阳离子的选择透过性（即阳膜只允许阳离子通过，阴膜只允许阴离子通过），而使溶液中的溶质与水分离的一种物理化学过程，也是实现溶液的浓缩、淡化、精制和提纯的一种膜过程。这是一种专门用来处理溶液中的离子或带电粒子的膜分离技术。

图 4-3-1 所示为膜分离技术适用范围，图 4-3-2 为微滤、超滤、纳滤、反渗透对不同物质的截留。

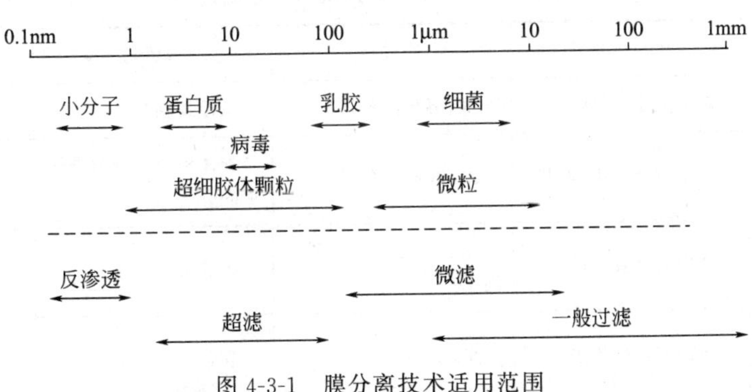

图 4-3-1　膜分离技术适用范围

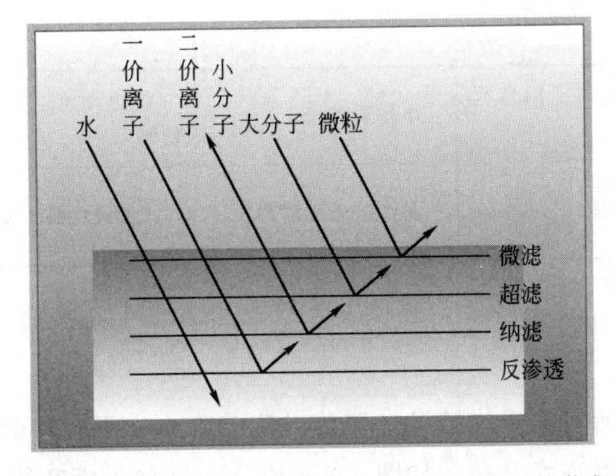

图 4-3-2　微滤、超滤、纳滤、反渗透对物质的截留

二、膜分离过程原理

以选择性膜为分离介质，通过在膜两边施加一个推动力（如浓度差、压力差或电位差等）时，使原料侧组分选择性地透过膜，以达到分离提纯的目的（图4-3-3）。通常膜原料侧称为膜上游，透过侧称为膜下游。

膜分离过程的推动力有两类：①借助外界能量，物质发生由低位向高位的流动；②以化学位差为推动力，物质发生由高位向低位的流动（表4-3-4）。

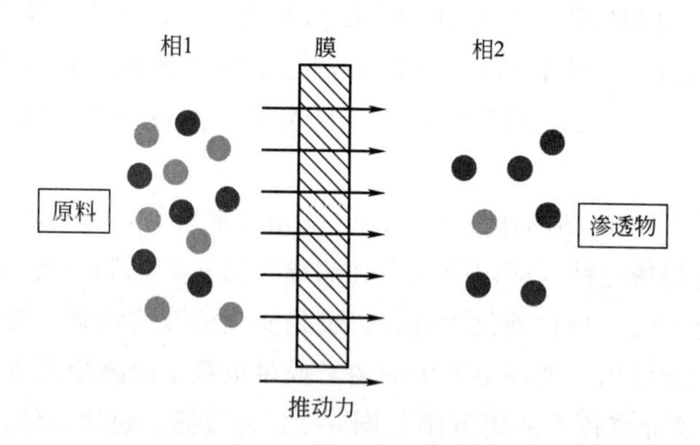

图4-3-3 膜分离技术原理

表4-3-4 几种主要分离膜的分离过程

膜过程	推动力	传递机理	透过物	截留物	膜类型
微滤	压力差	颗粒大小、形状	水、溶剂溶解物	悬浮物颗粒	纤维多孔膜
超滤	压力差	分子特性大小、形状	水、溶剂小分子	胶体和超过截留分子量的分子	非对称性膜
纳滤	压力差	离子大小及电荷	水、一价离子、多价离子	有机物	复合膜
反渗透	压力差	溶剂的扩散传递	水、溶剂	溶质、盐	非对称性膜 复合膜
渗析	浓度差	溶质的扩散传递	低分子量物质、离子	大分子物质	非对称性膜
电渗析	电位差	电解质离子的选择传递	电解质离子	非电解质，大分子物质	离子交换膜
渗透蒸发	压力差	选择传递	易渗溶质或溶剂	难渗透性溶质或溶剂	均相膜，复合膜，非对称性膜

1. 浓差极化定义

在膜分离操作中，所有溶质均被透过液传送到膜表面，不能完全透过膜的溶质受到膜的截留作用，在膜表面附近浓度升高，如图4-3-4所示。这种料液在膜表面附近浓度高于主体浓度的现象谓之浓度极化或浓差极化，适用范围为反渗透、超滤和微滤。

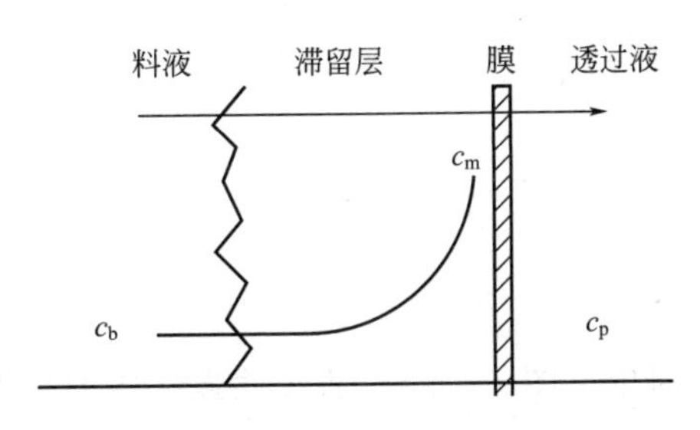

图 4-3-4 浓差极化模型

c_m—料液在膜表面附近的浓度；c_b—料液在主体的浓度；c_p—料液透过膜的浓度

2. 浓差极化特性

浓差极化是一个可逆过程，只有在膜运行过程中产生，若停止运行，则浓差极化逐渐消失。它与操作条件相关，可通过降低膜两侧压差、减小料液中溶质浓度、改善膜面流体力学条件来减轻浓差极化程度，提高膜的透过流量。

3. 凝胶极化定义

膜表面附近浓度升高，增大了膜两侧的渗透压差，使有效压差减小，透过通量降低。当膜表面附近的浓度超过溶质的溶解度时，溶质会析出，形成凝胶层。即使分离含有菌体、细胞和其他固形成分的料液时，也会在膜表面形成凝胶层。这种现象谓之凝胶极化。

4. 反渗透、超滤与微孔过滤的比较(表 4-3-5)

表 4-3-5 反渗透、超滤和微孔过滤技术的原理与操作特点比较

分离技术类型	反渗透	超滤	微孔过滤
膜的形式	表面致密的非对称膜、复合膜等	非对称膜,表面有微孔	微孔膜
膜材料	纤维素、聚酰胺等	聚丙烯腈、聚砜等	纤维素、PVC 等
操作压力/MPa	2～100	0.1～0.5	0.01～0.2
分离的物质	分子量小于 500 的小分子物质	分子量大于 500 的大分子和细小胶体微粒	0.1～10μm 粒子
分离机理	非简单筛分,膜的物化性能对分离起主要作用	筛分,膜的物化性能对分离起一定作用	筛分,膜的物理结构对分离起决定作用
水的渗透通量/($m^3 \cdot m^{-2} \cdot d^{-1}$)	0.1～2.5	0.5～5	20～200

反渗透、超滤和微孔过滤都是以压力差为推动力使溶剂通过膜的分离过程，它们组成了分离溶液中的离子、分子到固体微粒的三级膜分离过程。

一般来说，分离溶液中分子量低于 500 的低分子物质，应该采用反渗透膜；分离溶液中分子量大于 500 的大分子或极细的胶体粒子可以选择超滤膜，而分离溶液中的直径为0.1～10μm 的粒子应该选微孔膜。

以上关于反渗透膜、超滤膜和微孔膜之间的分界并不是十分严格、明确，它们之间可能存在一定的相互重叠。

三、膜分离系统

1. 管式膜分离系统

管式膜组件特点：结构简单（图 4-3-5）、适应性强、压力损失小、透过量大，清洗、安装方便，可耐高压，适宜处理高黏度及稠厚液体，但比表面积小，适于微滤和超滤。表 4-3-6 所列为管式膜分离设备参数。

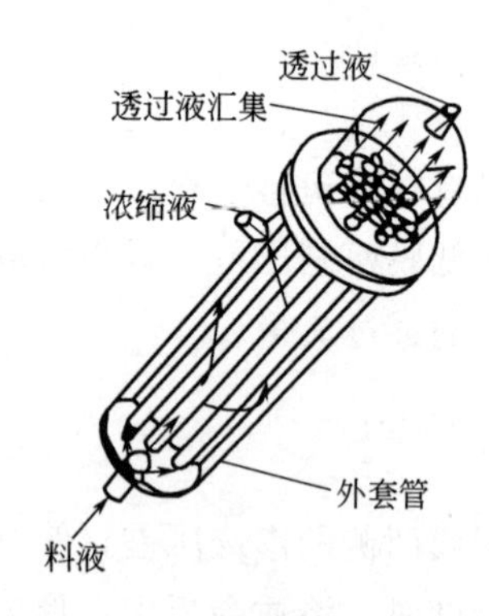

图 4-3-5 管式膜组件

表 4-3-6 管式膜分离设备参数

	基本性能参数			
管式膜实验设备	型号	GCM-T-3		
	膜类型	管式膜	陶瓷膜	卷式膜
	装膜规格	PVDF/PES	7/6,19/3.3	2540
	膜面积/m^2	0.1～0.2	0.19～0.29	1.77～2.4
	最高工作压力/bar	4	4	4
	适应工作温度/℃	10～45	≤90	10～45
	适应 pH 值范围	2～12	1～14	2～12
	最小循环体积/L	2	2	2
	总功率/kW	1.1	1.1	1.1

2. 卷式膜分离系统（图 4-3-6）

螺旋卷式膜组件特点：膜面积大，湍流情况好，但制造装配要求高、清洗检修不方便，不能处理悬浮液浓度较高的料液。它可用于微滤、超滤和反渗透。

多功能通用型卷式膜分离设备（图 4-3-7）适用于微滤、超滤、纳滤及反渗透等各种分离级别；整体功能一体化，只需更换膜芯就可以实现不同的分离级别要求。该设备主要用于

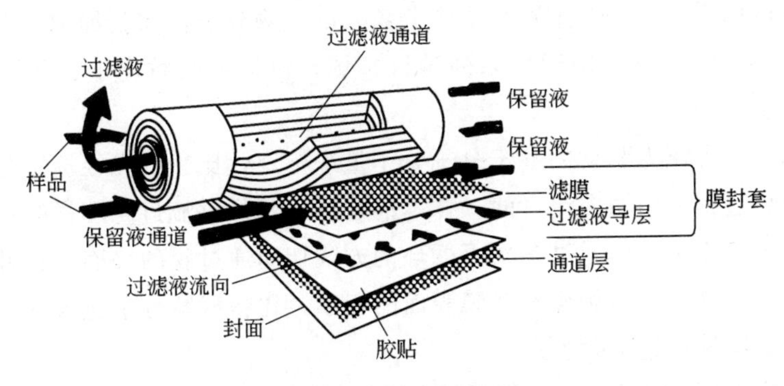

图 4-3-6　卷式超滤筒的构造

图 4-3-7　卷式膜多功能小试设备

物质的分离、浓缩、提纯，海水/苦咸水淡化以及实验室纯水制备等中。

3. 切向流微滤、超滤系统（TFF）

切向流微滤超滤分离技术是目前普遍采用的一种新型分离技术，属于分子量水平的过滤，通常截留分子量为 1～1000kDa。切向流分离技术相比于常规过滤技术有明显的优点(具体见表 4-3-7)。

表 4-3-7　切向流分离技术与常规过滤技术的比较

普通过滤	切向流过滤分离技术
滤芯形式或“死过滤”	交叉流动过滤
流向是垂直于过滤介质的	流向是切向(平行)于过滤膜表面的
所有的液体全部透过过滤介质	一小部分液体透过过滤介质
颗粒被截留在过滤膜内部或表面	截留的颗粒从膜的表面被“扫除”

(1) 切向流超滤的基本原理　切向流过滤是一种从 10mL 到几千升样本溶液浓缩和脱盐

的有效方法。它可以用来从小的生物分子中分离大的生物分子，捕获细胞悬浮液以及澄清发酵液和细胞裂解物，它可以应用于一系列学科领域，包括蛋白质化学、分子生物学、免疫学、生物化学和微生物学。

切向流过滤是一种压力驱动的基于分子分子量来标定，比膜的孔径标定分子量大的颗粒将被截留的膜分离过程。用切向流过滤，样本混合物不是像直流过滤那样被强迫通过一个单一的通路来通过膜，而是流体通过多次再循环的方式切向通过膜的表面。这种由施加压力带来的“清扫”行为，降低了初始样本在膜表面的积累。比膜截留分子量大的目标分子得到了保留，小分子和缓冲液通过了膜。

常规过滤是指在压力的作用下，液体直接穿过滤膜进入下游，大的颗粒或分子被截留在膜的上游或内部，而小的颗粒或分子透过膜进入下游。在这种操作方式下，液体的流动方向是垂直于膜表面进入下游的，所以也有人称之为“死端过滤”。常规过滤的应用包括澄清过滤、除菌过滤和除病毒过滤等。而切向流过滤则是指液体的流动方向是平行于膜表面的，在压力的作用下只有一部分的液体穿过滤膜进入下游，这种操作方式也有人称之为“错流过滤”。由于切向流在过滤过程中对膜包的表面进行不停地“冲刷”，所以在这种操作模式下有效地缓解了大的颗粒和分子在膜上的堆积，这就使得这种操作模式在很多应用中具有独特的优势。

切向流（也称为“错流”）过滤中，泵推动流体通过滤膜表面，冲刷去除其上截留的分子，从而使滤膜表面的积垢程度降至最低。与此同时，切向流体也会产生垂直于滤膜的压力，推动溶质和小分子通过滤膜。如此方能完成过滤。图 4-3-8 所示为切向流超滤基本原理。

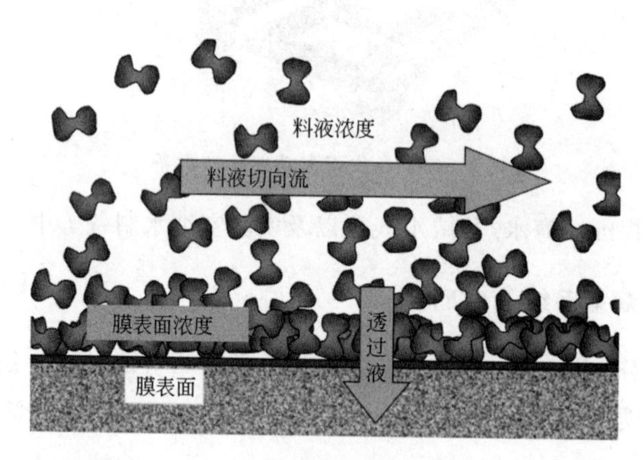

图 4-3-8 切向流超滤基本原理

(2) 切向流超滤装置的种类 ①开放型流道。平板（膜中间有空隙）、中空纤维及管。②湍流增强型流道。每层平板之间有筛网及卷式膜（卷起的膜每层之间有筛网）。如图 4-3-9 所示。

(3) 切向流超滤装置、使用及操作条件

盒式超滤装置：细密筛网（1～100kDa）、粗糙筛网（100～1000kDa）、悬浮（开放型）筛网（黏性溶液）。三种湍流网可供选择：A Screen、C Screen、V Screen（图 4-3-10），适于不同的应用。其特点为高效率（在固定的切向流速下表现最高的通透量），各孔径呈现绝

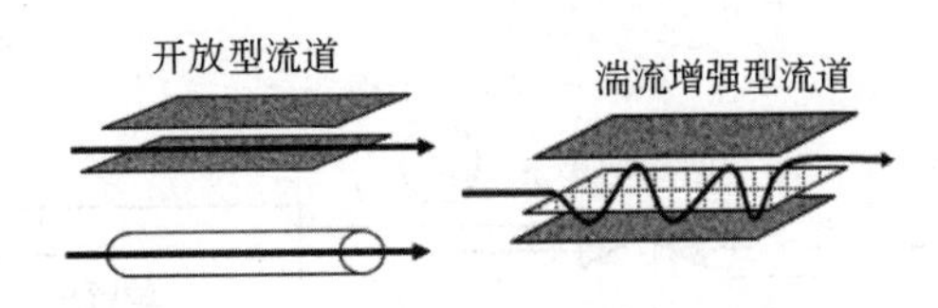

图 4-3-9　开放型流道和湍流增强型流道

细密湍流网	粗糙湍流网	悬浮式湍流网
A↓	C↓	V↓
低浓度蛋白溶液 低黏度溶液 (单克隆抗体)	高浓度蛋白溶液 或高浓度溶液 (IgG生物大分子)	高黏度溶液 (多糖、澄清过滤 或微孔过滤)

图 4-3-10　三种湍流网 A Screen、C Screen、V Screen

对线形放大，最小的最小工作体积。

盒式超滤装置的应用：高价值、低产量产品的浓缩及透析，浓缩后最终体积较小时要求保证良好的蛋白质收率，由于可放置设备的空间有限，紧凑型的超滤设备为最佳选择。当要求快速、简单地实现线形放大时使用盒式超滤装置。

热塑性平板式超滤装置：带有粗糙筛网的平板，系列配置限定了切向流速的要求，热塑性结构无黏合剂，不易裂开；可耐受溶剂（仅限纤维素材料的 UF 膜）从 $20ft^2$（$1ft^2=0.092903m^2$）线形放大，最小工作体积为 5L。

热塑性平板式超滤装置应用：高价值、高产量的产品，含溶剂的溶液，当盒式超滤膜成本太高时使用它。

卷式超滤装置：具有粗糙筛网的卷式超滤膜，结构限定了切向流速的要求，由多种材料组合制造而成；多数情况下不能线形放大（但 $50ft^2$ 的可以），最小工作体积 5L。

卷式超滤膜的应用：低价值、高产量的产品，大输液产品的浓缩、透析及除热原，简单分离，不要求线形放大的；当盒式超滤膜成本太高时或当有足够大的面积可供设备放置时使用。

中空纤维超滤装置：开放型流道（孔的直径大小各异）需要高的切向流速，低操作压力（25～50psi）下通透量有限，最小工作体积不定，差异较大。

中空纤维超滤装置应用：低成本、高产量的产品（例如水和注射液），当有足够大面积可供设备放置时使用。

一般装置选择标准：系统的尺寸，占地及处理量，需要的最小工作体积，膜的可选范围。

(4) 切向流超滤的操作模式　如图 4-3-11 表示了最常用的浓缩蛋白、病毒或细胞的流程，在此过程中，被膜截留的物质从回流口流出又回到原来的产品容器内，透过膜的物质流出透过液口进入透过液的收集容器。

恒体积透析模式（见图 4-3-12）常被用于洗涤被膜截留的产品或用于回收透过膜的副产品，例如蛋白质脱盐、分离小分子物质、细胞洗涤等，在此过程中向产品容器内加纯水或缓冲液，并使加入的流速与从膜包中透出的流速相等。

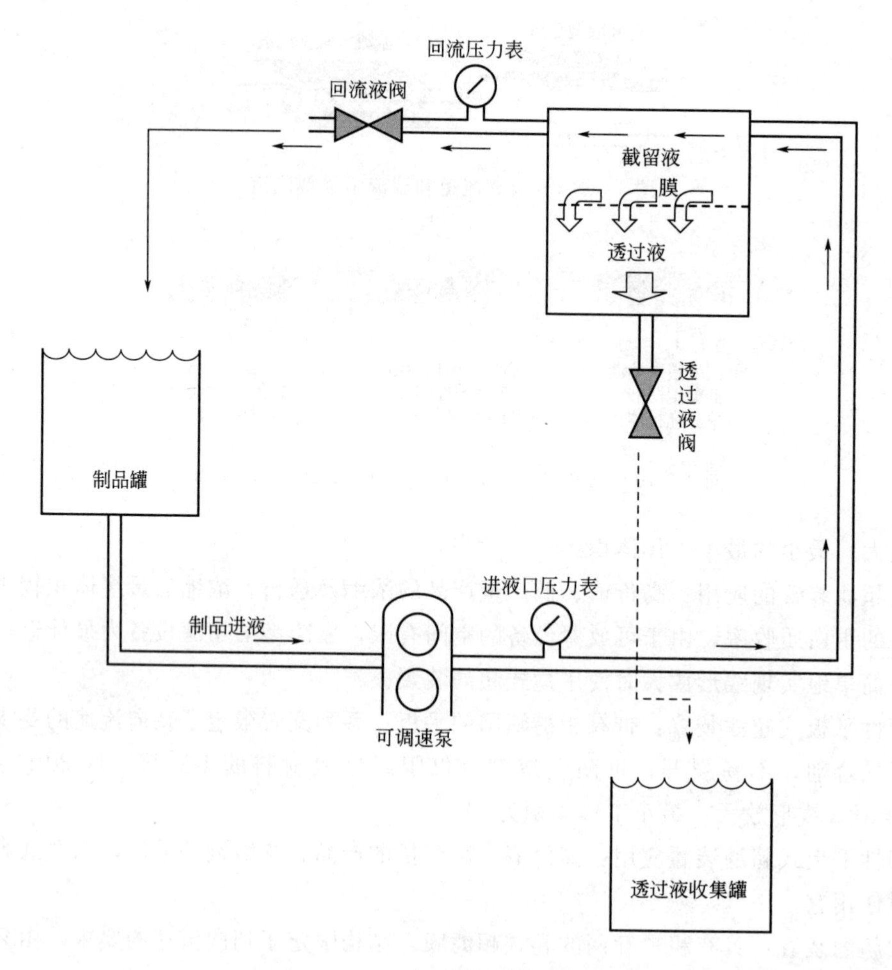

图 4-3-11 切向流超滤的操作模式

四、膜的污染

1. 污染原因

① 凝胶极化引起的凝胶层；

② 溶质在膜表面的吸附层；

③ 膜孔堵塞；

④ 膜孔内溶质吸附。

膜污染不仅造成透过通量的大幅度下降，而且影响目标产物的回收率。为保证膜分离操作高效稳定地进行，必须对膜进行定期清洗，除去膜表面及膜孔内的污染物，恢复膜的透过性能。

2. 膜清洗

在膜分离过程中，即使选择较合适的膜与适宜的操作条件，仍有水通量缓慢下降的问

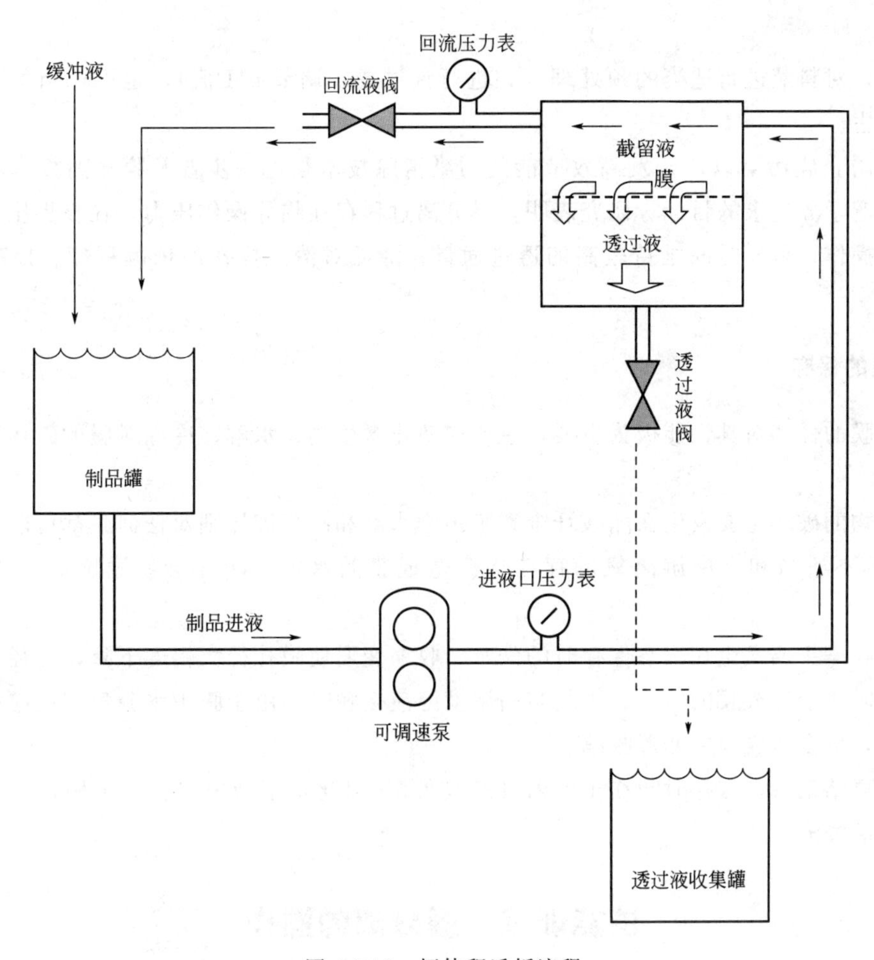

图 4-3-12　恒体积透析流程

题。因此必须采取一定的清洗方法。

膜的清洗一般选用水、盐溶液、稀酸、稀碱、表面活性剂、络合剂、氧化剂和酶溶液等为清洗剂。具体用何种清洗剂应根据膜的性质和污染物的性质而决定，使用的清洗剂要具有良好的去污能力，同时又不能损害膜的过滤性能。

如果用清水清洗就可以恢复膜的透过性能，则不需使用其他清洗剂。对于蛋白质的严重吸附所引起的膜污染，用蛋白酶（如胃蛋白酶、胰蛋白酶等）溶液清洗，效果较好。通常须考虑以下几点：

① 试剂　水、盐溶液、稀酸、稀碱、表面活性剂、络合剂、氧化剂和酶溶液等。

② 原则　去污能力好，对膜无损害，成本低。

③ 方法　反向清洗，试剂置换，化学降解消化。

④ 预防　污染膜的预处理（用乙醇浸泡聚砜膜），料液预处理（调 pH，预过滤），开发抗污染膜，临界压力操作等。

清洗操作是膜分离过程不可缺少的步骤，但清洗操作也是造成膜分离过程成本增高的重要原因。因此，在采用有效的清洗操作的同时，还需采取必要的措施防止或减轻膜污染。例如，选用高亲水性膜或对膜进行适当的预处理（如聚砜膜用乙醇溶液浸泡），均可缓解污染程度。

此外，对料液进行适当的预处理（如进行预过滤、调节 pH 值），也可相当程度地减轻污染的发生。

如何防止膜污染以及开发高效节能的污染清除技术是进一步普及膜分离技术的关键之一，也是产学界追求的目标。研究表明，膜分离过程存在临界操作压力，在临界压力以下进行膜分离操作，可长时间维持较高的透过通量、降低对清洗操作的依赖程度、提高膜分离效率。

3. 膜的保存

分离膜的保存对其性能极为重要，主要应防止微生物、水解、冷冻对膜的破坏和膜的收缩变形。

微生物的破坏主要发生在醋酸纤维素膜；而水解和冷冻破坏则对任何膜都可能发生。温度、pH 值不适当和水中游离氧的存在均会造成膜的水解。冷冻会使膜膨胀而破坏膜的结构。

膜的收缩主要发生在湿态保存时的失水。收缩变形使膜孔径大幅度下降，孔径分布不均匀，严重时还会造成膜的破裂。当膜与高浓度溶液接触时，由于膜中水分急剧地向溶液中扩散而失水，也会造成膜的变形收缩。

膜分离结束后，保存时间在 1 天内可浸泡在 5%氯化钠溶液中，长期不用，则将膜洗净后用保存液浸泡。

技能训练　膜分离的操作

【目的】

1. 知晓微滤膜分离的主要工艺过程。
2. 熟悉膜分离技术的特点。
3. 了解膜的结构和影响膜分离效果的因素，包括膜材质、压力和流量等。

【原理】

膜分离技术的原理是依靠膜的这种多孔过滤材料的拦截性能，用压力作推动力。微滤（MF）、超滤（UF）、纳滤（NF）与反渗透（RO）都是以压力差为推动力的膜分离过程，主要用于颗粒物的去除、除菌、澄清、除浊以及有用物质的回收等。

【装置与流程】

装置均为科研用膜，透过液通量和最大工作压力均低于工业现场实际使用情况，实验中不可将膜组件在超压状态下使用。主要工艺参数见表 4-3-8。

表 4-3-8　膜分离装置主要工艺参数

膜组件	膜材料	膜面积/m^2	最大工作压力/MPa
微滤(MF)	聚丙烯混纤	0.5	0.15
超滤(UF)	聚砜聚丙烯	0.1	0.15

对于微滤过程，可选用1%左右的碳酸钙溶液作为实验采用的料液。透过液用烧杯接取，观察随着料液浓度或流量的变化，透过液清澈程度的变化。

本装置中的超滤孔径可分离分子量为50000的大分子，医药科研上常用于截留大分子蛋白质或生物酶。作为演示实验，可选用分子量为60000～70000的牛血清白蛋白配成0.02%的水溶液作为料液，浓度分析采用紫外分光光度计，即分别取各样品在紫外分光光度计下于280nm处测定吸光度值，然后比较相对数值即可（也可事先做出浓度-吸光度标准曲线供查对）。该物料泡沫较多，分析时取下面液体即可。

膜分离流程如图4-3-13所示。

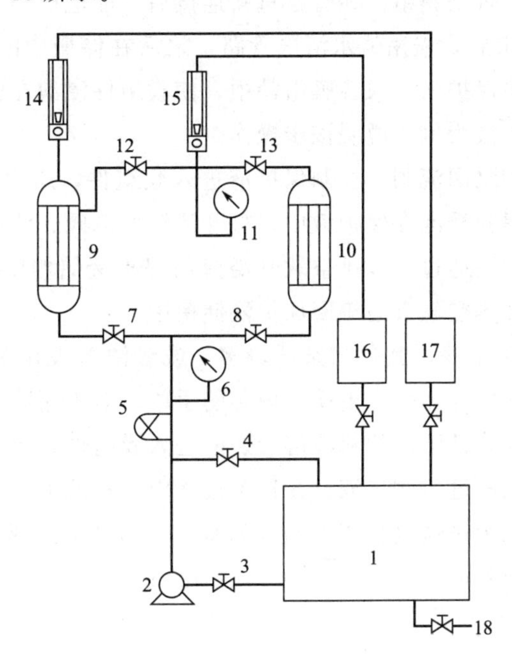

图4-3-13　膜分离流程示意

1—料液罐；2—磁力泵；3—泵进口阀；4—泵回流阀；5—预过滤器；6—滤前压力表；7—超滤进口阀；8—微滤进口阀；9—超滤膜；10—微滤膜；11—滤后压力表；12—超滤清液出口阀；13—微滤滤液出口阀；14—浓液流量计；15—清液流量计；16—清液罐；17—浓液罐；18—排水阀

【操作步骤】

1. 微滤

在原料液储槽中加满料液后，打开低压料液泵回流阀和低压料液泵出口阀，打开微滤料液进口阀和微滤清液出口阀，则整个微滤单元回路已畅通。

在控制柜中打开低压料液泵开关，可观察到微滤、超滤进口压力表显示读数，通过低压料液泵回流阀和低压料液泵出口阀控制料液通入流量从而保证膜组件在正常压力下工作。改变浓液转子流量计流量，可观察到清液浓度变化。

2. 超滤

在原料液储槽中加满料液后，打开低压料液泵回流阀和低压料液泵出口阀，打开超滤料液进口阀、超滤清液出口阀和浓液出口阀，则整个超滤单元回路已畅通。

在控制柜中打开低压料液泵开关，可观察到微滤、超滤进口压力表显示读数，通过低压料液泵回流阀和低压料液泵出口阀控制料液通入流量从而保证膜组件在正常压力下工作。通过浓液转子流量计改变浓液流量，可观察到对应压力表读数改变，并在流量稳定时取样分析。

【注意事项】

1. 每个单元分离过程进行前，均应用清水彻底清洗该段回路，方可进行料液实验。清水清洗管路可仍旧按实验单元回路，对于微滤组件则可拆开膜外壳，直接清洗滤芯，对于另一个膜组件则不可打开，否则膜组件和管路重新连接后可能造成漏水情况发生。

2. 整个单元操作结束后，先用清水清洗管路，之后在储槽中配置0.5%～1%浓度的甲醛溶液，经磁力泵逐个将保护液打入各膜组件中，使膜组件浸泡在保护液中。

以下以超滤膜加保护液为例，说明该步操作。

打开磁力泵出口阀和泵回流阀，控制保护液进入膜组件，压力也在膜正常工作范围内；打开超滤进口阀，则超滤膜浸泡在保护液中；打开清液回流阀、清液出口阀，并调节清液流量计开度，可观察到保护液通过清液排空软管溢流回保护液储槽中；调节浓液流量计开度，可观察到保护液通过浓液排空软管溢流回保护液储槽中。

3. 对于长期使用的膜组件，其吸附杂质较多，或者浓差极化明显，则膜分离性能显著下降。对于预过滤和微滤组件，采取更换新内芯的手段；对于超滤、纳滤和反渗透组件，一般先采取反清洗手段，即将低浓度的料液溶液逆向进入膜组件，同时关闭浓液出口阀，使料液反向通过膜内芯而从物料进口侧出液，在这个过程中，料液可溶解部分溶质而减少膜的吸附。若反清洗后膜组件仍无法恢复分离性能（如基本的截留率显著下降），则表面膜组件使用寿命已到尽头，需更换新内芯。

同步训练

1. 膜分离技术的优点有哪些？
2. 压力变化对微滤膜分离效果有什么影响？

学习单元四　色谱分离技术

随着基因工程的快速发展，生物制药行业获得前所未有的发展机遇。而随着科学的进步，某些关系到人们生命安全的生物药品，尤其是注射药品和生物工程产品等都需要高度纯化，但经典的分离方法（如萃取、结晶等）很难满足需要，于是色谱法应运而生。高效液相色谱法（HPLC）作为一种高效、快速的分析检测、制备技术，已成为生物药如胰岛素、干扰素、疫苗、抗凝血因子、生长激素等的生产过程中产品分离纯化及质量监控的重要方法。

知识准备

色谱分离是一组相关技术的总称，又叫做色谱法、层析法。它是一种广泛应用的生物分离技术，具有分离精度高、设备简单、操作方便等优点，是当前获得高纯度产物最有效的分离纯化技术之一。

一、色谱法的特点

1. 色谱法概念

色谱法是一种物理分离方法，利用不同物质在两相中具有不同的分配系数，并通过两相不断地相对运动而实现分离的方法。

其中一相是固定相，通常是表面积很大的或多孔性固体；另一相是流动相，是液体或气体。特定物质随流动相流经固定相时，由于物质在两相间的分配情况不同，会经过多次差别分配而达到分离；或者说，易分配于固定相中的物质移动速度慢、易分配于流动相中的物质移动速度快，因而逐步分离。

2. 基本特点

色谱分离具有以下特点：

(1) 分离效率高　其效率是分离纯化技术中较高的，这种高效的分离尤其适于极复杂的混合物。

(2) 应用范围广　可用于（非）极性、（非）离子型、小分子和大分子、无机和有机及生物活性物质、热（不）稳定化合物的分离。尤其是对生物大分子的分离，其他方法无法取代。

(3) 选择性强　该法的可变参数很多，即不同的色谱分离方法，固定相和流动相以及操作条件不同。

(4) 设备简单，操作方便　操作条件温和，因而不容易使物质变性，特别适于不稳定的大分子有机化合物的分离。

(5) 能连续操作　既可用于实验室也可用于工业生产中。

二、色谱法的分类

色谱法有如下两种分类方法。

1. 按分离原理分类

(1) 吸附色谱法　利用吸附剂（固定相一般是固体）表面对不同组分吸附能力的差别进行分离。

(2) 分配色谱法　利用不同组分在两相间的分配系数的差别进行分离。

(3) 离子交换色谱　利用溶液中不同离子与离子交换剂间的交换能力的不同而进行分离。

(4) 凝胶色谱法　利用多孔性物质凝胶对不同大小和形状的分子的排阻作用进行分离。

(5) 亲和色谱法　将相互间具有高度特异亲和性的两种物质之一作为固定相，利用与固定相不同程度的亲和性，使有用成分与杂质分离的色谱法。

如图 4-4-1～图 4-4-3 分别是细胞内、细胞外以及细胞膜蛋白质分离纯化过程示意图。

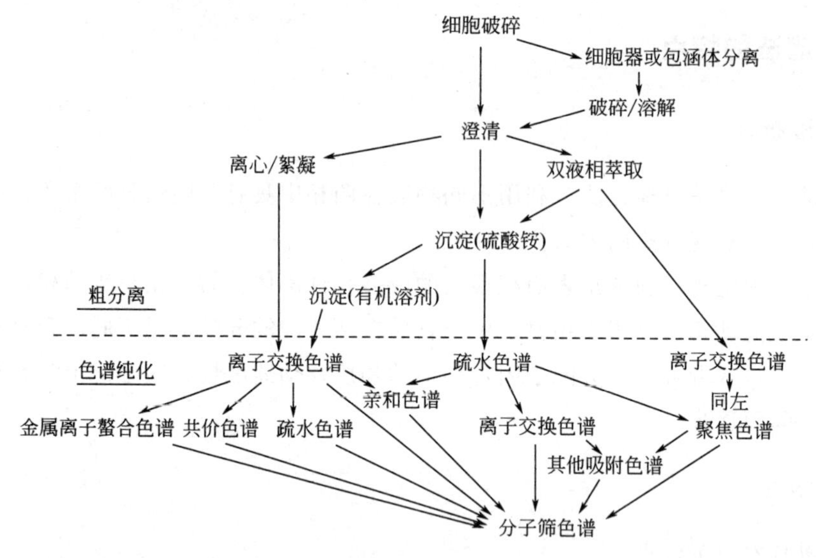

图 4-4-1 细胞内蛋白质分离纯化

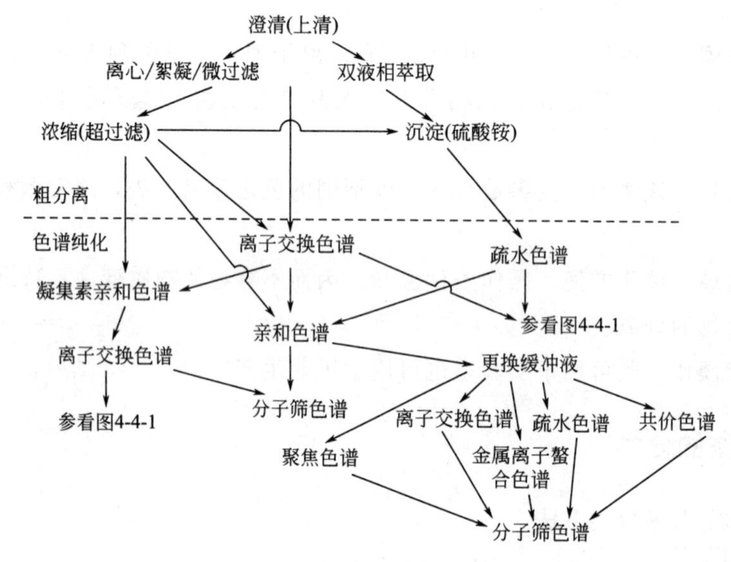

图 4-4-2 细胞外蛋白质分离纯化

2. 按应用目的分类

（1）制备色谱 制备色谱是指采用色谱技术制备纯物质，即分离、收集一种或多种色谱纯物质。而利用高效液相色谱分离足够量的混合物，并把分离所得的各组分逐个收集起来得到高纯度的样品的方法，称为高效液相制备色谱。

制备色谱中的“制备”这一概念指获得足够量的单一化合物，以满足研究和其他用途。制备色谱的出现，使色谱技术与经济效益建立了联系。制备量大小和成本高低是制备色谱的

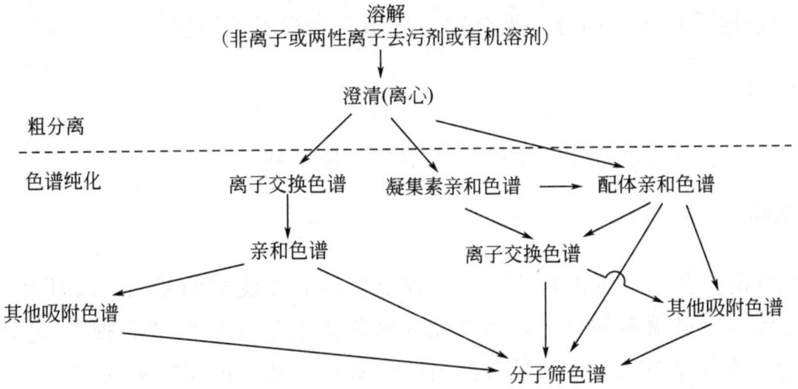

溶解
（非离子或两性离子去污剂或有机溶剂）
澄清(离心)
粗分离
色谱纯化
离子交换色谱　凝集素亲和色谱　配体亲和色谱
亲和色谱　离子交换色谱
其他吸附色谱　其他吸附色谱
分子筛色谱

图 4-4-3　细胞膜蛋白质分离纯化

两个重要指标。

(2) 分析色谱　目的是定量或者定性测定混合物中各组分的性质和含量。定性的分析色谱有薄层色谱、纸色谱等，定量的分析色谱有气相色谱、高效液相色谱等。

三、色谱分离方法的选择依据

要正确地选择色谱分离方法，首先必须尽可能多地了解样品的有关性质，其次必须熟悉各种色谱方法的主要特点及其应用范围。

目的产物：
- 初级代谢产物：氨基酸、有机酸、核苷酸、单糖类、脂肪酸
- 次级代谢产物：生物碱、萜类、糖苷、色素、鞣质类、抗生素
- 生物大分子：蛋白质、酶、多肽、核酸、多糖

选择色谱分离方法的主要根据是目的产物的分子量的大小、在水中和有机溶剂中的溶解度、极性和稳定程度以及化学结构等物理和化学性质。

1. 分子量

对于分子量较低（一般在 200 以下）、挥发性比较好、加热又不易分解的样品，可以选择气相色谱法进行分析；分子量在 200～2000 的化合物，可用液-固吸附、液-液分配和离子交换色谱法；分子量高于 2000 的，则可用空间排阻色谱法。

2. 溶解度

水溶性样品最好用离子交换色谱法，或液-液分配色谱法；微溶于水，但在酸或碱存在下能很好电离的化合物，也可用离子交换色谱法；油溶性样品或相对非极性混合物，可用液-固色谱法。

3. 化学结构

若样品中包含离子型或可离子化的化合物，或者能与离子型化合物相互作用的化合物（例如配位体及有机螯合剂），可首先考虑用离子交换色谱，空间排阻和液-液分配色谱也都

能应用于离子化合物；异构体的分离可用液-固色谱法；具有不同官能团的化合物、同系物可用液-液分配色谱法；对于高分子聚合物，可用空间排阻色谱法。

4. 目的产物

目的产物在色谱分离过程中需保持生理活性的稳定性。

5. 色谱填料

色谱填料可谓是色谱技术的核心，它不仅是色谱方法建立的基础，而且是一种重要的消耗品。色谱柱作为色谱填料的载体，当之无愧被称为色谱仪器的“心脏”。高性能的液相色谱填料一直是色谱研究中最丰富、最有活力、最富于创造性的研究方向之一。

同步训练

1. 简述色谱分离系统的组成。
2. 简述色谱分离技术的分类
(1) 根据分离时一次进样量的多少分类；
(2) 按分离机理不同分类。

学习单元五　吸附色谱分离技术

知识准备

一、吸附色谱原理

吸附色谱是色谱法的一种，又称液-固色谱法，是以固体吸附剂为固定相，利用被分离组分对固定相表面活性吸附中心吸附能力的差异而实行分离的色谱法。按操作方式又可分为吸附柱色谱和薄层色谱，表 4-5-1 所列为两种色谱法的对照。

表 4-5-1　薄层色谱、柱色谱的对照

项目	薄层色谱	柱色谱
展开时间	几十分钟	几小时到几天
分离能力	强	较强
检测	显色或 UV 灯照	洗脱液用其他方法检测
吸附剂粒度	细于 250 目	80～160 目
展开	一次性展开	洗脱
应用	定性分析小量(mg 级)制备	几克到几十克的制备

1. 吸附色谱分离过程

吸附色谱分离过程可概括为：吸附—解吸—再吸附—反复多次洗脱—被测组分分配系数

不同—差速迁移—分离（图 4-5-1）。

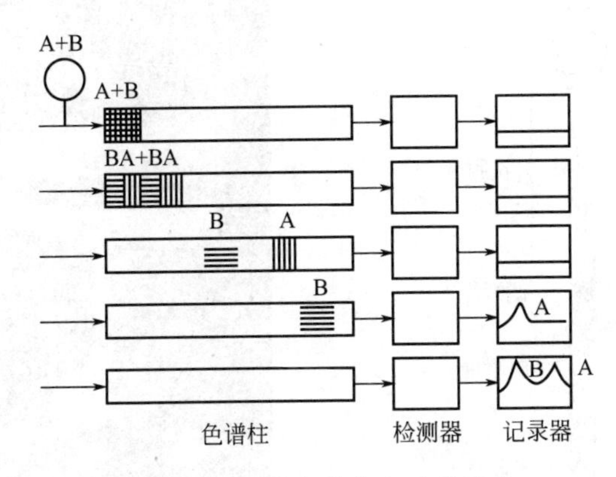

图 4-5-1 吸附色谱分离过程示意

分配系数：指一定温度下，处于平衡状态时，组分在流动相中的浓度和在固定相中的浓度之比。

分配系数越大，在流动相中的浓度越高，即吸附能力越弱，该组分先流出；同理，吸附能力强的组分后流出。

2. 吸附色谱分离机制

各组分与流动相分子争夺吸附剂表面活性中心，利用吸附剂对不同组分的吸附力差异而实现分离（图 4-5-2）。

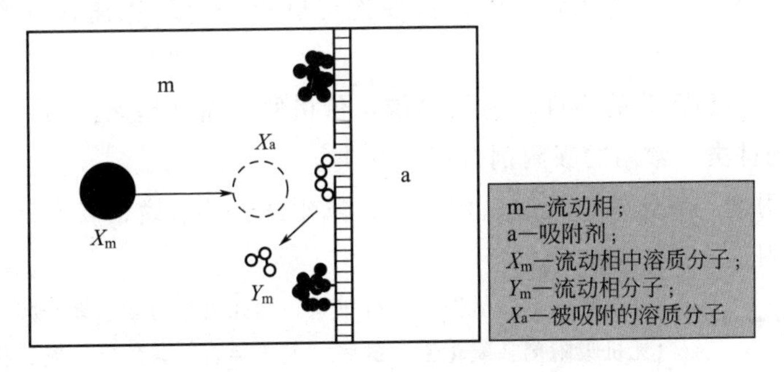

图 4-5-2 吸附色谱分离机制示意

二、吸附色谱三要素

吸附色谱的吸附剂、流动相及被分离物质是首先要考虑的三要素。吸附剂一般填装于柱色谱装置（图 4-5-3）中。

1. 吸附剂

（1）吸附机理 属于物理吸附，即吸附剂通过范德瓦耳斯力（固体表面的作用力、氢键络合、静电引力）吸附样品成分。

（2）吸附剂的基本要求 选择吸附剂时应考虑以下几点：

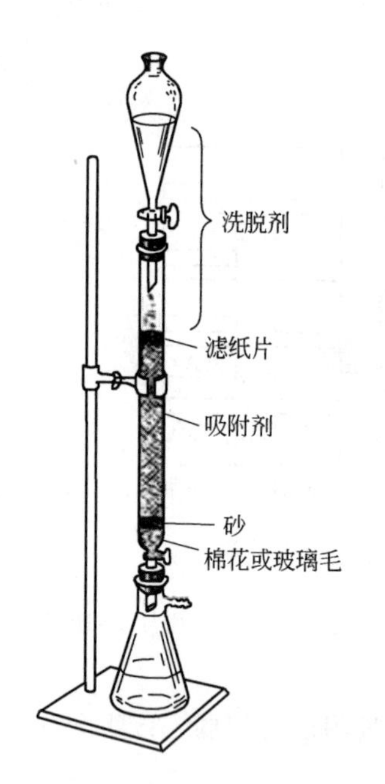

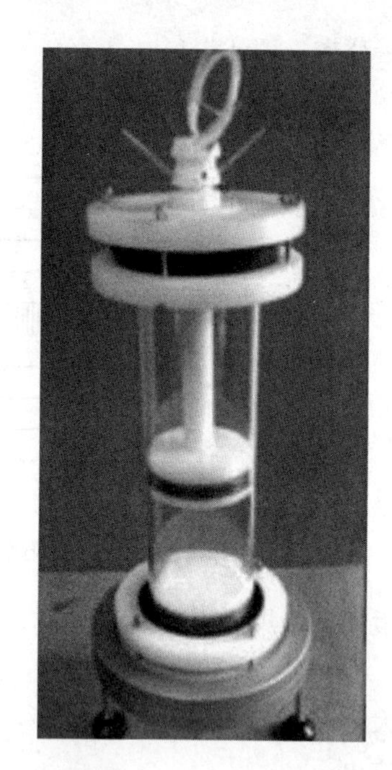

图 4-5-3 柱色谱装置

① 与样品组分和洗脱剂都不会发生任何化学反应，在洗脱剂中也不会溶解。

② 对待分离组分能够进行可逆的吸附，同时具有足够的吸附力，使组分在固定相与流动相之间能最快地达到平衡。

③ 颗粒形状均匀、大小适当，以保证洗脱剂能够以一定的流速（一般为 1.5mL/min）通过色谱柱。

④ 较大的表面积和适宜的活性，材料易得，价格便宜而且是无色的，以便于观察。

(3) 吸附剂的种类 常用的吸附剂有以下几类：

① 亲水性吸附剂 氧化铝、硅胶、聚酰胺、氧化镁、硅酸镁、碳酸钙、硅藻土等。

② 亲脂性吸附剂 活性炭。

按化学结构分：
- 有机吸附剂：活性炭、纤维素、大孔吸附树脂、聚酰胺
- 无机吸附剂：氧化铝、硅胶、人造沸石、磷酸钙、氢氧化铝

吸附剂吸附能力：亲脂性吸附剂对极性小的化合物吸附能力强；亲水性吸附剂的吸附能力与含水量有关。

最常用的吸附剂有氧化铝、硅胶、聚酰胺、大孔吸附树脂和活性炭等。

(4) 吸附剂的活性及其调节 吸附剂的活性及调节方法如下：

① 吸附剂的活性取决于它们含水量的多少，活性最强的吸附剂含有最少的水。

② 吸附剂的活性一般分为五级，分别用Ⅰ、Ⅱ、Ⅲ、Ⅳ和Ⅴ表示。数字越大，表示活性越小，一般常用吸附剂的活性为Ⅱ～Ⅲ级。

③ 向吸附剂中添加一定量的水，可以降低其活性。反之，如果用加热处理的方法除去吸附剂中的部分水，则可以增加其活性，后者称为吸附剂的活化。

常用吸附剂的吸附力的强弱顺序为：活性炭＞氧化铝＞硅胶＞氧化镁＞碳酸钙＞磷酸钙＞石膏＞纤维素＞淀粉和糖。以活性炭的吸附力最强。

因此对于吸附色谱，大多数吸附剂在使用前须先用加热脱水等方法活化。大多数吸附剂遇水即钝化，因此吸附色谱大多用于能溶于有机溶剂的有机化合物的分离，较少用于无机化合物。

2. 流动相

流动相是溶解被吸附样品和平衡固定相的溶剂，在薄层色谱（TLC）、聚碳酸酯（PC）中称展开剂，在吸附柱色谱中称洗脱剂，是由一种溶剂或两种以上的溶剂组成的溶剂系统。

流动相解析能力的判断：流动相的极性越大，其解吸附能力（展开或洗脱能力）越强；反之则越弱。实践中，选择流动相的顺序是由极性小到极性大（正向色谱），浓度由低到高。

3. 被分离物质

对于极性吸附剂而言，若被分离成分极性大，则吸附牢，难以洗脱；若被分离成分极性小，则吸附力弱，易于洗脱。所以极性被分离物质适宜在非极性溶剂中被吸附；而结构相似的化合物，在其他条件相同的情况下，具有高熔点的容易被吸附。

4. 选择合适吸附剂和流动相的原则

选择色谱分离条件时，必须从吸附剂、被分离物质（成分）、流动相三方面综合考虑（表4-5-2）。选择时主要考虑的因素是对样品的溶解度和稳定度以及对监测器的不敏感性。一种好的溶剂应该对样品有很好的溶解性，有利于吸附介质对溶质的吸附；而洗脱剂则对被吸附在吸附剂上的样品有强的解吸附能力；被洗脱的物质则有较好的稳定性、不发生聚合沉淀变性和相关的化学反应，对光谱检测器的波长不敏感，对检测器的导电性不敏感，对pH检测器的酸碱度不敏感等。

表 4-5-2　选择合适的吸附剂和流动相

被分离成分	吸附剂	流动相
极性↗	活性↘	极性↗
极性↘	活性↗	极性↘

三、吸附色谱的基本过程

如图4-5-4所示，吸附色谱的色谱过程是流动相分子与被分离物质分子竞争固定相吸附中心的过程。

四、吸附色谱技术应用

吸附色谱技术广泛应用于医药领域，例如各种医药品种成分分析、中成药鉴别和质量标准研究、纯度检查、稳定性考察和药物代谢以及合成工艺监控分析、生化和抗生素研究等方面。

吸附柱色谱具有较高的分离效率，并能保持生物分子较高的活性，已广泛用于生物

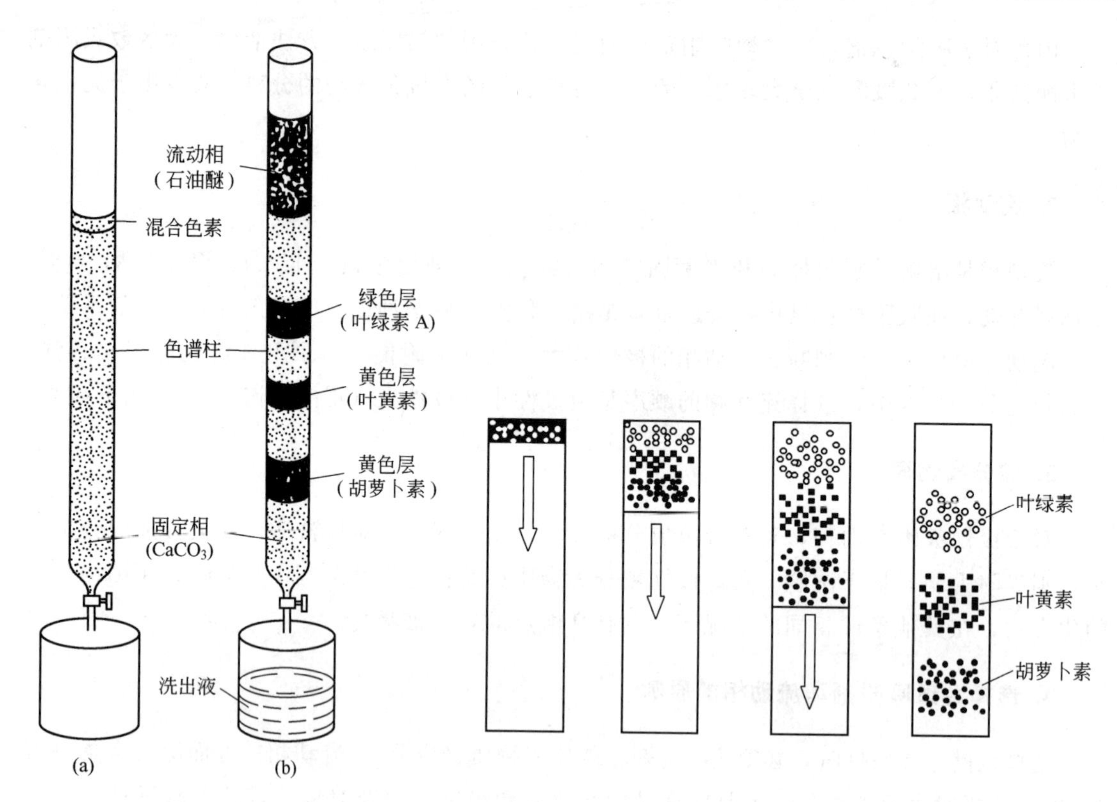

图 4-5-4　固定相对各组分吸附力的大小次序

分子的分离纯化。而薄层吸附色谱具有设备简单、操作方便、分离速度快等优点，并在中草药的定性定量分析中得到了广泛应用。利用被鉴别化合物在薄层色谱中的 R_f 值、斑点颜色及原位光谱扫描可作为药物的鉴别方法之一，该方法在各国药典中普遍采用，《中国药典》（2020 版）中更是大量应用了薄层色谱法用于中药材及其制剂的鉴别和部分含量测定。

薄层色谱法用于中药材及其制剂的鉴别的实例介绍如下。

薄层色谱板的制备

直接对照法鉴别三七胶囊真伪（图 4-5-5）：三七胶囊以三七总皂苷为参照物，喷 10%硫酸乙醇溶液，105℃或热风加热至斑点显色清晰。供试品色谱中，在与对照物色谱相应的位置上，应显相同颜色的斑点。

六味地黄丸中丹皮酚的薄层鉴别（图 4-5-6）：六味地黄丸中的丹皮酚含量是《中国药典》（2020 版）规定的检测其质量的重要指标。

薄层色谱

取本品水蜜丸 6g，研碎，或取小蜜丸或大蜜丸 9g，切碎，加硅藻土 4g，研匀。加乙醚 40mL，低温回流 1h，滤过，滤液挥去乙醚，残渣加丙酮 1mL 使溶解，作为供试品溶液。另取丹皮酚对照品，加丙酮制成每 1mL 含 1mg 的溶液，作为对照品溶液。照薄层色谱法（2020 年版《中国药典》）试验，吸取上述两种溶液各 10μL，分别点于同一硅胶 G 薄层板上，以环已烷-乙酸乙酯（3∶1）为展开剂，展开，取出，晾干，喷以盐酸酸性 5%三氯化铁乙醇溶液，加热至斑点显色清晰。供试品色谱中，在与对照品色谱相应的位置上，显相同的蓝褐色斑点。

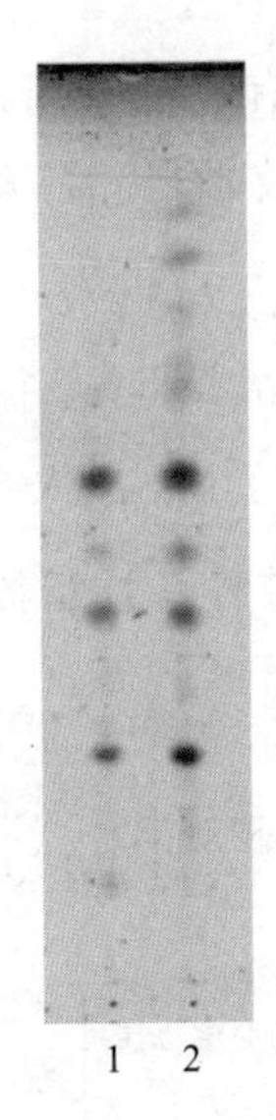

图 4-5-5　三七胶囊的薄层色谱

1—三七胶囊；2—三七总皂苷对照物

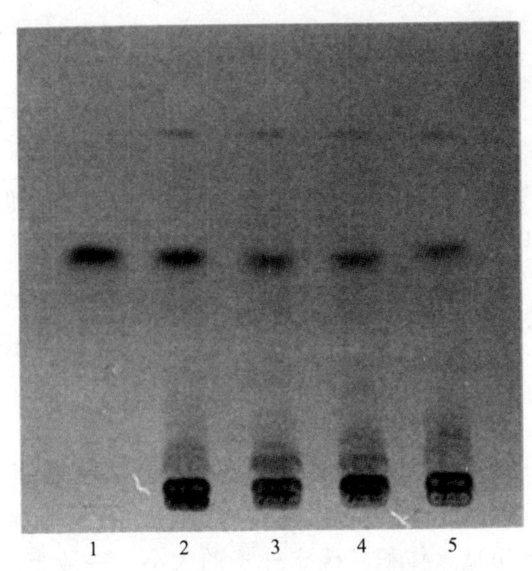

图 4-5-6　六味地黄丸中丹皮酚的薄层色谱

1—丹皮酚；2～5—六味地黄丸

技能训练　吸附柱色谱操作

【目的】

1. 熟悉柱色谱的操作流程。
2. 能够正确选择柱色谱操作条件。

【原理】

吸附柱色谱是以固体吸附剂为固定相，利用被分离组分对固定相表面活性吸附中心吸附能力的差异而实行分离的色谱法。在现有色谱分离工艺中70%以上应用柱色谱技术，该技术已成为工业分离提纯中最有效的色谱技术之一，其发展前景广阔。

【器材与试剂】

氧化铝、硅胶、色谱柱；待分离样品。

【操作步骤】

吸附剂用量的确定—柱子的选择—装柱—柱留体积的测量—加样—洗脱—分步收集—检测—合并—浓缩（图4-5-7）。

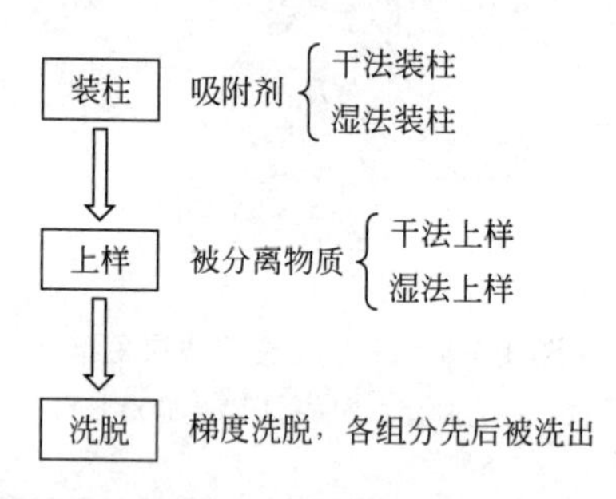

图4-5-7 柱色谱基本操作

1. 吸附剂的确定

氧化铝：一般选择中性，粒度150～200目，超过220目需加压；一般用量1g样品/20～50g，特例1g样品/100～200g。

硅胶：吸附色谱——1g样品/20～50g，特例1g样品/500～1000g，用前最好于120℃烘24h，可不做活性测定。分配色谱——1g样品/100～1000g，特例1g样品/10000g。

2. 色谱柱的选择

有玻璃柱和不锈钢柱两种，一般不使用有机玻璃柱。实验室常用玻璃柱；柱的径长比一般为1∶10～1∶20，特例1∶40；内壁光滑均匀，上下粗细一样，管壁无裂缝，活塞密封良好；根据吸附剂用量（体积）确定柱子的大小，一般吸附剂应填充到柱子体积的1/5～1/4。

3. 装柱

有干装法和湿装法两种。

干装法：在下端减压抽气的同时，将吸附剂通过长颈漏斗缓缓倒入柱内。

湿装法：①准确加入一定体积的溶剂，然后缓慢加入吸附剂，必要时可轻敲柱壁，排除多余溶剂，计算柱留体积；②准确量取一定体积的溶剂倒入称量好的吸附剂，间歇性搅拌数次，静置过夜，次日在搅拌下装柱，计算柱留体积。

4. 加样

① 将样品溶于合适的溶剂，在不扰动吸附剂层面的情况下，加到柱体上面。最后再用

少量清洁溶剂对主壁洗涤 2～3 次。

② 将样品溶于合适的溶剂后，在搅拌下加入样品量 3～5 倍的吸附剂，晾干至粉末状，然后在不扰动吸附剂层面的情况下，加到柱体上面。

5. 洗脱

必须注意在洗脱的过程中，尤其是开始阶段，不能扰动层面。洗脱速度一般为每分钟流出 1/200 柱留体积左右。对于梯度洗脱需注意标记不同溶剂的分界管号。

6. 分步收集

一般每管收集 1/20～1/10 柱留体积。

7. 检测

确定目标物的位置及纯化情况；薄层色谱或纸色谱检测；气相色谱或液相色谱检测。

8. 合并

成分相同或相似的收集液合并，交叉部分单独收集。

同步训练

1. 吸附色谱分离技术的要点有哪些？
2. 常用的吸附剂有哪些？
3. 影响吸附的因素是什么？
4. 物理吸附和化学吸附比较，有哪些不同？
5. 试述活性炭吸附剂的吸附特点。
6. 试述柱色谱的基本操作过程。

学习单元六　凝胶色谱技术

凝胶色谱法，即以凝胶为固定相，基于分子大小不同而进行分离的一种方法。因其整个过程和过滤相似，又称凝胶过滤色谱（GFC）、分子筛过滤或分子排阻色谱法。

凝胶色谱不但可以用于分离测定高聚物的分子量和分子量分布，同时根据所用凝胶填料不同，可分离脂溶性和水溶性物质，分离分子量的范围从几百到数百万以下。

凝胶色谱技术是一种快速而又简单的分离分析技术，由于其设备简单、操作方便，不需要有机溶剂，对高分子物质有很高的分离效果，目前不但应用于科学实验研究，而且已经大规模地用于工业生产中。

一、凝胶色谱法原理

凝胶是一种不带电荷的具有三维空间的多孔网状结构的惰性物质。凝胶的每个颗粒的细微结构就如一个筛子。凝胶不带电，不与溶质分子发生任何作用。

1. 凝胶色谱分离机理

一个含有各种分子的样品溶液缓慢地流经凝胶色谱柱时，各分子在柱内同时进行着两种不同的运动：垂直向下的移动和无定向的扩散运动。大分子物质由于直径较大，不易进入凝胶颗粒的微孔，而只能分布在颗粒之间，所以在洗脱时向下移动的速度较快。小分子物质除了可在凝胶颗粒间隙中扩散外，还可以进入凝胶颗粒的微孔中，即进入凝胶相内，在向下移动的过程中，从一个凝胶内扩散到颗粒间隙后再进入另一凝胶颗粒，如此不断地进入和扩散，小分子物质的下移速度落后于大分子物质，从而使样品中分子大的先流出色谱柱、中等分子的后流出、分子最小的最后流出，这种现象叫分子筛效应（图 4-6-1）。具有多孔的凝胶就是分子筛。

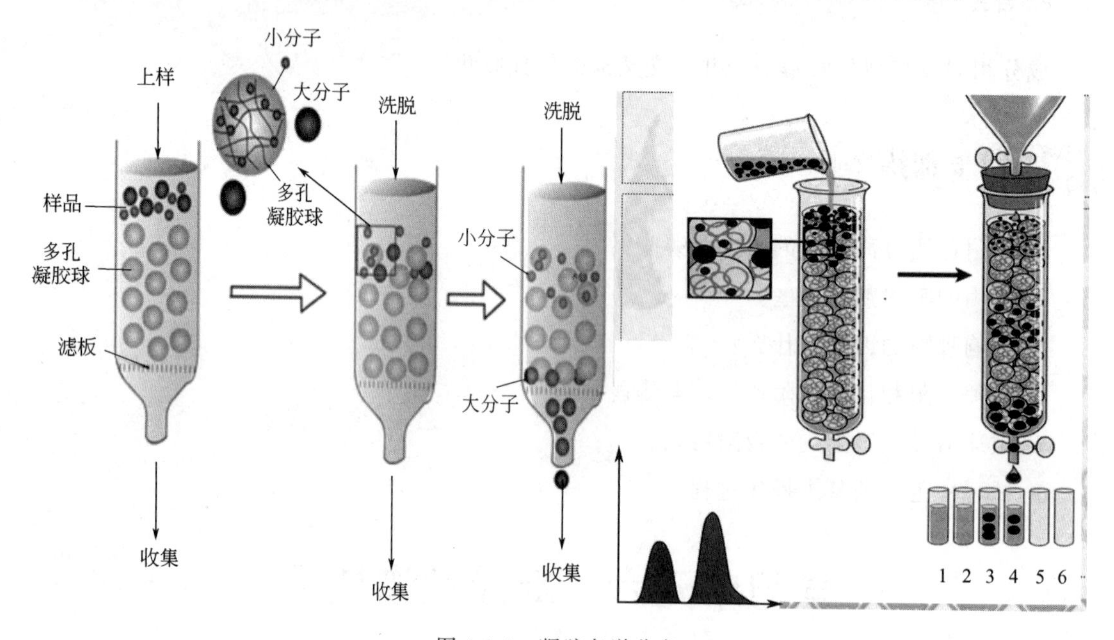

图 4-6-1 凝胶色谱分离

各种分子筛的孔隙大小分布有一定范围，有最大极限和最小极限。分子直径比凝胶最大孔隙直径大的，就会全部被排阻在凝胶颗粒之外，这种情况叫全排阻。两种全排阻的分子即使大小不同，也不能有分离效果。直径比凝胶最小孔隙直径小的分子能进入凝胶的全部孔隙。如果两种分子都能全部进入凝胶孔隙，即使它们的大小有差别，也不会有好的分离效果。因此，一定的分子筛有它一定的使用范围。

综上所述，凝胶本身具有三维网状结构，大的分子在通过这种网状结构上的孔隙时阻力较大，小分子通过时阻力较小。分子量大小不同的多种成分在通过凝胶床时，按照分子量大小排队（图 4-6-2），凝胶表现分子筛效应。化学结构不同但分子量相近的物质，不可能通过凝胶色谱法达到完全的分离纯化目的。

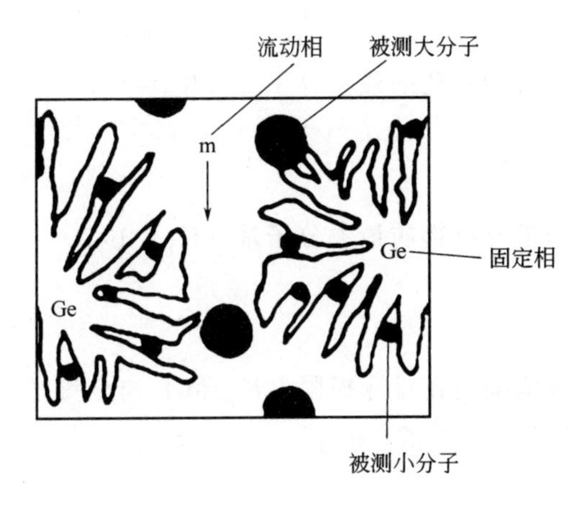

图 4-6-2 凝胶色谱示意图

凝胶色谱具有操作方便、不会使物质变性、适用于不稳定的化合物以及凝胶不用再生、可反复使用等优点，但分离速度较慢。因此，凝胶色谱是利用被测组分分子大小不同、在固定相上选择性渗透而实现分离的。

显然，凝胶色谱法的分离是严格地建立在分子尺寸基础之上的，通常不在固定相上发生对试样的吸附，同时也不在固定相和试样之间发生化学反应。

2. 洗脱顺序

在洗脱过程中始终保持一定的操作压，洗脱剂带动溶质按分子体积从大到小依次流出。

固定相为多孔性凝胶；流动相在许多情况下可用水（凝胶过滤色谱）；但为防止非特异吸附，避免一些蛋白质在水中难溶解以及蛋白质稳定性等问题发生，常用缓冲盐溶液进行洗脱。对一些吸附性较强的物质也可用有机溶剂（凝胶渗透色谱）洗脱。

二、凝胶色谱分类

根据分离的对象是水溶性的化合物还是有机溶剂可溶物，凝胶色谱又可分为凝胶过滤色谱（GFC）和凝胶渗透色谱（GPC）。

凝胶过滤色谱：一般用于分离水溶性的大分子，如多糖类化合物。凝胶的代表是葡聚糖系列，洗脱溶剂主要是水。

凝胶渗透色谱法主要用于有机溶剂中可溶的高聚物（聚苯乙烯、聚氯己烯、聚乙烯、聚甲基丙烯酸甲酯等）分子量分布分析及分离，常用的凝胶为交联聚苯乙烯凝胶，洗脱溶剂为四氢呋喃等有机溶剂。

流动相不影响溶质在两相的分配系数 K_p（渗透系数）。

三、凝胶孔径与分配系数 K_p

分配（渗透）系数 K_p 为平衡时溶质在固定相和流动相中的浓度比。

$$K_p=[X_s]/[X_m]$$

1. 排斥极限

被分离物质不能进入所有凝胶孔的最小分子量（$K_p=0$）。

2. 全渗透点

所有凝胶孔都能进入的被分离物质最大分子量（$K_p=1$）。

3. 分子量范围

物质能被分离的分子量范围是在排斥极限（$K_p=0$）与全渗透点（$K_p=1$）之间的分子量范围。在此范围内，分子量越大，K_p 越小。

4. 固定相选择原则

待分离物质的分子大小是决定选用何种介质的最重要因素，所选凝胶的分级范围应当涵盖目标分子的大小，只有这样，介质才能对目标分子和其他大小不同的杂质分子进行选择性的有效分离。固定相的前处理理应尽可能使大分子不能进入所有孔。

四、保留体积与分配系数的关系

凝胶色谱的保留值常用保留体积 V_e（淋洗体积）表示。其保留体积与分配系数的关系为：

$$V_e=V_0\left(1+K_p\frac{V_s}{V_m}\right)$$

式中，V_0 为死体积；V_m 为凝胶颗粒间体积，近似等于 V_0；V_s 为凝胶孔隙的总体积。所以，

$$V_e=V_0+K_pV_s$$

此式表明，分子尺寸（分子量）越大，因其 K_p 越小，所以其保留体积越小，出峰越快。

五、凝胶色谱固定相

理想的凝胶色谱的固定相应具备的条件如下所述。

1. 基本要求

① 不能与原料组分发生除排阻之外的任何其他相互作用，如电荷作用、化学作用、生物学作用。

② 高物理强度、高化学稳定性。

③ 耐高温高压、耐强酸强碱。

④ 高化学惰性。

⑤ 内孔径分布范围窄。

⑥ 颗粒大小均一度高。

2. 常用的凝胶固定相

在凝胶色谱过程中，一般情况下，凝胶色谱介质对流动相的组分无吸附作用，当流动相流过凝胶色谱介质后，上样的所有组分都应当被洗脱出来，这是凝胶色谱与其他色谱的不同之处。目前常用的凝胶固定相如下所述。

(1) 软质凝胶 如葡聚糖。因其不耐压（0.1MPa 左右即被压坏），只能用于凝胶色谱（低压凝胶色谱）。

① 葡聚糖凝胶 应用最广泛的一类凝胶。由葡聚糖 Dextran 交联而得。在制备凝胶时添加不同比例的交联剂可得到交联度不同的凝胶（图 4-6-3）。交联剂在原料总重量中所占的百分数叫做交联度。

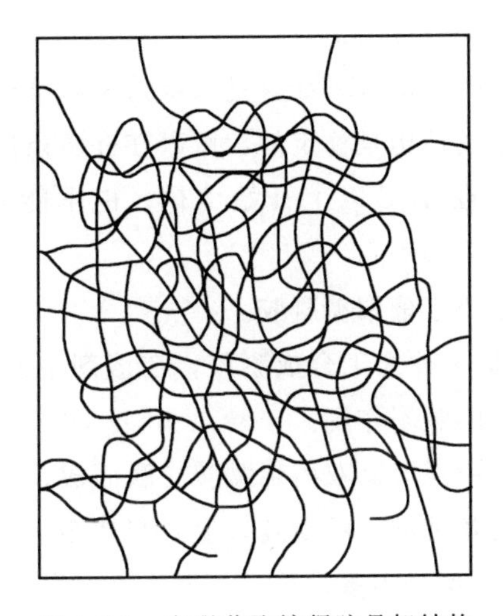

图 4-6-3 交联葡聚糖凝胶骨架结构

葡聚糖凝胶的交联度大，网状结构紧密，吸水量小；交联度小，网状结构疏松，吸水量多。其化学性质比较稳定，不溶于水、弱酸、碱和盐溶液。

交联葡聚糖的商品名为 Sephadex，不同规格型号的葡聚糖用英文字母 G 表示，G 后面的阿拉伯数字为凝胶得水值的 10 倍。例如，G-25 为每克凝胶膨胀时吸水 2.5g，同样 G-200 为每克干胶吸水 20g。交联葡聚糖凝胶的种类有 G-10、G-15、G-25、G-50、G-75、G-100、G-150 和 G-200。因此，“G”反映凝胶的交联程度、膨胀程度及分布范围。

Sephadex LH-20 是 Sephadex G-25 的羧丙基衍生物，能溶于水及亲脂溶剂，用于分离不溶于水的物质。

② 琼脂糖凝胶 来源于一种海藻多糖琼脂，是一种天然凝胶，不是共价交联，而是以氢键交联（图 4-6-4），键能较弱；孔隙度通过改变琼脂糖浓度而达到（与葡聚糖不同）；没有干胶，必须在溶胀状态保存。

琼脂糖 Agarose，缩写为 AG，是琼脂中不带电荷的中性组成成分，把琼脂糖溶于热水，冷却制成琼脂糖凝胶，适用于由交联葡聚糖（Sephadex）凝胶不能分级分离的大分子

图 4-6-4 琼脂糖凝胶的骨架结构

的凝胶过滤；若使用5%以下浓度的琼脂糖凝胶，也能够分级分离细胞颗粒、病毒等。

琼脂糖凝胶还能分离几万至几千万高分子量的物质，分离范围随着凝胶浓度上升而下降，颗粒强度随浓度上升而提高，适用于核酸、多糖和蛋白质类物质的分离。其商品名很多，常见的有 Sepharose、Bio-Gel-A 等。

琼脂糖凝胶是依靠糖链之间的次级键如氢键来维持网状结构，网状结构的疏密取决于琼脂糖的浓度。一般情况下，它的结构是稳定的，可以在许多条件下使用（如水、pH 4～9 范围内的盐溶液）。琼脂糖凝胶在 40℃以上开始熔化，也不能高压消毒，可用化学灭菌法处理。

化学稳定性是琼脂糖凝胶小于葡聚糖凝胶。

③ 聚丙烯酰胺凝胶　它是一种人工合成凝胶，在溶剂中能自动吸水溶胀成凝胶，对芳香族、杂环化合物有不同程度的吸附作用。

它是以丙烯酰胺为单位，由亚甲基双丙烯酰胺交联而成，经干燥粉碎或加工成形制成粒状，控制交联剂的用量可制成各种型号的凝胶，交联剂越多，孔隙越小。聚丙烯酰胺凝胶的商品为生物胶-P（Bio-Gel P），型号很多，从 P-2 至 P-300 共 10 种，P 后面的数字再乘 1000 就相当于该凝胶的排阻限度，适合于蛋白质和多糖的纯化。

它的商品名为 Styrogel，具有大网孔结构，可用于分离分子量从 1600 到 40000000 的生物大分子，适用于有机多聚物、分子量测定和脂溶性天然物质的分离。该凝胶机械强度好，洗脱剂可用甲基亚砜。

（2）半硬质凝胶　如聚苯乙烯凝胶，能耐较高压力，可用于 GPC。其具有可压缩性、能填充紧密、柱效高，但在有机溶剂中的溶胀性会导致孔径发生变化。

（3）硬质凝胶　如多孔硅胶和多孔玻璃珠。它们在有机溶剂中不溶胀、孔尺寸固定，但不易装填紧密、装柱时易碎，所以柱效较低；对蛋白质有吸附；不能在强酸性和强碱性条件下使用。

3. 凝胶色谱流动相

它们既能充分溶解样品，又能润湿凝胶，且溶剂黏度要低，否则会限制分子扩散而影响分离效果。通常，水溶性试样选水作流动相；非水溶性试样选四氢呋喃、氯仿、甲苯和二甲基甲酰胺等非极性有机溶剂作流动相。

六、凝胶色谱检测技术

① 示差折光检测器是最常用的浓度检测器；HPLC 的其他检测器原则上都可使用。

② 峰高（峰面积）与溶质浓度（溶质数目）成正比。

如图 4-6-5 所示，横坐标代表了色谱的保留值，它的值表示了样品的淋洗体积，该体积与分子量的对数成比例，所以它也表示了样品的分子量；纵坐标代表流出体积的浓度，该浓度值与样品量有关，也表示了样品在某淋洗体积下的质量分数。

如果把图中的横坐标 V_e 转换成分子量 M 就成了分子量分布曲线。

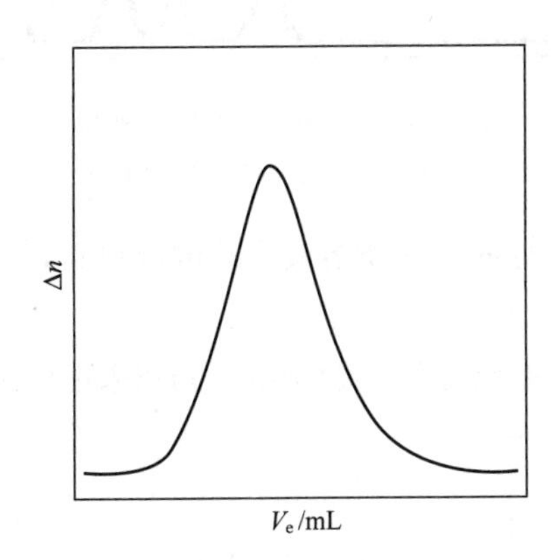

图 4-6-5　峰高（峰面积）与溶质浓度（溶质数目）成正比

③ 将 V_e 转换成 M 需要借助校正曲线。在多孔填料的渗透极限范围内，V_e 和 M 有如下关系：

$$\lg M = A - BV_e$$

式中，A、B 为与聚合物、溶剂、温度、填料及仪器有关的常数，$B>0$；V_e 为淋洗体积（也可以用保留时间表示）；M 为分子量。

如图 4-6-6 所示，A 点称为排斥极限，凡是分子量比此点大的分子均被排斥在凝胶孔之外；B 点称为渗透极限，凡是分子量小于此点的分子都可以渗透全部孔隙。

由淋洗体积（V_e）与聚合物分子量（M）1 旬的关系未测定聚合物的分子量及其分布，这在生物和制药领域广泛应用。

七、凝胶色谱的应用及特点

1. 生物药品分离纯化

凝胶色谱用于分子量从几百到 10^6 数量级的物质的分离纯化，在蛋白质、肽、脂质、抗生素、糖类、核酸以及病毒的分离与分析中频繁使用，如分级分离及分子量确定等。

2. 脱盐

凝胶色谱在生物分离领域的另一主要用途是生物大分子溶液的脱盐，以及除去其中的低

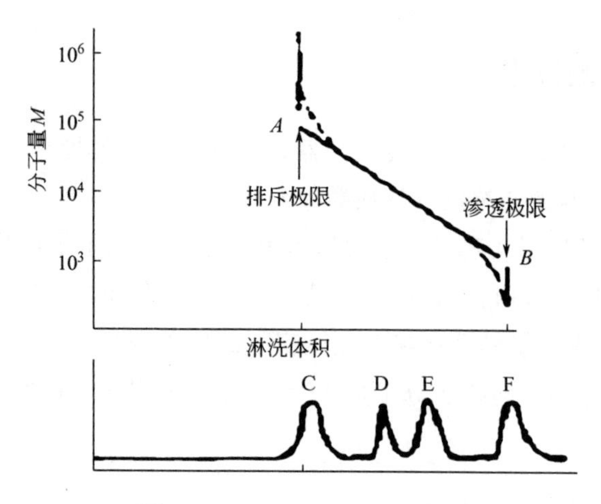

图 4-6-6 $\lg M = A - BV_e$ 曲线

C、D、E、F 分别为不同的组分

分子量物质。经过盐析沉淀获得的蛋白质溶液中盐浓度很高，一般不能直接进行离子交换色谱分离，可首先用凝胶色谱脱盐。

对于粗产品，尤其是含无机杂质的蛋白质水溶液，可以采用凝胶过滤色谱（GFC）（图 4-6-7）。

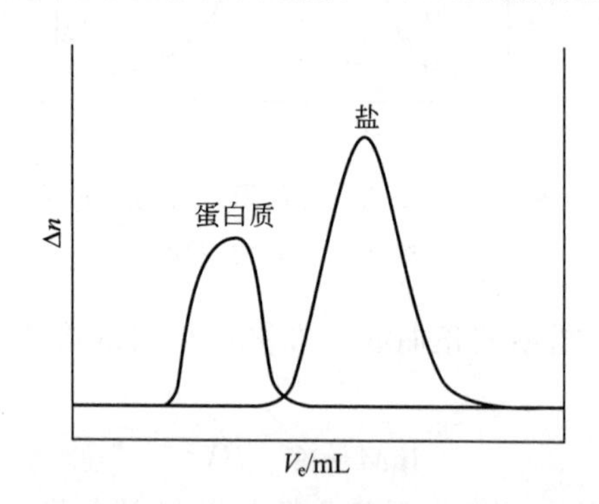

图 4-6-7 生物产品中无机杂质的脱除

固定相选择时凝胶孔要比蛋白质小。

对于生物产品中无机杂质的脱除，可应用凝胶过滤色谱（GFC）；而生物产品中有机杂质的脱除，亦可应用凝胶渗透色谱（GPC）。

3. 分子量测定

凝胶过滤介质的分级范围内蛋白质的分配系数与分子量的对数呈线性关系，所以 GFC 可用于未知物质分子量的测定，具体操作如下所述。

凝胶柱的标定：用一系列已知分子量 M 的标准品（最好与样品属相同化学组成），测定它们在该凝胶柱上的保留体积 V_e（或保留时间），绘制 $\lg M$-V_e 曲线（图 4-6-8）。

样品分析：在相同条件下，得到样品色谱图，根据保留体积即可得到其对应的分子量（图 4-6-9），而且峰面积（峰高）与分子数目成正比。

根据各色谱峰对应的分子量、峰面积及相应的公式，还可计算数均分子量、重均分子量、黏均分子量。

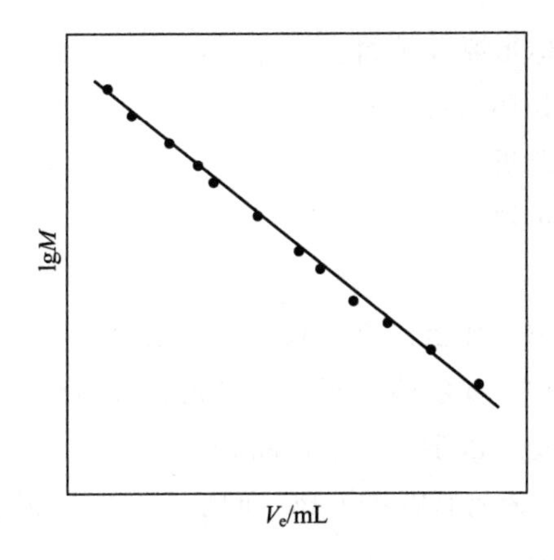

图 4-6-8 已知分子量 M 的标准品 lg$M$-V_e 曲线

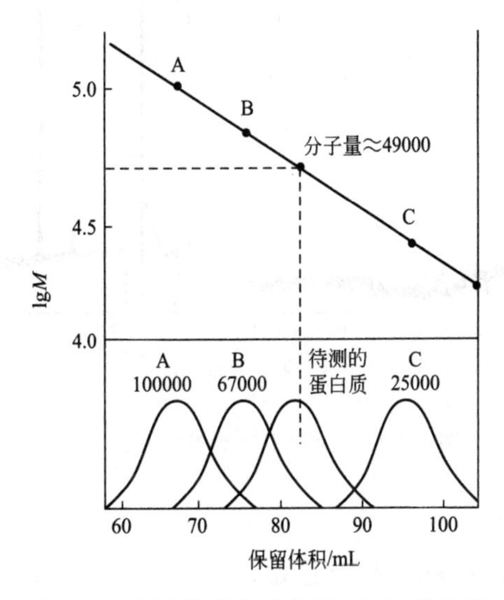

图 4-6-9 保留体积与分子量（M）的关系

4. 凝胶色谱样品净化技术

(1) 目的 为后续分析除去干扰物质（如大分子基体）；为提高灵敏度进行浓缩。

(2) 方式

①除去大分子或除去小分子；②离线收集或在线柱切换。主要采用 GPC，水溶性大分子也能溶于有机溶剂中。

(3) 凝胶色谱样品净化的优点

① 柱污染小 惰性微球表面对有机物吸附小。

② 分离原理独特 按分子大小分离，适合生物、食品、农业、医药样品净化（无论分析对象是大分子还是小分子）。

③ 适合在线样品前处理 通过柱切换技术。

④ 适合与质谱联用 脱盐。

(4) GPC 样品净化典型条件

提取溶剂：非（弱）极性溶剂，如石油醚、乙酸乙酯、丙酮。

凝胶柱：硬质或半硬质球形凝胶填料。

流动相：非极性溶剂，如环己烷、乙酸乙酯。

检测器：通用型，如示差折光仪。

离线净化：自动馏分收集器。

在线净化：阀切换技术。

除去物质：大分子有机物，如蛋白质、脂肪、色素等。

分析对象：小分子有机物，如农残、药残、毒物、代谢产物。

最适合样品：食品、生物、医学、农学样品。

【例】 火腿中敌敌畏 GC 测定样品的 GPC 净化（图 4-6-10）。

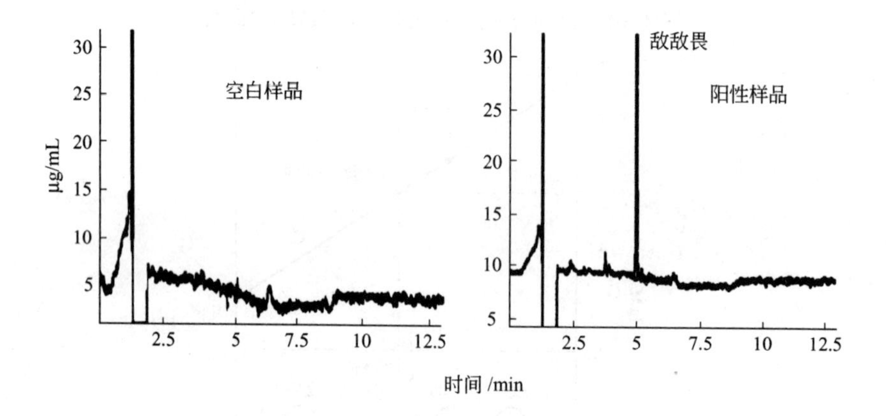

图 4-6-10　火腿中敌敌畏的 GPC 净化

样品提取：丙酮提取。

GPC 净化条件：等体积乙酸乙酯/环己烷，5mL/min；收集 19～25min 馏分。

技能训练　凝胶色谱的操作

【目的】

1. 熟悉凝胶色谱法的分离原理。
2. 掌握凝胶色谱法的操作技能。

【原理】

一个含有各种分子的样品溶液缓慢地流经凝胶色谱柱时，各分子在柱内同时进行着垂直向下的移动和无定向的扩散运动。大分子物质由于直径较大，不易进入凝胶颗粒的微孔，而只能分布在颗粒之间，所以在洗脱时向下移动的速度较快。小分子物质除了可在凝胶颗粒间隙中扩散外，还可以进入凝胶颗粒的微孔中，即进入凝胶相内，在向下移动的过程中，从一个凝胶内扩散到颗粒间隙后再进入另一凝胶颗粒，如此不断地进入和扩散，小分子物质的下移速度落后于大分子物质，从而使样品中分子大的先流出色谱柱、中等分子的后流出、分子最小的最后流出。

【操作步骤】

应用的凝胶渗透色谱（GPC）系统配置及 Waters 1515 型凝胶渗透色谱仪如图 4-6-11 所示。

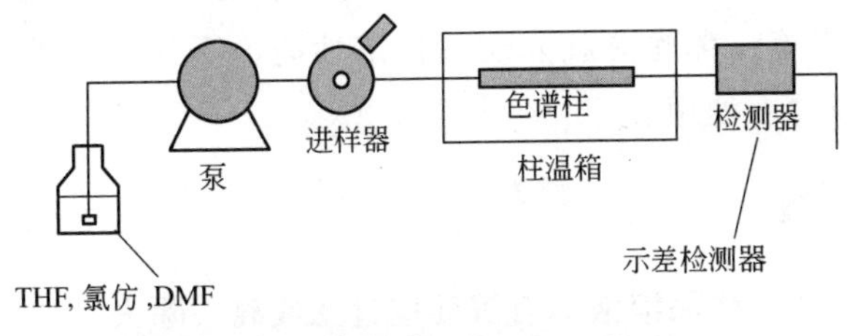

图 4-6-11　凝胶渗透色谱（GPC）系统配置及 Waters 1515 型凝胶渗透色谱仪

1. 凝胶色谱介质的选择与处理

（1）凝胶的选择　根据所需凝胶体积，估计所需干胶的量。一般葡聚糖凝胶吸水后的凝胶体积约为其吸水量的 2 倍。凝胶的粒度也可影响色谱分离效果，粒度细分离效果好，但阻力大，流速慢。一般实验室分离蛋白质采用 Sephadex G-200 效果好，脱盐用 Sephadex G-25、G-50，用粗粒、短柱、流速快的凝胶。

（2）凝胶的制备　商品凝胶是干燥的颗粒，使用前需直接在欲使用的洗脱液中膨胀。为了加速膨胀，可用加热法，即在沸水浴中将湿凝胶逐渐升温至近沸，这样可大大加速膨胀，通常在 1～2h 内即可完成。特别是在使用软胶时，自然膨胀需 24h 至数天，而用加热法在几小时内就可完成。这种方法不但节约时间，而且还可消毒，除去凝胶中污染的细菌和排除胶内的空气。

2. 色谱柱和流动相的选择

（1）色谱柱　是凝胶色谱技术中的主体，一般用玻璃管或有机玻璃管。色谱柱的直径大小不影响分离度，样品用量大，可加大柱的直径，一般制备用凝胶柱，直径大于 2cm，但在加样时应将样品均匀分布于凝胶柱床面上。此外，直径加大，洗脱液体积增大，样品稀释度大。

分离度取决于柱高，为分离不同组分，凝胶柱床必须有适宜的高度，分离度与柱高的平方根相关，但由于软凝胶柱过高易挤压变形阻塞，一般不超过 1m。分组分离时用短柱，一般凝胶柱长 20～30cm，柱高与直径的比为（5∶1）～（10∶1），凝胶床体积为样品溶液体积的 4～10 倍。分级分离时柱高与直径之比为（20∶1）～（100∶1），常用凝胶柱有 50cm×25cm、10cm×25cm。色谱柱滤板下的死体积应尽可能小，如果支撑滤板下的死体积大，被分离组分之间重新混合的可能性就大，其结果是影响洗脱峰形，出现拖尾现象，降低分辨力。在精确分离时，死体积不能超过总床体积的1/1000。

（2）缓冲液 选择时应考虑三方面的因素，考虑被分离物质的稳定性，包括缓冲液的pH、离子强度及保护剂等；考虑凝胶介质的稳定性能，不与介质发生化学反应、不变形、不降解；考虑分离物质的后处理。

3. 凝胶介质的后处理

（1）样品溶液的处理 样品溶液如有沉淀应过滤或离心除去，如含脂类可高速离心或通过Sephadex G-15短柱除去。样品的黏度不可过大，含蛋白质如超过4%，则黏度高影响分离效果。上柱样品液的体积根据凝胶床体积的分离要求确定。分离蛋白质样品的体积为凝胶床的1%～4%（一般为0.5～2mL），进行分组分离时样品液可为凝胶床的10%，在蛋白质溶液除盐时，样品可达凝胶床的20%～30%。分级分离样品体积要小，使样品层尽可能窄，洗脱出的峰形较好。

（2）防止微生物的污染 交联葡聚糖和琼脂糖都是多糖类物质，防止微生物的生长在凝胶色谱中十分重要，常用的抑菌剂有：①0.02%叠氮化钠（NaN_3）；②0.01%～0.02%可乐酮[$Cl_3C\text{-}C(OH)(CH_3)_2$]；③0.01%～0.05%乙基汞代巯基水杨酸钠；④0.001%～0.01%苯基汞代盐。

4. 操作方法

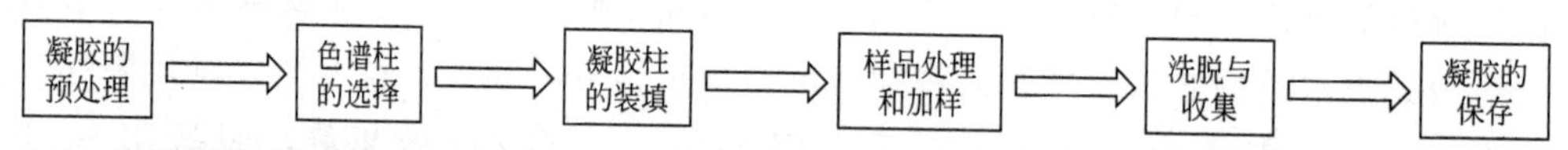

（1）凝胶的预处理 充分溶胀。

（2）色谱柱的选择

① 体积：直径大于2cm。

② 柱比：色谱柱的柱高与直径的比为5∶1（由样品的数量、性质、分离目的决定）。

（3）凝胶柱的装填 进胶过程宜连续、均匀、不中断，并不断搅拌。

（4）样品处理和加样 样品的浓度、黏度。

（5）洗脱与收集 洗脱液的成分、流速、目的物。

（6）凝胶的保存 去除杂质。

同步训练

1. 简述凝胶色谱的分离原理。
2. 简述凝胶色谱有哪些用途。

核心概念小结

萃取： 利用在互不相溶的两相中各种组分（包括目的产物）溶解度的不同实现不同物质

分离的方法。

萃取剂： 用于从原料中提取目标产物的液体。

萃取相： 达到萃取平衡后，产物较多而杂质较少的一相。

萃余相： 达到萃取平衡后，产物较少而杂质较多的一相。

反萃取： 萃取完成后，为了从萃取相中回收产物，重新将产物转移至水相的操作。

反胶团： 是指当油相中表面活性剂的浓度超过临界胶束浓度后，其分子在非极性溶剂中自发形成的亲水基向内、疏水基向外的具有极性内核的多分子聚集体。

固相析出分离法： 生化物质目的物经常作为溶质存在于溶液中，改变溶液条件使它以固体形式从溶液中分离的操作技术。

结晶： 溶液中的溶质在一定条件下，因分子有规则的排列而结合成晶体。晶体的化学成分均一，具有各种对称，其特征为离子和分子在空间晶格的结点上呈规则的排列。

膜分离： 膜是具有选择性分离功能的材料，利用膜的选择性分离实现料液的不同组分的分离、纯化、浓缩的过程称作膜分离。

色谱法： 是一种物理的分离方法，利用不同物质在两相中具有不同的分配系数，并通过两相不断地相对运动而实现分离的方法。

凝胶色谱法： 是以凝胶为固定相，基于分子大小不同而进行分离的一种方法。因其整个过程和过滤相似，又称凝胶过滤色谱（GFC）、分子筛过滤等。

模块五

生物制药高度纯化技术

生物药结构的多样性以及监管部门对生物药的纯度要求越来越严格，使得生物药的分离纯化难度越来越大。因此，如何经济、高效地从复杂组分中浓缩、分离和纯化目标生物分子，往往是生物药生产的瓶颈。蛋白类色谱或制备色谱分离纯化技术对结构复杂、稳定性差及浓度低的生物分子具有极高的分离纯化效率，且条件温和，在分离纯化过程中容易保持目标分子的生物活性，它们已成为生物药分离纯化最重要的工具之一。

学习与职业素养目标

通过学习本模块，知晓流动相的选择及流速参数控制原则，熟知离子交换色谱与亲和色谱常用固定相的结构及基本性质，并且会对蛋白质纯化工序进行操作。

通过离子交换色谱和亲和色谱在提取分离中的应用，提高科技创新的使命感和责任意识。

学习单元一　离子交换色谱技术

知识准备

离子交换色谱概述

离子交换色谱是以离子交换剂为固定相，依据流动相中的组分离子与交换剂上的平衡离子进行可逆交换时的结合力大小的差别而进行分离的一种色谱分离方法。离子交换色谱是生物化学领域中常用的一种色谱方法，广泛地应用于各种生化物质如氨基酸、蛋白质、糖类、核苷酸等的分离纯化中。

离子交换色谱对物质的分离通常是在一根充填有离子交换剂的玻璃管中进行的。离子交换剂为人工合成的多聚物，其上带有许多可解离基团，根据这些基团所带电荷的不同，可将其分为阴离子交换剂和阳离子交换剂，待分离的溶液通过离子交换柱时，各种离子即与交换剂上的电荷部位竞争结合（图 5-1-1）。任何离子通过柱时的移动速率取决于与离子交换剂的亲和力、解离程度和溶液中各种竞争性离子的性质和浓度。

1. 离子交换剂

离子交换剂是由一类不溶于水的惰性高分子聚合物基质通过一定的化学反应共价结合上

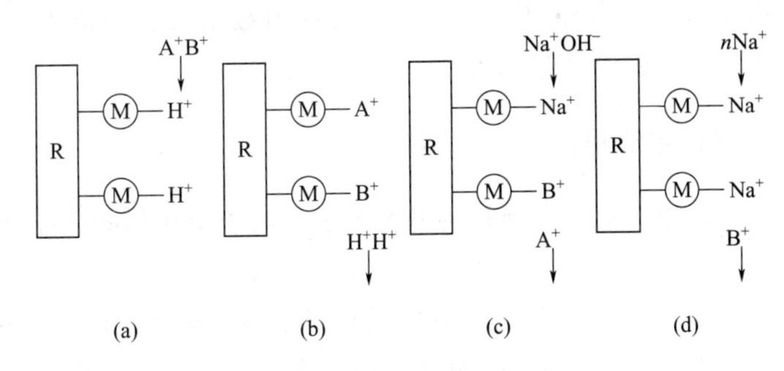

图 5-1-1　离子交换、洗脱示意

(a) 交换前；(b) A^+、B^+ 取代 H^+ 而被交换；(c) 加碱后 A^+ 首先被洗脱；(d) 提高碱液浓度 B^+ 被洗脱

H^+ 为树脂上的平衡离子，A^+、B^+ 为待分离离子

某种电荷基团形成的。离子交换剂可以分为三部分，即高分子聚合物基质、电荷基团和平衡离子。电荷基团可与高分子聚合物共价结合，形成一个带电的可进行离子交换的基团。平衡离子是结合于电荷基团上的相反离子，它能与溶液中其他的离子基团发生可逆的交换反应，平衡离子带正电的离子交换剂能与带正电的离子基团发生交换作用，称为阳离子交换剂；平衡离子带负电的离子交换剂能与带负电的离子基团发生交换作用，称为阴离子交换剂。

2. 离子交换剂的分类

离子交换剂一般可根据离子交换剂的基质、电荷基团、交换容量进行分类。

(1) 离子交换剂的基质　离子交换剂的大分子聚合物基质可以由多种材料制成，如聚苯乙烯离子交换剂（又称为聚苯乙烯树脂），是以苯乙烯和二乙烯苯合成的具有多孔网状结构的聚苯乙烯为基质。聚苯乙烯离子交换剂机械强度大、流速快，但它与水的亲和力较小，具有较强的疏水性，容易引起蛋白质的变性，故一般常用于分离小分子物质，如无机离子、氨基酸、核苷酸等。而与水亲和力较强的基质，如纤维素、球状纤维素、葡聚糖、琼脂糖制成的离子交换剂，适合于分离蛋白质等大分子物质，葡聚糖离子交换剂一般以 Sephadex G-25 和 G-50 为基质，琼脂糖离子交换剂一般以 Sepharose CL-6B 为基质。

(2) 离子交换剂的电荷基团　根据与基质共价结合的电荷基团的性质，可以将离子交换剂分为阳离子交换剂和阴离子交换剂。

根据电荷基因带电性质及解离程度，分为如下几类：

① 强酸性阳离子交换剂　一般以磺酸基—SO_3H 作为电荷基团，在 pH 1～14 范围内均可进行离子交换。

② 弱酸性阳离子交换剂　指含有羧基（—COOH)、磷酸基（—PO_3H)、酚基（—C_6H_4OH）等弱酸基团，只有在 pH≥7 的溶液中才有较好的交换能力。

③ 强碱性阴离子交换剂　指含有三甲氨基［—$N(CH_3)_2OH$］等碱性基团，在酸性、中性甚至碱性介质中都可以显示离子交换功能。

④ 弱碱性阴离子交换剂　指含有伯氨基（—NH_2)、仲氨基（—NHR）或叔氨基（—NR_3）等碱性基团，仅在中性及酸性（pH<7）的介质中才显示离子交换功能。

(3) 交换容量　交换容量是指离子交换剂能提供交换离子的量，它反映离子交换剂与溶液中离子进行交换的能力，是表征离子交换剂电荷基团数量或交换能力的重要参数。一般地，电荷基团数量越多，则交换容量越大。

3. 离子交换剂的选择与使用

（1）离子交换剂的选择 离子交换剂的种类很多，离子交换剂的选择直接影响离子交换色谱的效果，选择合适的离子交换剂应注意以下几个方面。

① 进行离子交换剂电荷基团的选择。确定是选择阳离子交换剂还是选择阴离子交换剂，这主要取决于被分离的物质在其稳定的 pH 下所带的电荷，如果带正电，则选择阳离子交换剂，如带负电，则选择阴离子交换剂。

② 进行离子交换剂基质的选择。根据被分离物质的分子大小选择合适的离子交换的交换剂基质。小分子物质如无机离子、氨基酸、核苷酸等的分离一般选择疏水性较强的离子交换剂，如聚苯乙烯离子交换剂；大分子物质如蛋白质的分离一般选择亲水性较强的离子交换剂，如纤维素、葡聚糖、琼脂糖等。

③ 根据实际操作中对离子交换色谱柱的分辨率和流速的要求，选择合适的离子交换剂颗粒。一般来说颗粒小，分辨率高，但平衡离子的平衡时间长，流速慢，颗粒大则相反。所以大颗粒的离子交换剂适合于对分辨率要求不高的大规模制备性分离，而小颗粒的离子交换剂适合于需要高分辨率的分析或分离。

（2）离子交换剂的处理和保存 离子交换剂使用前一般要进行处理。干粉状的离子交换剂首先要进行膨化，将干粉在水中充分溶胀，以使离子交换剂颗粒的孔隙增大，具有交换活性的电荷基团充分暴露出来，而后用水悬浮去除杂质和细小颗粒，再用酸碱分别浸泡，每一种试剂处理后要用水洗至中性，再用另一种试剂处理，最后再用水洗至中性，这是为了进一步去除杂质，并使离子交换剂带上需要的平衡离子。市售的离子交换剂中通常阳离子交换剂为 Na 型（即平衡离子是 Na^+）、阴离子交换剂为 Cl 型，因为通常这样比较稳定。处理时一般阳离子交换剂最后用碱处理，阴离子交换剂最后用酸处理。常用的酸是 HCl，碱是 NaOH 或再加一定的 NaCl，这样处理后阳离子交换剂为 Na 型，阴离子交换剂为 Cl 型。使用的酸碱浓度一般小于 0.5mol/L，浸泡时间一般为 30min。处理时应注意酸碱浓度不宜过高、处理时间不宜过长、温度不宜过高，以免离子交换剂被破坏。另外要注意的是离子交换剂使用前要排除气泡，否则会影响分离效果。

离子交换剂的再生是指对使用过的离子交换剂进行处理，使其恢复原来性状的过程。离子交换剂前处理方法中酸碱交替浸泡的处理方法就可以使离子交换剂再生。离子交换剂的转型是指离子交换剂由一种平衡离子转为另一种平衡离子的过程，如对阴离子交换剂用 HCl 处理可将其转为 Cl 型，用 NaOH 处理可转为 OH 型，用甲酸钠处理可转为甲酸型等。对离子交换剂的处理、再生和转型的目的是一致的，都是为了使离子交换剂带上所需的平衡离子。离子交换剂保存时应首先处理洗净蛋白质等杂质，并加入适当的防腐剂，一般加入 0.02%的叠氮化钠溶液，4℃以下保存。

4. 离子交换色谱的操作

（1）色谱柱的选择 离子交换色谱要根据分离的样品量选择合适的色谱柱，离子交换用的色谱柱一般粗而短，不宜过长。直径和柱长比一般为 1∶(10～50)，色谱柱安装要垂直，装柱时要均匀平整，不能有气泡。

(2) 洗脱缓冲液　在离子交换色谱中一般常用梯度洗脱，通常有改变离子强度和改变 pH 两种方式。改变离子强度通常是在洗脱过程中逐步增大离子强度，从而使与离子交换剂结合的各个组分被洗脱下来；改变 pH 的洗脱，对于阳离子交换剂一般是 pH 从低到高洗脱、阴离子交换剂一般是 pH 从高到低。需要注意的是，由于 pH 可能对蛋白质的稳定性有较大的影响，通常采用改变离子强度的梯度洗脱。

洗脱液的选择首先要保证在整个洗脱液梯度范围内，所有待分离组分都是稳定的，其次是要使结合在离子交换剂上的所有待分离组分在洗脱液梯度范围内都能够被洗脱下来，另外梯度范围尽量不要过大，以保障分离分辨率。

(3) 洗脱速度　洗脱液的流速也会影响离子交换色谱分离效果，洗脱速度通常要保持恒定。一般来说洗脱速度慢比快的分辨率要好，但洗脱速度过慢会造成分离时间长、样品扩散、谱峰变宽、分辨率降低等副作用，所以要根据实际情况选择合适的洗脱速度。如果洗脱峰相对集中某个区域造成重叠，则应适当缩小梯度范围或降低洗脱速度来提高分辨率；如果分辨率较好，但洗脱峰过宽，则可适当提高洗脱速度。

(4) 样品的浓缩、脱盐　离子交换色谱得到的样品往往盐浓度较高，而且体积较大，样品浓度较低。所以一般要对离子交换色谱得到的样品进行浓缩、脱盐处理。

5. 离子交换设备

常用的离子交换设备为离子交换罐。离子交换罐是一个具有椭圆形顶及底的圆筒形设备，如图 5-1-2、图 5-1-3 所示。圆筒体的高径比一般为 2～3，最大为 5。树脂层高度占圆筒高度的 50%～70%，上部留有充分空间来防备反冲时树脂层的膨胀。筒体上部设有溶液分布装置，使溶液、解吸液及再生剂均匀通过树脂层。筒体底部装有多孔板、筛网及滤布，以支持树脂层，也可用石英、石块或卵石直接铺于罐底来支持树脂。大石块在下、小石子在上，约分 5 层，各层石块直径范围分别是 16～26mm、10～16mm、6～10mm、3～6mm 及 1～3mm，每层高约 100mm。罐顶上有人孔或手孔（大罐可在壁上）、视镜孔和灯孔，溶液、解吸液、再生剂、软水进口可共用一个进口管与罐顶连接。各种液体出口、反洗水进口、压缩空气（疏松树脂用）进口也共用一个孔与罐底连接。另外，罐顶有压力表、排空口及反洗水出口。

交换罐多用钢板制成，内衬橡胶，以防酸碱腐蚀。小型交换罐可用硬聚氯乙烯或有机玻璃制成。实验室用的交换柱多用玻璃筒制作，下端衬以烧结玻璃砂板、带孔陶瓷、塑料网等以支持树脂。几个单床串联起来便成为多床设备，操作时溶液用泵压入第一罐，然后靠罐内空气压力依次压入下一罐。离子交换罐的附属管道一般用硬聚氯乙烯管，阀门可用塑料、不锈钢或橡皮隔膜阀，在阀门和多交换罐之间常装两段玻璃短管，作观察之用。

(1) 反吸附离子交换罐　反吸附离子交换罐如图 5-1-4 所示，溶液由罐的下部以一定流速导入，使树脂在罐内呈沸腾状态，交换后的废液则从罐顶的出口溢出。为了减少树脂从上部出口溢出，可设计成上部成扩口形的反吸附离子交换罐，如图 5-1-5 所示，可降低流体流速而减少对树脂的夹带。

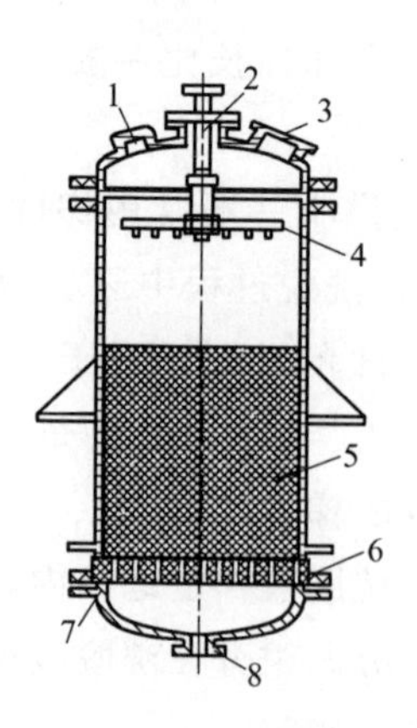

图 5-1-2 具有多孔支持板的离子交换罐

1—视镜；2—选择口；3—手孔；4—液体分布器；5—树脂层；
6—多孔板；7—尼龙布；8—出液口

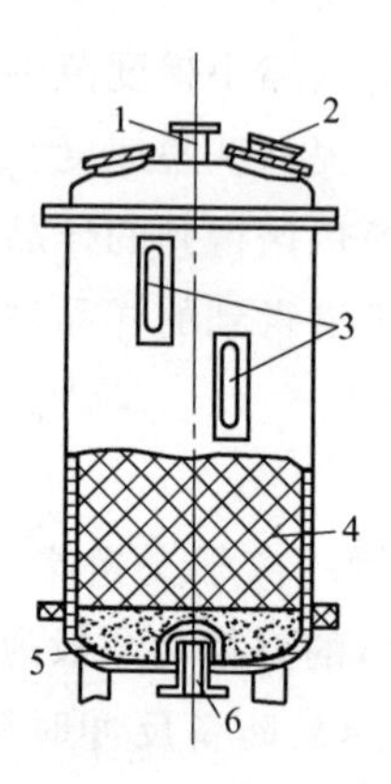

图 5-1-3 具有石层支持板的离子交换罐

1—进料口；2—视镜；3—液位计；4—树脂层；5—卵石层；6—出液口

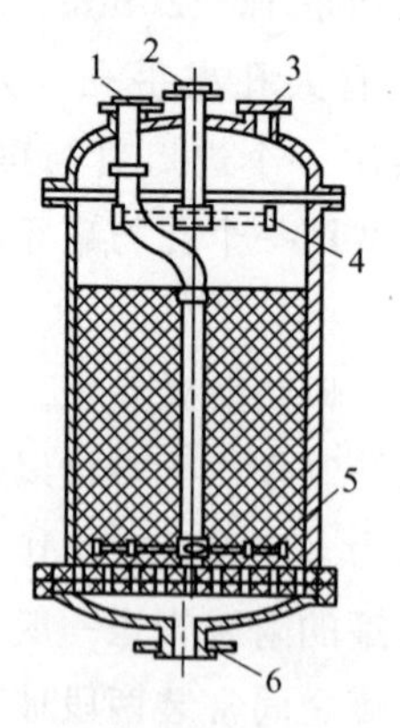

图 5-1-4 反吸附离子交换罐

1—被交换溶液进口；2—淋洗液、解吸液及再生剂进口；3—废液出口；4,5—分布器；
6—淋洗液、解吸液及再生剂出口，反洗液进口

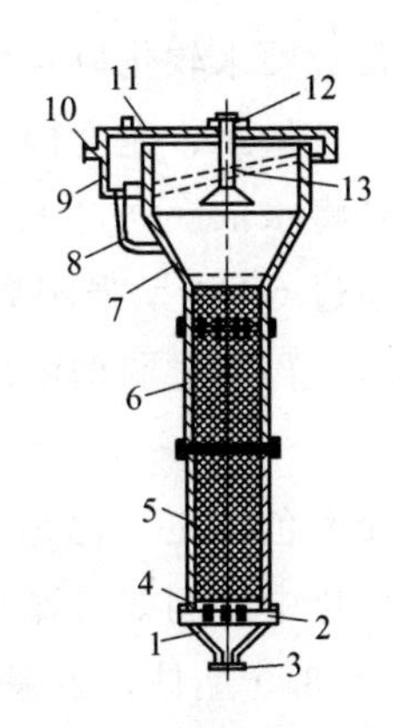

图 5-1-5　扩口形反吸附离子交换罐

1—底；2—液体分布器；3—底部液体进、出管；4—填充层；5—壳体；
6—离子交换树脂层；7—扩大沉降段；8—回流管；9—循环室；
10—液体出口管；11—顶盖；12—液体加入管；13—喷头

反吸附可以省去菌丝过滤，且液固两相接触充分，操作时不产生短路、死角。因此生产周期短，解吸后得到的生物产品质量高。但反吸附时树脂的饱和度不及正吸附高，理论上讲，正吸附时可能达到多级平衡，而反吸附时由于返混只能是一级平衡，此外，罐内树脂层高度应比正吸附时低，以防树脂外溢。

(2) 混合床交换罐　混合床内的树脂是由阳离子树脂、阴离子树脂混合而成，脱盐较完全。制备无盐水时，可将水中的阴阳离子除去，而从树脂上交换的 H^+ 和 OH^- 结合成水，可避免溶液 pH 的变化而破坏生物产品。混合床制备无盐水的流程如图 5-1-6 所示，操作中，溶液由下而上流动；再生时，先用水反冲，使阳离子树脂、阴离子树脂借密度差分层（一般阳离子树脂较重，两者密度差应为 0.1～0.13），然后将碱液由罐的上部引入，酸液由罐的底部引入，废酸、碱液在中部引出，再生及洗涤结束后，压缩空气将两种树脂重新混合，阳离子、阴离子交换树脂常以体积 1∶1 混合。

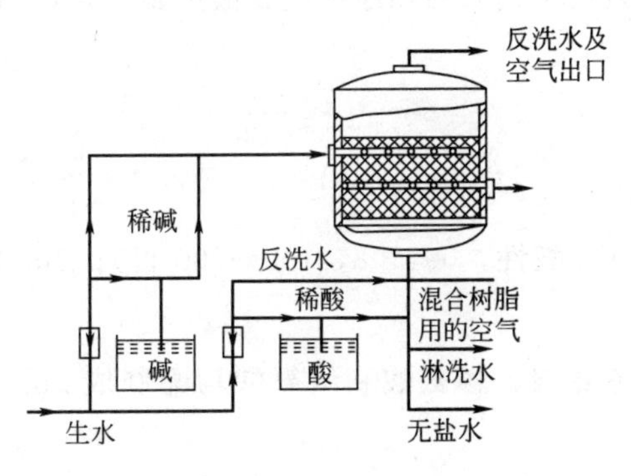

图 5-1-6　混合床交换罐的操作流程

6. 离子交换色谱的应用

离子交换色谱的应用范围很广，主要有以下几个方面。

(1) 水处理　离子交换色谱是一种简单而有效的去除水中杂质及各种离子的方法，聚苯乙烯树脂已广泛地应用于高纯水的制备、硬水软化以及污水处理等方面。纯水的制备可以用蒸馏的方法，但此方法能源消耗大、制备量小、速度慢、产品纯度不高，而离子交换色谱方法可以大量、快速制备高纯水。一般是将水依次通过 H^+ 型强阳离子交换剂，去除各种阳离子及与阳离子交换剂吸附的杂质，再通过 OH^- 型强阴离子交换剂，去除各种阴离子及与阴离子交换剂吸附的杂质，即可得到纯水，再通过弱型阳离子和阴离子交换剂进一步纯化，就可以得到纯度较高的纯水。

（2）分离纯化小分子物质 离子交换色谱也广泛地应用于无机离子、有机酸、核苷酸、氨基酸、抗生素等小分子物质的分离纯化中。例如对氨基酸的分离，使用强酸性阳离子聚苯乙烯树脂，将氨基酸混合液在 pH 2.0～3.0 上柱，氨基酸都结合在树脂上，逐步提高洗脱液的离子强度和 pH，可使各种氨基酸以不同的速度被洗脱下来，用以分离鉴定。

（3）分离纯化生物大分子物质 离子交换色谱是依据物质的带电性质的不同来进行分离纯化的，是分离纯化蛋白质等生物大分子的一种重要手段。由于生物样品中蛋白质的复杂性，一般很难只经过一次离子交换色谱就达到高纯度，往往要与其他分离方法配合使用。

技能训练 离子交换色谱法分离氨基酸

【目的】

色谱室

1. 学习采用离子交换树脂分离氨基酸的基本原理。
2. 掌握离子交换柱色谱法的基本操作技术。

【原理】

离子交换色谱法主要是根据物质的解离性质差异而选用不同的离子交换剂进行分离的方法。各种氨基酸分子的结构不同，在同一 pH 时与离子交换树脂的亲和力有差异，因此可依据亲和力从小到大的顺序被洗脱液洗脱下来，达到分离的效果。

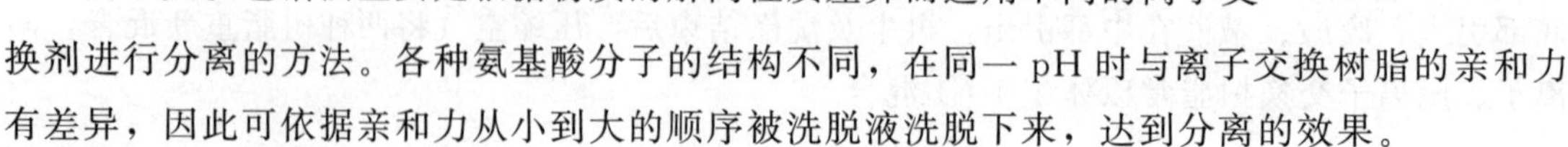

【器材与试剂】

1. 试剂与材料

苯乙烯磺酸钠型树脂（强酸性，001×8，100～200 目）；2mol/L 盐酸溶液；2mol/L 氢氧化钠溶液。

标准氨基酸溶液：天冬氨酸、赖氨酸和组氨酸均配制成 2mg/mL 的 0.1mol/L 的盐酸溶液。

混合氨基酸溶液：将 3 种标准氨基酸溶液按 1∶2.5∶10 的比例混合。

柠檬酸-氢氧化钠-盐酸缓冲液（pH 5.8，钠离子浓度 0.45mol/L）：取柠檬酸（$C_6H_8O_7 \cdot H_2O$）14.25g、氢氧化钠 9.30g 和浓盐酸 5.25mL 溶于少量水后，定容至 500mL，冰箱保存。

显色剂：2g 水合茚三酮溶于 75mL 乙二醇单甲醚中，加水至 100mL。

2. 器材

20cm×1cm 色谱管；恒压洗脱瓶；部分收集器；分光光度计等。

【操作步骤】

1. 树脂的处理

将干的强酸型树脂用蒸馏水浸泡过夜，使之充分溶胀。用 4 倍体积的 2mol/L 的盐酸浸泡 1h，倾去清液，洗至中性。再用 2mol/L 的氢氧化钠处理，做法同上。最后用欲使用的缓冲液浸泡。

2. 装柱

取直径 1cm、长度 10～12cm 的色谱柱。将柱垂直置于铁架上。自顶部注入上述经处理的树脂悬浮液，关闭色谱柱出口，待树脂沉降后，放出过量溶液，再加入一些树脂，至树脂沉降至 8～10cm 的高度即可。

装柱要求连续、均匀，无纹格、无气泡，表面平整。确保流动相液面不低于柱中树脂高度。

3. 平衡

将缓冲液瓶与恒流泵相连，恒流泵出口与色谱柱入口相连，树脂表面保留 3～4cm 液层，开动恒流泵，以 24mL/h 流速平衡，直至流出液 pH 与洗脱液相同。

4. 加样

揭去色谱柱上口盖子，待柱内液面至树脂表面 1～2mm 关闭出口，沿管壁四周小心加入 0.5mL 样品，慢慢打开出口，同时开始收集流出液。当样品液弯月面靠近树脂顶端时，即刻加入少量柠檬酸缓冲液冲洗加样品处数次，然后注入柠檬酸缓冲液至液面高 3～4cm，接恒流泵。

5. 洗脱

以缓冲液洗脱，开始用试管收集洗脱液，每管收集 1mL，共收集 60～80 管。

6. 氨基酸的鉴定

向各管收集液中加 1mL 水合茚三酮显色剂并混匀，在沸水浴中准确加热 15min 后冷却至室温，再加入 1.5mL 的 50% 乙醇溶液。放置 10min。以收集液第 2 管为空白，测定 A_{570}，以光吸收值为纵坐标，以洗脱液体积为横坐标绘制洗脱曲线。以已知 3 种氨基酸的纯溶液样品，按上述方法和条件分别操作，将得到的洗脱液曲线与混合氨基酸的洗脱曲线对照，可确定 3 个峰的大致位置及各峰为何种氨基酸。

【结果与讨论】

根据氨基酸的解离性质，分析该实验条件下氨基酸从色谱柱洗脱下来的顺序。

【注意事项】

在装柱时必须防止气泡、分层及柱子液面在树脂表面以下等现象发生。

同步训练

1. 简述离子交换树脂的基本结构。
2. 简述离子交换树脂的分离原理。
3. 简述离子交换树脂分离的工艺过程。
4. 在离子交换色谱操作中，怎样选择离子交换树脂？

学习单元二　亲和色谱技术

亲和色谱法是利用生物大分子与某些对应的专一分子特异识别和可逆结合的特性而建立起来的一种色谱方法。利用生物分子间的这种特异性结合作用的原理进行生物物质分离纯化的技术称为亲和分离或亲和纯化，其典型代表为亲和色谱。

知识准备

一、生物亲和作用

生物物质，特别是酶和抗体等蛋白质，具有识别特定物质并与该物质的分子相结合的能力。这种识别并结合的能力具有排他性，即生物分子能够区分结构和性质非常相近的其他分子，选择性地与其中某一种分子相结合。生物分子间的这种特异性相互作用称为生物亲和作用。

1. 亲和作用的本质

一般认为，蛋白质的立体结构中含有某些参与亲和结合的部位（图 5-2-1），这些结合部

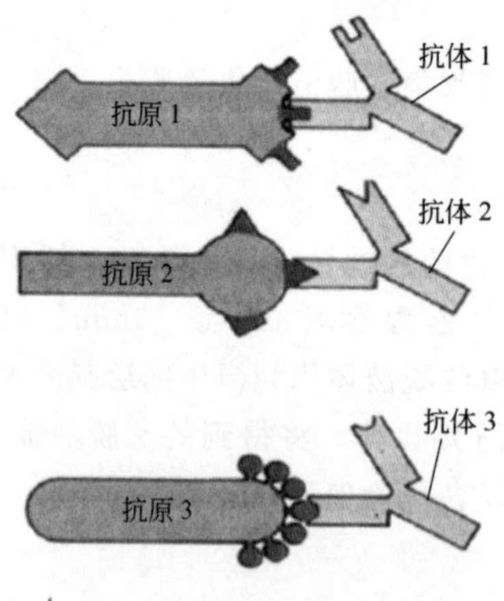

图 5-2-1　抗原、抗体亲和结合

位呈凹陷或凸起的结构；能与该蛋白质发生亲和作用的分子恰好是可以进入到此凹陷结构中的；或者该蛋白质的凸起部位恰好能够进入与其发生亲和作用的分子的凹陷部位，就像钥匙和锁孔一样。具有亲和作用的分子对之间具有“钥匙”和“锁孔”的关系是亲和作用的必要条件，蛋白质分子表面的凹陷、凸起部位与整个蛋白质分子相比要小得多，如 IgG 直径一般为几纳米到十几纳米，而结合部位的直径一般为 1～2nm。但亲和作用的必要条件并不充分，还需要分子或原子水平的各种相互作用才能完整地体现亲和结合作用（见图 5-2-2），具体包括：

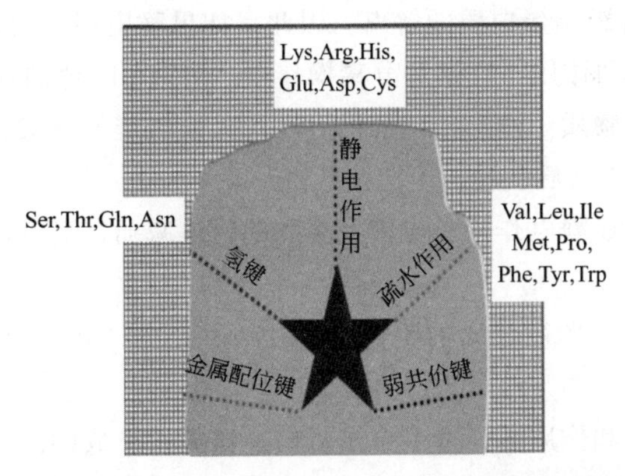

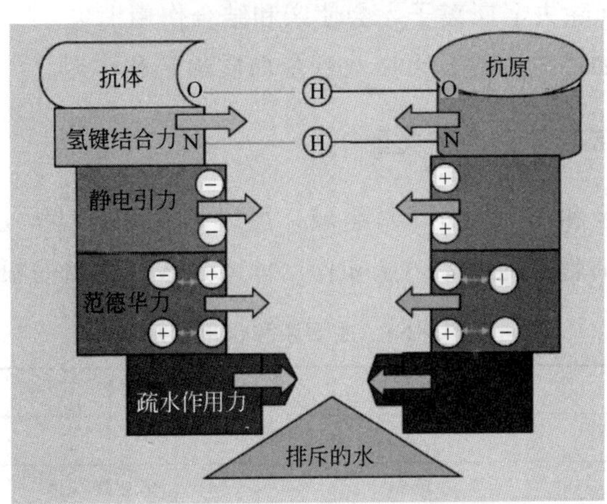

图 5-2-2　蛋白质的结合部位及各种结合作用力

(1) 静电作用　亲和作用分子对的结合部位上带有相反电荷时，产生静电引力。如果满足“钥匙”和“锁孔”的关系，在近距离发生的静电引力是很强烈的。

(2) 氢键　如果亲和作用分子对的一个分子中含有 O 原子或 N 原子，结合部位之间可以产生氢键作用，形成 O—H…O 或 O…H—N 的氢键结合，但氢键的产生与否受结合部位之间位置关系的严格制约，O—H…O 或 O…H—N 需排列在一条直线上。

(3) 疏水性相互作用　如果亲和作用分子对的一个分子中含有芳香环或烃基链等疏水基，另一方的结合部位上也含有疏水区，则两者之间可发生疏水性相互作用，如含有脯氨酸等氨基酸残基的蛋白质，胶原与单宁的结合可通过疏水键进行。

(4) 配位键　如果亲和作用分子对均与同一金属离子配位，则两者之间可通过金属配位键结合。

（5）弱共价键 弱共价键是指结合力较弱的可逆共价键，如氨基与甲酰基之间形成的Schiff碱、醛基与羟基之间形成的半缩醛基等均以可逆共价键结合，结合力较弱。

2. 影响亲和作用的因素

（1）离子强度 提高离子强度使静电引力降低；提高离子强度使氢键作用降低或消除；提高离子强度使疏水相互作用增强。许多亲和吸附的目标蛋白质可用高浓度盐溶液洗脱，说明静电引力占有重要地位。

（2）pH值 pH值将影响蛋白质的解离。因此，如果静电引力对亲和作用的贡献较大，则pH变化将严重影响亲和作用；在亲和分离操作中，溶液pH值的选择是非常重要的。

（3）抑制氢键生成的物质 脲和盐酸胍的存在可抑制氢键的形成；但脲和盐酸胍高浓度（>4mol/L）下容易引起蛋白质变性。

（4）温度 升高温度使静电作用、氢键及金属配位键减弱；但升高温度使疏水性相互作用增强。

（5）大半径的阴离子 半径较大的阴离子 SCN^-、I^- 和 ClO_4^- 等使疏水作用降低。故此离子会降低亲和作用。

（6）螯合剂 如果亲和作用源于亲和分子对与金属离子形成的配位键，则加入乙二胺四乙酸（EDTA）等螯合剂除去金属离子，会使亲和结合作用消失。

（7）表面活性剂 如乙二醇等，可以改变蛋白质的亲和作用。

3. 主要亲和作用体系及亲和色谱类型

亲和作用体系：由亲和作用的分子对组成，可以是大分子对大分子、大分子对小分子、大分子对细胞和细胞对细胞各种体系。亲和作用体系是亲和色谱的根本（见表5-2-1）。

表5-2-1 主要亲和作用体系

特异性	亲和作用体系	
	A	B
高度特异性	抗原	单克隆抗体
	激素	受体蛋白
	核酸	互补碱基链段
	酶	底物、产物、抑制剂
群特异性	免疫球蛋白	A蛋白、G蛋白
	凝集素	糖、糖蛋白、细胞表面受体
	酶	辅酶
	酶、蛋白质	肝素
	酶、蛋白质	活性染料(色素)
	酶、蛋白质	过渡金属离子(Cu^{2+},Zn^{2+})
	酶、蛋白质	氨基酸(组氨酸等)

高度特异性体系：分子成一对一的关系相结合；配基仅对某种生物物质有特别强的亲和

性，如单克隆抗体对抗原的特异性吸附就属此类。

群特异性体系：一个分子与同类基团的各种分子相结合；固定相配基对一类基团有极强的亲和关系，如一些辅酶（NAD^+、$NADP^+$、ATP 等）能与许多需要这些辅酶才起催化作用的酶发生亲和结合。

将亲和体系中的一种分子与固体粒子共价偶联，可特异性结合另一种分子（目标产物），使其从混合物中高选择性地分离纯化。一般将被固定的分子称为其亲和结合对象的配基。

根据亲和作用体系生物亲和色谱包括下列类型：疏水反应色谱、金属螯合亲和色谱、免疫亲和色谱、共价亲和色谱、固定化染料亲和色谱、特殊基团亲和色谱、膜亲和色谱等（表 5-2-2）。

表 5-2-2　亲和色谱类型

名称	作用原理	应用
免疫亲和色谱	抗原与抗体专一性识别	抗原或抗体
固定化金属亲和色谱	Zn^{2+}、Ni^{2+}与蛋白质表面组氨酸特异性识别	含有组氨酸的蛋白质
染料亲和色谱	染料与蛋白质之间的特异性识别	激酶、脱氢酶
核苷酸亲和色谱	核苷酸与蛋白质之间的特异性识别	激酶、脱氢酶
凝集素亲和色谱	凝集素与糖之间专一性可逆结合	糖蛋白
蛋白质亲和色谱	对 IgG 类似的抗体的专一性	免疫球蛋白

4. 亲和色谱的基本特点

亲和色谱广泛用于各种生物大分子的分离纯化，其具有以下特点：

① 纯化过程简单、迅速，且分离效率高。

② 特别适用于分离纯化一些含量低、稳定性差的生物大分子。

③ 纯化倍数大，产物纯度高。

④ 必须针对某一分离对象制备专一的配基及寻求稳定的色谱条件。

⑤ 价格相对较昂贵。

⑥ 在洗脱中，交联在色谱介质上的配基可能脱落并进入产品中，从而造成不良影响，如抗体、染料等配基。

二、亲和色谱原理

亲和色谱是应用生物分子对它的互补结合体（配基）的生物识别能力，使目标产物得以分离纯化的液相色谱法。

亲和色谱的主要过程是：①配基固定化，即选择合适的配基与不溶性的载体偶联，或共价结合成具有特异亲和性的分离介质。②吸附样品，用亲和色谱介质选择性地吸附生物活性物质，杂质不能被吸附而在洗涤时被去除。③样品解吸（洗脱），选择适宜的条件，使被吸附在亲和介质上的生物活性物质解吸下来。如图 5-2-3、图 5-2-4 所示。

根据选择性的高低，可将亲和色谱分为专一性和基团性两类。前者的配基仅对某种生物

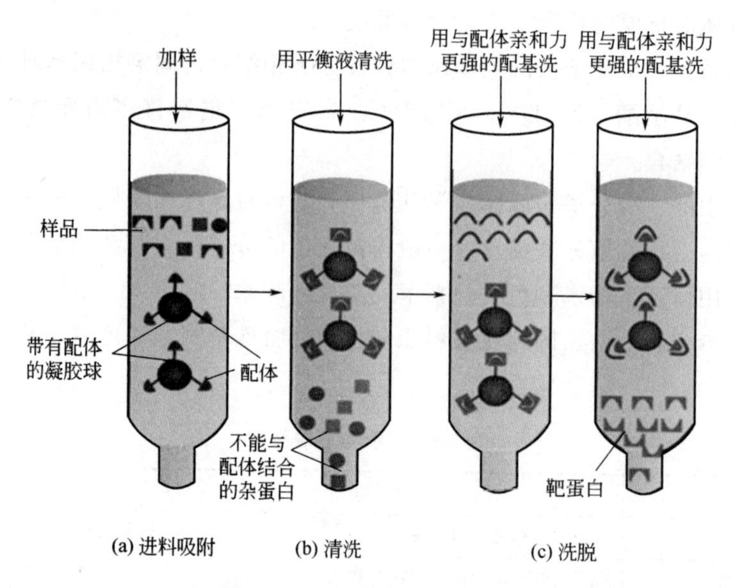

图 5-2-3 亲和色谱操作示意

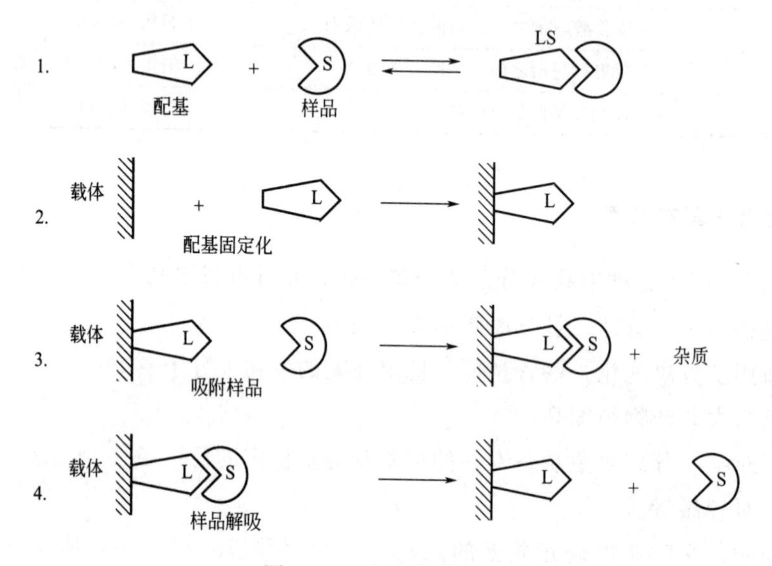

图 5-2-4 亲和色谱过程

1—找与底物专一可逆结合的配基；2—将配基通过共价键偶联到载体上；

3—配基与目标物吸附；4—洗脱目标物（样品）

物质有特别强的亲和性，如单克隆抗体对抗原的特异性吸附就属此类；后者则指固定相配基对一类基团有极强的亲和关系，如前文所述，一些辅酶（NAD^+、$NADP^+$、ATP 等）能与许多需要这些辅酶才起催化作用的酶发生亲和结合。

三、亲和色谱填料

亲和吸附作用是在特定配基的存在下实现的，需根据目标产物选择适当的亲和配基修饰固定相粒子，制备所需的亲和吸附介质。

1. 亲和吸附介质

理想的亲和吸附介质即载体应满足以下条件：①不溶于水，但高度亲水；②惰性物质，非特异性吸附少；③具有相当量的化学基团可供活化；④具有化学和物理稳定性；⑤机械强度好，具有一定的刚性；⑥通透性好，颗粒及孔径大小均匀；⑦能抵抗微生物的作用。常用的吸附介质有下列几种：

（1）天然吸附介质 如植物凝集素与糖具有亲和结合作用，因此，天然琼脂糖凝胶和葡聚糖凝胶可直接用作外源凝集素的亲和吸附介质（见表 5-2-3）。例如：①葡聚糖凝胶（Sephadex）是葡聚糖通过 α-1,6 结合与交联制备的凝胶，可亲和吸附伴刀豆球蛋白 A（一种植物凝集素）；②琼脂糖凝胶（Sepharose）中含有半乳糖，在 Ca^{2+} 存在下可亲和吸附蛇毒凝集素。

表 5-2-3 部分商品化的亲和吸附色谱填料及目标产物

亲和吸附介质	配基	目标产物
Blue Sepharose CL-6B	Cibacron Blue F3G-A	NAD,ATP 相关酶,白蛋白,干扰素
Protein A-Sepharose CL-4B	Protein A	IgG,免疫复合体
ConA-Sepharose	ConA	糖蛋白,多糖
Affi-Gel Blue	Cibacron Blue F3G-A	NAD,ATP 相关酶,白蛋白,干扰素等
Affi-Gel Protein A	Protein A	IgG,免疫复合体
Affi-Prep Protein A	Protein A	IgG,免疫复合体
TSK gel Blue-5PW	Cibacron Blue	NAD,ATP 相关酶,白蛋白,干扰素等

亲和凝胶介质是基于配基与目标蛋白的高度特异反应而设计亲和色谱，是生物制药下游纯化的一种非常高效的捕获工具（见表 5-2-4）。产物经一步纯化其纯化系数（又称纯化倍数，即纯化后产物蛋白占总蛋白的比率/纯化前产物蛋白占总蛋白的比率）可达 1000 以上，并且一步即能达到它的有效浓度。

表 5-2-4 部分商品化的亲和凝胶色谱填料及目标产物

产品名称	应用
螯合琼脂糖凝胶介质 Ni 亲和柱	适合纯化各种金属离子作用的生物大分子，如带 His 标签的重组蛋白
肝素高流速琼脂糖凝胶	亲和色谱介质,纯化抗凝血酶Ⅲ、凝血酶等
赖氨酸琼脂糖凝胶 4B	亲和色谱介质,纯化血纤维蛋白溶酶原等

琼脂糖亲和介质是以琼脂糖微球作为基质，以偶联的各种特异性功能基团作为配基。常用的亲和色谱介质有琼脂糖亲和介质（Ni）、琼脂糖亲和介质（谷胱甘肽）、琼脂糖亲和介质（肝素）、琼脂糖亲和介质（蓝胶）及琼脂糖亲和介质（蛋白 A）等，另外还可依据具体需求生产出具有不同配基的琼脂糖亲和介质。

（2）人工合成亲和吸附介质 主要以苯乙烯、二乙烯苯等为原料，它们互相交联聚合成了大孔吸附树脂的多孔骨架结构。常用的有纤维素、聚丙烯酰胺等大孔树脂。

2. 亲和配基

亲和色谱的关键在于配基的选择上，只有找到了合适的配基，才可进行亲和色谱。下面介绍常用的亲和配基的种类及其分离纯化的对象。

(1) 酶的抑制剂 蛋白酶均存在抑制其活性的物质，这类物质称为酶的抑制剂。在生物体内蛋白酶的抑制剂可与蛋白酶的活性部位结合，抑制酶的活性，必要时可保护生物组织不受蛋白酶的损害。

大分子抑制剂，如胰蛋白酶的天然蛋白质类抑制剂有胰脏蛋白酶抑制剂（PTI）、卵黏蛋白和大豆胰蛋白酶抑制剂（STI）等。

小分子抑制剂，如苄脒、精氨酸和赖氨酸，这些抑制剂均可抑制胰蛋白酶的活性，并可作为亲和纯化胰蛋白酶的配基。

(2) 抗体 利用抗体为配基的亲和色谱又称免疫亲和色谱。抗体与抗原之间具有高度特异结合能力，结合常数一般为 $10^7 \sim 10^{12}$ mol/L。但由于抗体配基价格贵，只适用于产量较小的某些基因工程药物。因此，利用以单抗为配基的免疫亲和色谱法是高度纯化蛋白质类生物大分子物质的有效手段。抗体常用作抗原、病毒和细胞纯化的亲和配基。

(3) A 蛋白或 A 抗原 A 蛋白分子量约 42000，与动物免疫球蛋白具有很强的亲和作用，可用于分离抗原-抗体的免疫复合体。它存在于金黄色葡萄球菌的细胞壁中，占细胞壁构成成分的约 5%，是免疫球蛋白的配基。

A 蛋白与动物 IgG 具有很强的亲和结合作用，每个 A 蛋白含有 5 个 Fc 片段结合部位。除 IgG 外，A 蛋白还与人 IgG 和人 IgA 也具有亲和结合作用，但较弱。

(4) 凝集素 是与糖特异性结合的蛋白质（酶和抗体除外）的总称，大部分凝集素为多聚体，含有两个以上的糖结合部位，不同的凝集素与糖结合的特异性不同。如常用作亲和配基的伴刀豆球蛋白 A 与葡萄糖和甘露糖的亲和结合作用较强，麦芽凝集素与 *N*-乙酰葡萄糖胺的亲和结合作用较强。因此凝集素常用作糖蛋白纯化的配基。

(5) 辅酶和磷酸腺苷 各种脱氢酶和激酶需要在辅酶的存在下表现其生物催化活性，即脱氢酶和激酶与辅酶之间具有亲和结合作用。辅酶主要有辅酶Ⅰ（NAD）、辅酶Ⅱ（NADP）和 ATP 等。此外，AMP、ADP 的腺苷部分与上述辅酶的结构类似，与脱氢酶和激酶同样具有亲和结合作用。它们是酶纯化的亲和配基。

(6) 色素配基 如三嗪色素与 DNA 的结合、与蛋白质的结合。三嗪类色素是一类分子内含有三嗪环的合成活性染料，与各种需要在 NAD 的存在下表现其生物活性的脱氢酶和激酶具有结合作用，这类结合具有抑制酶活性的作用。

三嗪类色素还与白蛋白、干扰素、核酸酶和糖解酶等具有很高的亲和结合能力，Cibacron Blue 3GA（又称 Reactive Blue 2）是最常用的活性色素。

它们是酶、蛋白质的配基。

(7) 过渡金属离子 Cu^{2+}、Ni^{2+}、Zn^{2+} 和 Co^{2+} 等过渡金属离子可与 N、S 和 O 等供电子原子产生配位键，因此可与蛋白质表面的组氨酸（His）的咪唑基、半胱氨酸（Cys）的巯基和色氨酸（Trp）的吲哚基发生亲和作用，其中以 His 的咪唑基发生亲和作用最强。过渡金属离子与咪唑基的结合强弱顺序是 $Cu^{2+} > Ni^{2+} > Zn^{2+} \geqslant Co^{2+}$，也可能形成螯合物。

(8) 组氨酸 具有弱疏水性，可与蛋白质发生亲和作用。

(9) 肝素 是存在于哺乳动物脏器中的酸性多糖类物质，分子量为5～30kDa，具有抗凝血作用。肝素与脂肪酶、甾体受体、限制性核酸内切酶、抗凝血酶、凝血蛋白质等具有亲和作用。

3. 亲和配基（配体）连接

(1) 基质（载体）的活化、配基偶联 载体上的化学基团是不活泼的，无法与配基直接偶联，必须先活化。不同的载体活化需要不同的活化剂，并且偶联的方法如下所述。

① 大分子配基可与活化载体直接偶联。

② 小分子配基需在载体与配基之间插入间隔臂（手臂），然后再偶联。

③ 另外，有些物质既是活化剂又具有间隔臂（手臂）作用。

载体的活化：

载体 + 反应基团 ⟶ 载体活化

配基偶联：

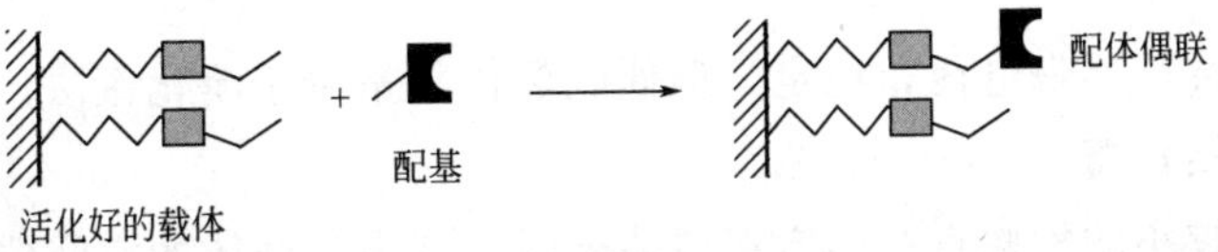

活化好的载体 + 配基 ⟶ 配体偶联

封闭：配基偶联后，残留的未完全反应的连接臂（手臂）或活化基团均带有电荷，需要进行封闭。封闭未反应的活化基团使用的封闭试剂为pH 8.0、1mol/L的乙醇胺、甘氨酸、巯基乙醇，室温反应1h完成。

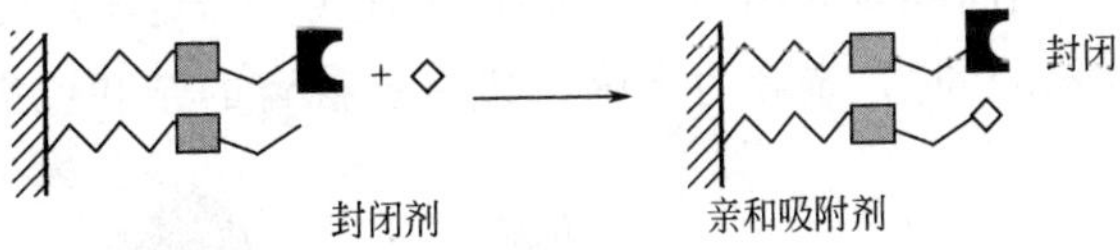

封闭剂 ⟶ 封闭　亲和吸附剂

合成中解决活化与偶联的主要方法有：

① 溴化氰（CNBr）活化法　用于多糖凝胶的活化，被固定的活性基团为含氨基的配基（$R\text{-}NH_2$）。CNBr活化适用于RNH_2型配基的修饰，如蛋白质类配基IgG。

方法：反应在碳酸盐缓冲液中进行。

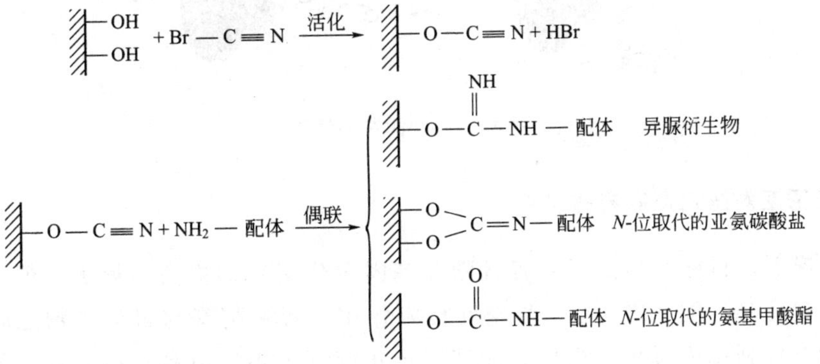

$$\text{载体}\begin{cases}-OH\\-OH\end{cases} + Br-C\equiv N \xrightarrow{\text{活化}} \text{载体}-O-C\equiv N + HBr$$

$$\text{载体}-O-C\equiv N + NH_2-\text{配体} \xrightarrow{\text{偶联}} \begin{cases}\text{载体}-O-\overset{NH}{\overset{\|}{C}}-NH-\text{配体} & \text{异脲衍生物}\\ \text{载体}\begin{matrix}-O\\-O\end{matrix}\!>C=N-\text{配体} & N\text{-位取代的亚氨碳酸盐}\\ \text{载体}-O-\overset{O}{\overset{\|}{C}}-NH-\text{配体} & N\text{-位取代的氨基甲酸酯}\end{cases}$$

注：CNBr为剧毒药品，且具有挥发性，上述操作要在通风橱中进行，至少两人在场。

急救药品为二价铁盐。

② 环氧基活化法　可用于多糖凝胶和表面为氨基的载体的活化，固定分子为 $R-NH_2$、$R-OH$ 和 $R-SH$ 的配基。常用活化试剂为1,4-丁二醇-二缩水甘油醚和环氧氯丙烷，活化过程需要在强碱作用下进行。

$$\text{载体}-OH + \overset{O}{CH_2-CH}-CH_2-\overset{O}{CH-CH_2} \xrightarrow{\text{活化}} \text{载体}-O-CH_2-\underset{OH}{CH}-CH_2-\overset{O}{CH-CH_2}$$

$$\text{载体}-O-CH_2-\underset{OH}{CH}-CH_2-\overset{O}{CH-CH_2} + \begin{cases} SH-\text{配体} \\ NH_2-\text{配体} \\ OH-\text{配体} \end{cases} \xrightarrow{\text{偶联}} \begin{cases} \text{载体}-O-CH_2-\underset{OH}{CH}-CH_2-\underset{OH}{CH}-CH_2-S-\text{配体} \\ \text{载体}-O-CH_2-\underset{OH}{CH}-CH_2-\underset{OH}{CH}-CH_2-NH-\text{配体} \\ \text{载体}-O-CH_2-\underset{OH}{CH}-CH_2-\underset{OH}{CH}-CH_2-O-\text{配体} \end{cases}$$

产生亲水间隔臂，不带电荷，稳定，但偶联配体数量少于溴化氰法。

(2) 间隔（连接）臂

空间位阻：当较小的配基直接固定在载体上时，会由于载体的空间位阻，配基与生物大分子不能发生有效的亲和吸附作用。

间隔臂可消除空间位阻的影响办法为：在配基与载体之间连接一个“间隔臂”（图5-2-5），间隔臂长度有一定限制，当间隔臂含有6～8个亚甲基（$-CH_2-$）时亲和力最大，亚甲基数超过8（长度大于1.0nm）时，亲和力下降。接有连接臂的亲和色谱用载体见表5-2-5。

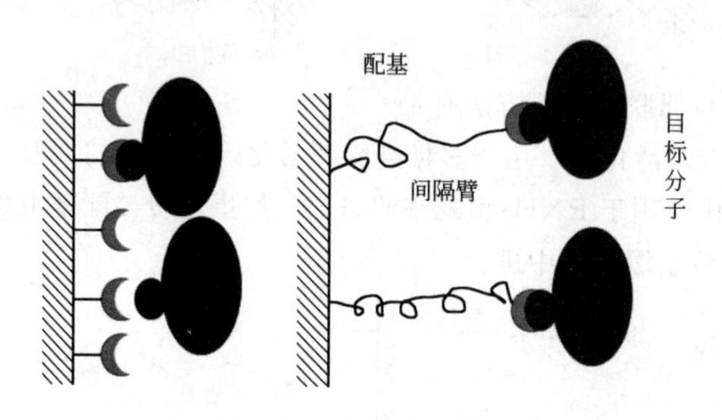

图5-2-5　间隔臂的作用

4. 配基密度对蛋白质吸附的影响

通常情况下，目标产物的吸附容量随配基固定化密度的提高而增大。但是，当配基固定化密度过高时，配基之间会产生空间位阻作用，影响配基与目标产物之间的亲和吸附，配基的有效利用率降低。因此，配基固定化密度也不宜过高，通常存在最佳密度值范围。

表 5-2-5　接有连接臂的亲和色谱用载体

载体	连接臂	供应商
琼脂糖	3-氨基丙基和琥珀酰氨基丙基	Bio-Rad
	3,3′-二氨基丙基和琥珀酰二氨基丙基	Bio-Rad
	1,2-二氨基乙烷,3,3′-二氨基二丙胺	ICN
	1,6-己二胺,6-氨基己酸	Pharmacia
	3,3′-二氨基丙基胺,对苯甲酰基-3,3′-二氨基丙基胺	Serva
	氨基烷基(2,4,6,8,10)	Miles
聚丙烯酰胺-琼脂糖	1,6-己二胺,6-氨基己酸	IBF
多孔玻璃	氨基丙基,氨基己基	Merck

四、亲和色谱过程

亲和色谱的典型分离过程为：装柱→平衡→制备粗样→进料吸附→洗去杂蛋白→洗脱→再生。对亲和色谱的柱大小和形状没有严格要求，多使用短粗柱子，以达到快速分离。装柱后使用起始缓冲液平衡，确保目标分子适于结合到柱上。

样品要进行预处理，去除一些最大的杂质，减少上样体积，提高亲和色谱的分辨率和浓缩程度。

如图 5-2-6 所示为亲和色谱分离过程，具体操作要点如下所述。

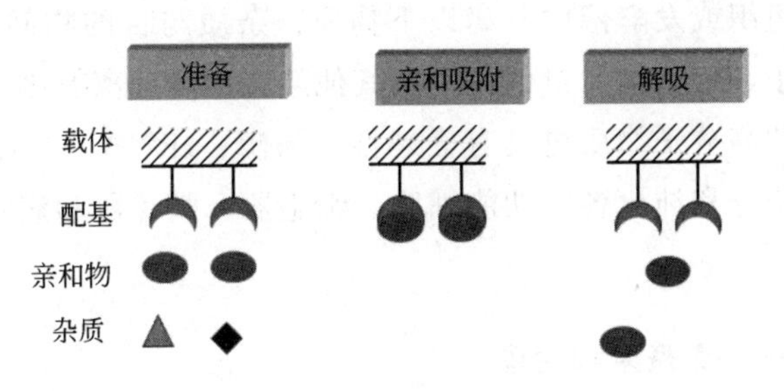

图 5-2-6　亲和色谱过程

(1) 进料吸附

① 进料后系统中存在两种吸附作用，一种是基于亲和配基与目标分子之间特异性结合的亲和吸附，另一种是料液中的各种溶质与配基分子及吸附介质之间的非特异性吸附。

② 如果料液中目标产物浓度低、杂质多，则少量杂质的非特异性吸附会大大降低纯化效果。杂质的非特异性吸附量又与杂质浓度和性质、载体材料及配基固定化方法等因素有关。

③ 离子强度对吸附的影响很大，在离子强度较高的情况下，由于间隔臂上碳氢链的疏水性相互作用较强，能使非特异性吸附量增大，因此，缓冲液的离子强度一般为 0.1～0.5mol/L。

④ 使用高纯度的配基制备亲和吸附介质，也能提高亲和吸附剂自身的质量。同时为减

小疏水性吸附，可在料液中加入少量表面活性剂。

⑤ 进料的料液流速也有很大的影响，流速的增大，使得分离速度加快，但柱效降低。

(2) 清洗

① 洗去色谱柱空隙中和吸附剂内部的杂质，保证目标产物的吸附和杂质的去除。

② 一般使用与吸附操作相同的缓冲液，必要时加入表面活性剂，保证目标产物的吸附和杂质的清除。清洗操作中应分析色谱流出液的组成变化情况，确定适宜的清洗操作时间。

(3) 洗脱

① 特异性洗脱　使用含有与亲和配基或目标产物具有亲和结合作用的小分子化合物溶液为洗脱剂，通过与亲和配基或目标产物的竞争性结合，洗脱吸附目标产物完成特异性洗脱；洗脱条件温和，有利于保护目标产物的生物活性，也有利于提高目标产物的纯度。

② 非特异性洗脱　调节洗脱液的pH、离子种类和强度、温度等理化性质降低目标产物的亲和吸附作用，从而达到洗脱的目的。

五、亲和色谱的应用

亲和色谱分离在生物制品分离和分析领域有着广阔的应用开发前景。因其具有专一、高效、简便、快速的特点，所以亲和色谱选择性非常好，可减少提纯步骤。但是亲和介质一般价格昂贵，处理量不大，大规模应用较少，在实验室制备时，一般只是在纯化的后期使用。

亲和色谱适于从组织或发酵液中分离以下物质：杂质与目的物间的溶解度、分子大小、电荷分布等性质差异小，目的物含量低，采用其他经典手段分离有困难的高分子物质；尤其是对分离某些不稳定的高分子物质更具有优越性，如酶、rRNA、抗原和抗体的分离以及激素的提纯。其也可用于分离纯化各种功能细胞、细胞器、膜片段和病毒；或用于各种生化成分的分析检测。

1. 干扰素的纯化——免疫亲和色谱

干扰素（interferon，IFN）是一类生理活性蛋白质，其对于癌症、肝炎等疾病具有特殊疗效，可通过动物细胞培养、基因重组大肠杆菌或重组枯草杆菌发酵生产；免疫亲和色谱可用于IFN的纯化。用免疫亲和色谱柱纯化干扰素，产品纯度比原用方法提高近10倍。

2. 基因重组融合蛋白的纯化——亲和标识物

将具有特殊分子识别作用的基团的基因与目标产物的基因克隆相连接，制备融合基团；与目标蛋白相融合的分子基团称为融合蛋白的亲和标识物。利用亲和标识物的特异性亲和吸附就可方便地纯化目标产物。基因重组融合蛋白人胰岛素生长因子Ⅰ的纯化如图5-2-7。

3. 脱氢酶的纯化——色素亲和色谱

使用三嗪类色素为配体；低盐浓度下清洗后，通过逐次或线性提高盐浓度的梯度洗脱法

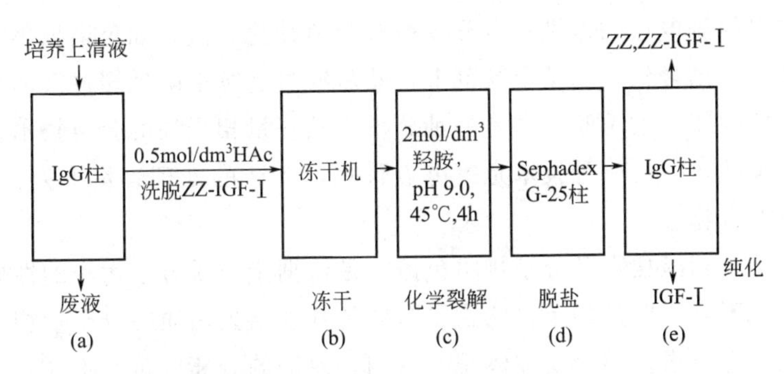

图 5-2-7　基因重组融合蛋白人胰岛素生长因子Ⅰ（IGFⅠ）的纯化

IgG 柱：多重亲和去除系统中人体白蛋白

洗脱目标产物；或者利用辅酶或色素溶液进行洗脱。

六、合理设计色谱方案

大规模纯化蛋白质的初步阶段，处理量大，但分辨率要求不高，并不要求立即就采用色谱技术，可先用分步沉淀、盐析或有机溶剂沉淀等方法。如果是蛋白质数量不多、含量较低的样品，也可用分辨率和处理量中等的离子交换色谱技术，必要时，也可采用高分辨率、低容量的亲和色谱技术和等电聚焦法。

1. 保留蛋白质的生物活性需注意的问题

免疫亲和色谱和反相色谱易使蛋白质变性，不能用于纯化活性蛋白质，离子交换色谱法是较为普遍使用的分离活性蛋白质的方法。对于很敏感的蛋白质，在分离纯化时，步骤要尽可能少，且不要频繁变换缓冲剂。

2. 利用蛋白质的差别来设计分离步骤

在设计蛋白质纯化步骤时，要充分利用各种蛋白质之间性质的差别。以下所列出的是比较重要的一些特性。

(1) 电荷　蛋白质中带电氨基酸的比例各不相同，在一定的 pH 下，净电荷也不同。因此可以利用这一性质采用离子交换色谱法分离纯化蛋白质。蛋白质带的电荷与离子交换树脂上的固定载体所带电荷相反，蛋白质与载体的结合强度取决于蛋白质上电荷的数量。对于大规模（100g 蛋白质）分离纯化，常采用纤维素为基质的树脂，流速较快，柱床体积也较大，但此法的分辨率不高。欲得到高分辨率的纯化结果，可用琼脂糖为基质的树脂，但其处理量较小。

如果蛋白质的量小于 10mg，则可采用快速蛋白液相色谱法，有预装柱配套，柱的直径小，分辨率很高。如果两种蛋白质在某一 pH 值带有相同的电荷，但是在另一个不同的 pH 值则带不同的电荷，因此在一个分离纯化过程中，常常分为若干个离子交换步骤。这又分为几种情况，如可使用同一种树脂，但可设定不同的平衡时的 pH 值，或使用两种相反电荷的树脂，例如，第一种树脂结合有带负电的羧甲基基团（CM）阳离子交换剂、另一种结合带有正电的二乙氨乙基基团（DEAE）阴离子交换剂。

利用蛋白质之间等电点的差别，可开发一些分离纯化方法，如色谱聚焦法，这是一种离子交换技术，蛋白质结合到阴离子交换剂上，然后通过连续地降低缓冲液的 pH 值，将蛋白质根据其等电点的顺序依次洗脱。这是一种分辨率及容量相当高的分离技术，可用于初步纯化蛋白质的进一步纯化。另一种技术是等电点聚焦，此法的处理容量不大，但分辨率很高，适于分离蛋白质混合物。

(2) 分子大小 超滤技术及分子排阻色谱就是依据蛋白质分子大小的性质而设计的。分子排阻法的分辨率不高，但是如果目的物蛋白质与其他杂蛋白质的分子量相差很大，则此法的分辨率可满足一定要求。因为受柱体积的影响，此法的分离容量也不高。凝胶色谱法也是基于蛋白质的大小，小分子蛋白质移动速度快，该技术分辨蛋白质的能力很强，但蛋白质易失活，故常用于蛋白质的分析。

(3) 专一性结合 许多蛋白质通过与某些成分结合而具有生物功能，如酶与基质结合(有时与活化剂或抑制剂结合)、激素与受体结合、抗体与抗原结合。许多亲和色谱技术就是利用此特性进行操作的。

依据目标蛋白质与低分子量化合物相互反应（如酶与基质或基质类似物）的亲和方法专一性一般不强，因为配基可与混合物中的若干种蛋白质结合。更新颖的亲和分离方法是使用双功能 NAD^+ 衍生物，可更有选择性地亲和结合脱氢酶。

(4) 特殊性质 利用某些蛋白质的热稳定性，先将样品加热处理，耐热性能不好的杂蛋白变性沉淀，而耐热的仍留在溶液中。也可利用蛋白质在极端 pH 的环境下稳定的性能，对于这种情况，可将样品调至低 pH 或高 pH，保温一段时间，杂蛋白就可以沉淀下来。

最后值得一提的是，如果有需要，也可为一些蛋白质设计出特殊的性质，以帮助它们进行纯化。如在蛋白质上加入一段聚精氨酸或聚赖氨酸，以增加其电荷，使该蛋白质在离子交换色谱上得到纯化。或者将一段聚合组氨酸引入到固定化金属亲和色谱上。

3. 测定和数据处理

在纯化的初步阶段，可通过测定在 280nm 处的吸光度确定其含量。在纯化的后期阶段，可用高效液相色谱等更为准确的方法。

4. 重组蛋白质分离纯化的操作顺序

色谱技术在重组蛋白的分离纯化方面发挥了越来越大的作用。但色谱技术并不能解决所有的分离纯化问题，有时必须和其他技术相结合，并将分离纯化步骤合理安排，才能得到好的分离纯化效果。

(1) 常见的安排为：

盐析→凝胶过滤→离子交换；

有机溶剂沉淀→亲和吸附→染料配基吸附等；

有机溶剂沉淀→离子交换→盐析→凝胶过滤；

有机溶剂沉淀→亲和吸附→盐析→凝胶过滤；

亲和吸附→盐析→凝胶过滤。

(2) 也可按以下方法选择组合：

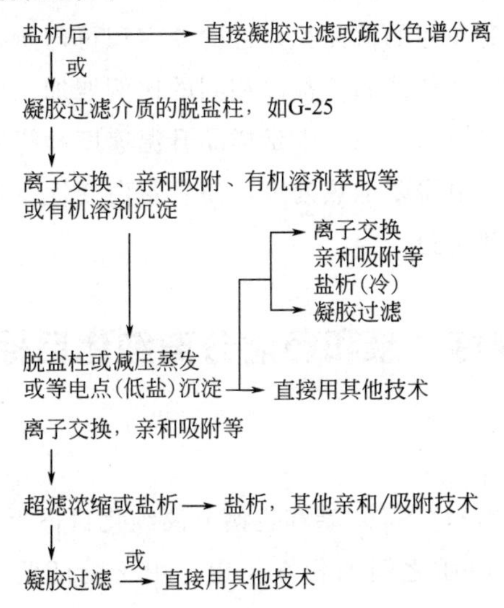

5. 纯化所需时间

大分子产物的分离纯化一般需要较长的时间。决定纯化时间的因素有很多，但最主要的可能是大多数提取纯化过程都是利用物质的扩散性能；酶是一种热敏性的产品，在分离操作过程中，一般都要保持在 0℃左右，低温有利于酶活力的保存，但会延长分离纯化的时间。

6. 重组蛋白质的特殊提取精制技术

为了操作者的安全，大多数国家对于含有外源基因的重组细胞的储存和处理都有明确的规定，只要含有外源 DNA 的细胞是存活的，这些细胞都要放置在有特殊安全措施的密封装置内，当这些细胞被杀灭或适当处理后，才能对细胞提取物进一步加工。

重组蛋白的提取精制最基本问题之一是，如果在翻译后没有适当的修饰，重组蛋白就不可能达到天然蛋白质那样的均一性。

重组蛋白一般用于临床实验或作为医药用，因此纯度要求特别高。如果是用细菌作为寄主菌，则去除热原很重要。而且最大的问题是有些蛋白质尽管一级结构是正确的，但其折叠方式不正确，从使用的角度来看，也算是热原杂质，会引起免疫反应。

人们进行了大量的工作，研究如何对蛋白质进行修饰，使其便于提取精制。主要的方法是在蛋白质的 C-末端加上一段聚精氨酸（在有关的基因上插入一段相应的碱基），这样使该蛋白质成碱性蛋白质，便于用离子交换树脂提纯。当洗脱后，再用羧肽酶将该精氨酸切下。也可在 N-末端加上一段肽链，使其与金属螯合吸附剂相结合，便于提纯。

也可通过蛋白质修饰，使酶蛋白的稳定性更好，有些热敏性蛋白质的失活是由于半胱氨酸的氧化造成的，可以将其换成其他氨基酸，而这不会改变酶活力。由于酶的热稳定性不好，可能是因为缺乏二硫键，故可在某些位置导入二硫键。

7. 酶提取精制放大时要注意的问题

柱色谱的放大需要谨慎，主要的问题是上样量和流速。从理论上来讲，处理量增加 10

倍，则柱的截面积也应增加10倍。这就势必采用短柱，但短柱的主要问题是流体分布不均。宜选择的方案是同时增加柱高和柱的截面积。柱的总容积可与所处理的样品中蛋白质的量成正比，最好的选择方案是使柱高和截面积都以相同的比例增加。

放大时，温度的变化也应加以考虑。少量样品升温速度和降温速度都较快，大批的样品则不同。如果在提取精制过程中需要加热处理，使杂蛋白变性，最好是按照大批量样品升温或降温所需要的时间来做小型实验。

技能训练　亲和色谱分离纯化目标蛋白

【目的】

1. 掌握谷胱甘肽硫转移酶（GST）亲和色谱分离纯化目标蛋白的原理和实验方法。

2. 体外检测蛋白质与蛋白质之间的相互作用，用于验证两个已知蛋白质的相互作用，或者筛选与已知蛋白质相互作用的未知蛋白质。

【原理】

1. 亲和色谱原理

生物大分子与配体特异非共价可逆结合。

① 酶-底物；

② 酶-底物类似物（酶的竞争性抑制剂）；

③ 抗体-抗原；

④ 激素-受体；

⑤ 外源凝集素-多糖、糖蛋白、细胞表面受体；

⑥ 核酸-互补核苷酸序列（Oligo-dT）。

2. GST亲和色谱

利用重组技术将探针蛋白与谷胱甘肽硫转移酶（GST）融合，融合蛋白通过GST与固相化在载体上的谷胱甘肽（GSH）亲和结合。因此，当与融合蛋白有相互作用的蛋白质通过色谱柱时或与此固相复合物混合时就可被吸附而分离。

① 谷胱甘肽硫转移酶（GST，26kDa，与谷胱甘肽GSH特异结合）；

② GSH作为配体，共价结合在Sepharose 4B；

③ GST融合目标蛋白；

④ 葡聚糖上的GSH与GST融合蛋白结合；

⑤ 用还原型GSH洗脱GST融合蛋白。

【器材与试剂】

超声波细胞破碎仪、电泳仪、GSH-Sepharose 4B填料、色谱柱；待纯化蛋白质、PBS缓冲液、0.04mol/L NaOH溶液和20%乙醇等。

【操作步骤】

1. 样品制备

① 待纯化蛋白：GST 标记的纤维素酶。
② 来源：重组大肠杆菌。
③ 提取方法：超声波破碎细胞释放 GST-纤维素酶。
④ 条件：超声处理 3s，间歇 5s，共 15min。4000r/min 离心 5min，取上清液（混合蛋白质溶液）上柱。

2. 洗脱液

配制 10mmol/L 的还原型谷胱甘肽溶液，即洗脱液 3mL（0.009g 谷胱甘肽溶于 3mL 50mmol/L Tris-Cl 溶液中）。

3. 装 GST 柱

① 清洗和装好色谱柱，封闭出口。
② 加入 2mL PBS。
③ 取 1mL GSH-Sepharose 4B 填料，加入柱子中。
④ 打开柱子出口，使 PBS 缓慢流出。
⑤ 注意：始终保持柱内的液面高于填料。

4. 纯化目的蛋白

① 用 5mL PBS 缓冲液洗柱床，重复 3 遍。
② 将混合蛋白质溶液加到柱子中。
③ 用 5mL PBS 缓冲液洗柱子，重复 3 遍。
④ 加入 1mL 洗脱液。
⑤ 用 1.5mL 离心管收集洗脱液，每管收集 0.2mL（约 4 滴）。
⑥ PBS 缓冲液洗柱子 3 遍，关闭出口。
⑦ 将第 2 管和第 3 管用于目的蛋白的检测。
⑧ 以聚丙烯酰胺凝胶电泳检测蛋白质浓度。

5. 亲和色谱柱的再生

每次用 0.04mol/L NaOH 10mL 洗 3 次，用 10mL PBS 平衡后，加 20%乙醇储存于 4℃环境中。或者按照再生方法（beads）使用说明书上的方法再生。

如果洗脱液中的还原型谷胱甘肽对实验有影响，需用分子筛去除。

如果需要不带标签的蛋白质，则蛋白质被柱子吸附后，用蛋白酶进行切割；或者用分子筛过滤后，在筛子上进行酶切。

【结果与讨论】

操作中需要控制哪些条件，以保证纯化效果最佳？

1. 简述亲和色谱原理。
2. 影响吸附剂亲和力的因素有哪些？

学习单元三　新型色谱分离纯化装置及介质

一、现代生物制药分离纯化装置的主要特征

现代生物制药分离纯化装置是一项与生物制药产业结合极为密切的高新技术产物，利用它可不断地为医药行业提供新产品，并且它也正在改变着生物制药业的面貌，为解决人类医药难题提供新途径。

随着新理论的出现，新技术和新材料的采用大大推进了现代生物制药分离技术与设备的迅速发展，它们的主要特征如：

① 计算机和电子技术的广泛使用使生物制药分离设备自动化程度大大提高；

② 酶制剂的使用为生物制药分离开辟了新途径；

③ 色谱技术和仪器的进步大大推动了生物制药分离技术的进步；

④ 膜技术的应用提高了生物制药分离处理量且降低了成本。

在生物制药研究开发及生产领域，智能化、自动快速纯化装备的应用越来越普遍；与传统的纯化装置相比，目前的生物制药研究及生产领域纷纷引入纯化智能系统、采用新型填料使其工作速度大大加快，从生物制药分离纯化小试的摸索条件，到中试或生产规模的放大，可在很短时间内完成，而且这些新型技术和设备在生物制药中也广泛用于基因工程药物（白介素、胰岛素）及天然产物以及蛋白质、多肽和多糖的分离纯化中。

二、制备型色谱

分析型高效液相色谱（HPLC）技术一经出现就引起广大研究者，特别是分析化学工作者的高度重视，使得这项技术在分析应用方面取得了巨大成功。现在随着大规模分离的需要，制备型高效液相色谱技术也相应产生了，随着理论研究的深入，新颖的填料、新的填充方法以及在仪器和流程上的进展加快，近年来该技术获得了很大的发展。

1. 使用制备型色谱的原因

在生物制药工业生产中，往往需要对大量的多肽、蛋白质药物进行提取和纯化。与传统的纯化方法（如萃取）相比，制备型色谱是一种更有效的分离方法。制备型色谱的目的主要是提高单个产品的产率，除了建立合适的分离方法外，选择好的制备型色谱填料对提高产率尤为重要，好的制备型色谱填料在加大上样量的同时能够保持良好的分离度和重现性，而且机械强度高，使用寿命长。这样的填料既能提高产率，又可大量节省溶剂，降低使用成本。

2. 制备型色谱分离技术应用特性

用常规的纯化方法或普通的色谱方法通常很难分离克级的化学结构非常接近的样品。而在制备型液相色谱（图 5-3-1）中，由于采用了更小颗粒度的填料，使其具有更高的分离因子，因此能够完成难度很大的分离工作。

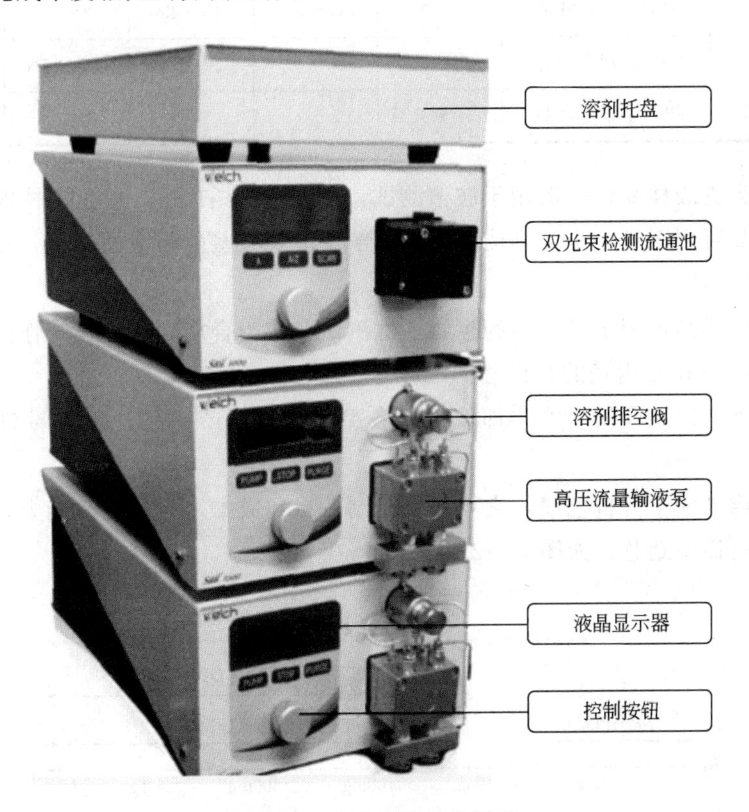

图 5-3-1 制备型液相色谱仪

制备型色谱由于其自身高昂的投入成本，这意味着只能用其来进行高附加值产物的纯化，主要为次生代谢产物及天然产物、某些重要的药用生物活性蛋白质（包括利用重组技术获得的蛋白质）、生物治疗品与诊断试剂甚至一些要求光学纯度的手性化合物等。

3. 制备型色谱的分离制备能力

制备型色谱是采用色谱技术纯化物质，分离、收集一种或多种高纯物质。而利用制备型高效液相色谱可分离纯化某混合物中的一种或几种物质，并把分离所得的各组分逐个收集起来，得到高纯度的样品。制备型高效液相色谱上样量较大，通常需要特定的装置和一定的操作条件。

一般来说，制备量和成本是制备型色谱最为关心的两个问题。在选择色谱填料时，要根据自己的样品选择最合适的色谱柱和填料。

在制备型色谱中，分离纯化物质的量取决于其用途，相应地，分离不同的纯物质的量，则需要使用规格不同的色谱柱。一般对应关系（参见表 5-3-1）如下：

表 5-3-1 制备色谱分类

类型	用途	柱子内径/mm	长度/cm	填料粒度/μm	流动相流速/(mL/min)	上样量
分析型色谱	定性、定量分析	2～5	5～25	5～8	＜2	＜1mg
半制备型色谱	制备小量纯样品	5～20	15～50	10～25	2～20	5～100mg
制备型色谱	制备克级样品	20～50	20～70	20～50	15～150	0.1～10g
工业制备型色谱	几十克以上样品	几十到几百			＞100	小于几十克

微克级至毫克级样品，一般用于波谱测试，使用内径≤10mm 的色谱柱即可。

毫克级样品可用于进一步的结构鉴定、化学反应及某些生物活性测试，使用 10～20mm 内径的色谱柱即可。

克数量级的样品可用于进一步的生物活性测试，作为合成、半合成工作的原料以及标准品，可使用 20～50mm 内径的色谱柱。

百克级以上，或工业的生产，即使用制备型色谱来生产产品，则需要 50mm 以上内径的色谱柱。

制备型色谱不同于分析色谱，它更注重于制备量和成本，而非分辨能力。从制备规模可对液相色谱进行简单划分，如图 5-3-2 所示。

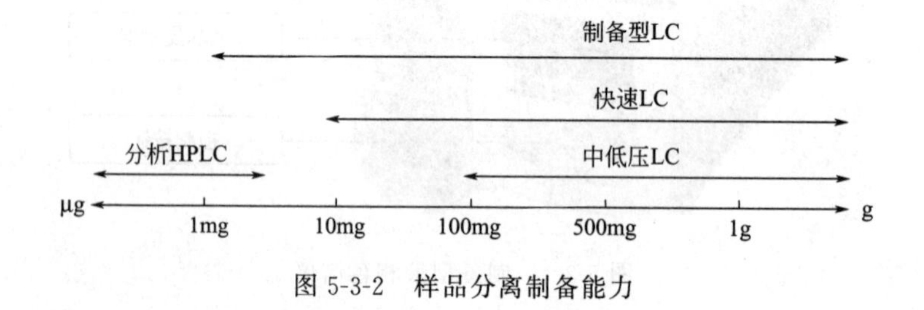

图 5-3-2 样品分离制备能力

4. 制备型高效液相色谱与分析型高效液相色谱的区别

制备分离的色谱模型和分析分离的模型相似，但在具体操作中两者的指导思想却有着本质的不同。制备型色谱是指采用色谱技术制备纯物质，即分离、收集一种或多种色谱纯物质。

制备型色谱中的“制备”这一概念指获得足够量的单一化合物，以满足研究和其他用途。制备量大小和成本高低是制备型色谱的两个重要指标。

制备型高效液相色谱通常都被认为和大色谱柱和高流速有关。然而并不是以设备的大小和系统消耗的流动相的多少来决定制备高效液相色谱的实验，而是依据实验的分离目的来决定。分析型液相的目的是给一种组分进行定量和定性。制备型液相的目的是对产品的单体进行提取和纯化。与传统的纯化方法（如蒸馏、萃取）比较，制备型液相是一种更有效的分离方法，因此被广泛应用在样品和产品的提取和纯化上。随着生物制药、中药、生物制品等领域对高纯度组分的需求不断增加，制备型液相色谱相应的应用领域也在迅速扩大。

分析型液相色谱与制备型液相色谱的比较参见表 5-3-2。

表 5-3-2 分析型液相色谱与制备型液相色谱的比较

项目	分析型液相色谱	制备型液相色谱
目的	样品的定性、定量	样品的分离、富集、纯化
优化目标	最大的峰容量	最大的通量
试样量	<0.5mg	半制备<100mg，制备 0.1～100mg，生产>0.1kg
柱负荷	越少越好，10^{-10}～10^{-3}g/g 填料	越多越好，10^{-3}～10^{-1}g/g 填料
流速	0.5～1.0mL/min	>10mL/min
分离要求	基线分离	中等分离度，与纯度回收率有关
色谱柱	内径<5mm，3～10μm	内径：10～1600mm，10～20μm
检测器	必需，高灵敏度，宽线性	最好有，适于大流量
试样处理	和流动相一起摒弃	收集，流动相循环使用
理论基础	线性色谱理论	非线性色谱理论

5. 制备型高效液相色谱基本装置

制备型 HPLC 是一种基于组分在固定相（柱填料）和流动相（淋洗液）中分配系数的微小差异，当两相作相对运动时，样品中的各组分将形成不同的迁移速度的谱带，从而实现分离的新型高效分离技术。制备型 HPLC 装置主要由输液泵、进样系统、色谱柱、检测器、馏分收集器、数据采集与处理系统等部分组成（参见图 5-3-3）。

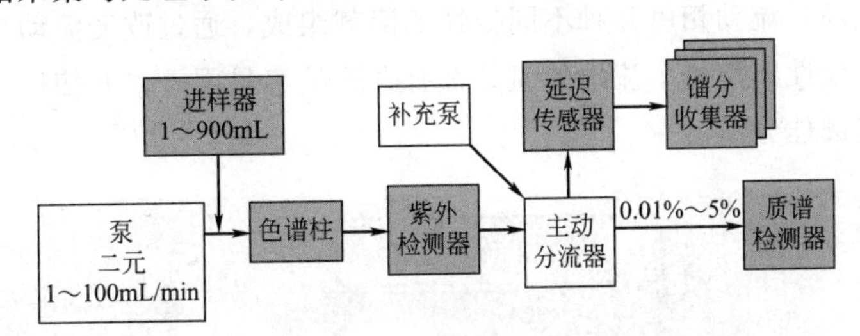

图 5-3-3 高效制备型液相色谱流路示意

(1) 输液系统 高压输液泵和在线脱气装置及梯度洗脱装置。

① 高压输液泵作用 将流动相以稳定的流速或压力输送到色谱系统。输液泵的稳定性直接关系到分析结果的重复性和准确性。如图 5-3-4 所示为制备型高压输液泵。

② 在线脱气装置作用 脱去流动相中的溶解气体。流动相先经过脱气装置再输送到色谱柱。脱气不好时有气泡，导致流动相流速不稳定，造成基线飘移，噪声增加。

在线脱气机接于 HPLC 的流动相存储液瓶与高压恒流泵之间。流动相经由在线脱气机的入口进入脱气机，在独立的单元真空泵腔内，通过预先设定的真空度，真空泵连续低速运行，HPLC 流动相在泵的作用下流经真空腔内一段很短的脱气膜管，在真空作用下，溶剂中溶解的气体通过管壁排出（图 5-3-5）。

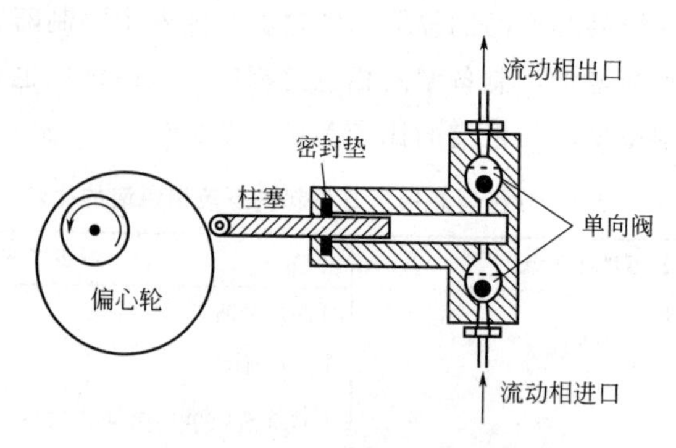

图 5-3-4　制备型高压输液泵

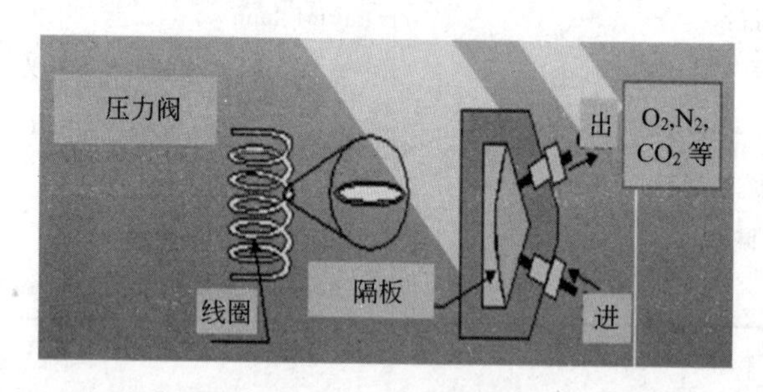

图 5-3-5　在线脱气装置

③ 梯度洗脱装置（图 5-3-6）　包括等度洗脱和梯度洗脱。

等度洗脱：恒定组成的单一溶剂体系。

梯度洗脱：以一定速度改变多种溶剂的配比淋洗，目的是分离多组容量因子相差较大的组分。

梯度洗脱的原理：流动相由几种不同极性的溶剂组成，通过改变流动相中各溶剂组成的比例改变流动相的极性，使每个流出的组分都有合适的容量因子，并使样品中的所有组分可在最短时间内实现最佳分离。

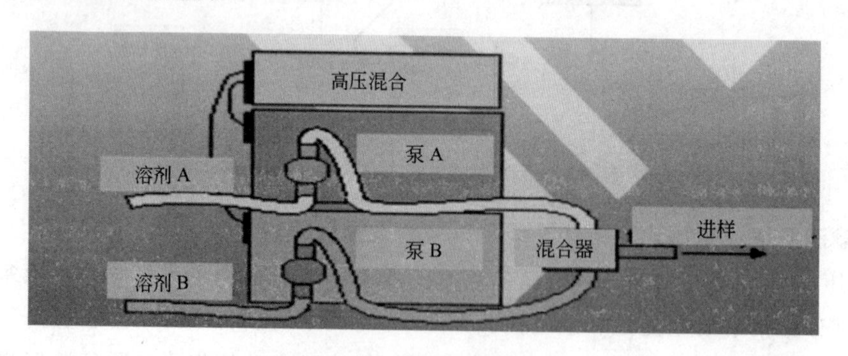

图 5-3-6　梯度洗脱装置

(2) 进样系统　在制备型 HPLC 分离中，可以采用一个进样阀（如六通进样阀）将较大量的样品方便地注入柱子而不影响流动相流动。通过更换样品环可以方便地改变进样量，最大可达 10mL。如果使用注射器，一般采用停留进样技术，即样品在常压下注入，然后再重新起动泵。若样品量非常大，可以采用停留技术，借助于一台小体积泵将样品定量地注入柱中。也可采用隔膜进样法，用注射器将样品定量地注入柱中。

六通阀进样器的工作原理为：手柄位于取样（Load）位置时，样品经微量进样针从进样孔注射进定量环，定量环充满后，多余样品从放空孔排出；将手柄转动至进样（Inject）位置时，阀与液相流路接通，由泵输送的流动相冲洗定量环，推动样品进入液相分析柱进行分析（图 5-3-7，图 5-3-8）。

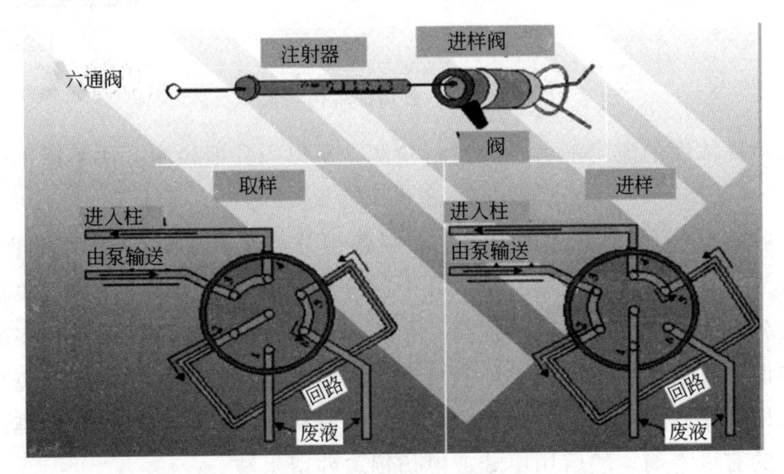

图 5-3-7 六通阀进样器

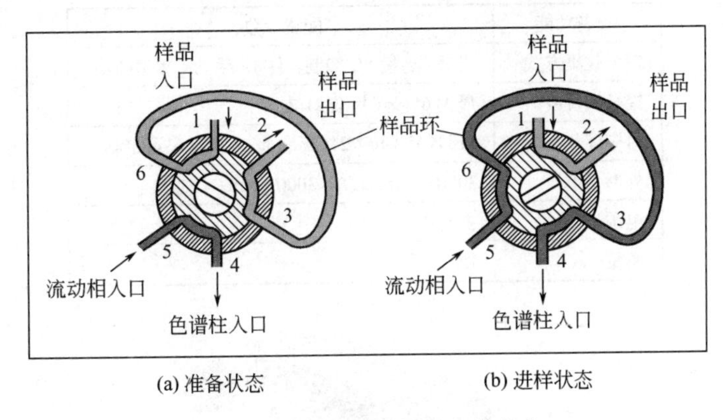

图 5-3-8 六通阀进样器工作状态

(3) 色谱柱 是实现分离的核心部件，要求具有柱效高、柱容量大和性能稳定的特点。柱性能又与柱结构、填料特性、填充质量和使用条件有关。

相对于分析型色谱，制备型色谱的核心就是色谱柱。为提供既稳定又高效的色谱柱，并用小尺寸颗粒进行填充，最常用也是最易实现的效果较为理想的是动态轴向压缩柱（DAC）技术。DAC 技术为使用者提供了用任一种填料自己装填色谱柱、方便快速地调整柱长度的可能性。在制备型 HPLC 中，色谱柱的内径可在 100～500mm。一般增大色谱柱的直径意味着可以承载更多的样品，从而增加产量。增加色谱柱的长度则意味着可加入的样品量和分辨率的增大，但同时也增加了柱压。研究表明，对于难分离物系，可以采用直径较小的色谱填料，以提高分离效率，但在分离度可以满足分离要求的前提下，使用较大直径的色谱填料将更为有利。色谱柱结构装置如图 5-3-9 所示。

(4) 检测器 在现有的检测器中，示差折光检测器通常适用于制备分离，不过在某些系统中为了准确地检测样品中的所有峰，往往需要将示差与紫外分光光度检测器配合使用。也

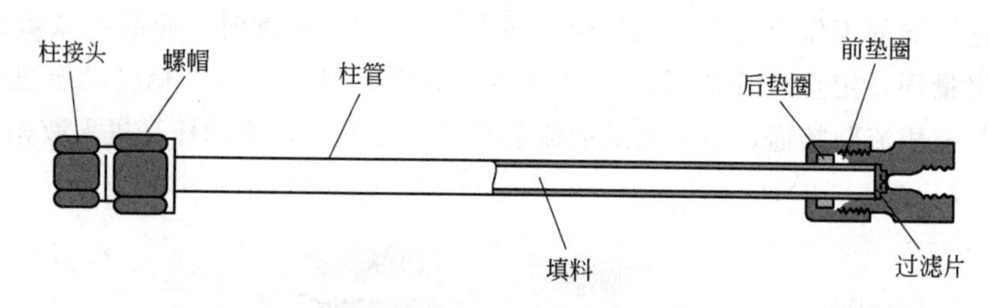

图 5-3-9 色谱柱结构装置

可用薄层色谱对高浓度的流出液各馏分进行检测，所以当其他检测方法不适用时，可采用薄层色谱检测。

(5) 馏分收集器 如图 5-3-10 所示。在制备型分离工作中，需使用大量的洗脱溶剂，因此要采用适当的收集器。若收集一个或几个已分离的组分，用手动馏分收集器即可。然而当大量样品组分必须一次分离或为了提高一个或多个组分的收集量而要进行多次重复性分离时，使用自动馏分收集器更为方便。如有可能，应对溶剂回收再用，因而也应尽量不使用混合溶剂。在使用反相或聚合物吸附进行分离时，有时从水液中回收样品较困难。一种解决办法是蒸除其中的有机溶剂，然后用甲苯或氯仿提取残留水液。

设备功能	配置参数
馏分收集方式	出峰（连接 PC 控制软件）、手动、重演收集
馏分试管数	最大 65 支（标准 21 支）
对应馏分容器	ϕ18×65，ϕ40×21（标准），ϕ105×6，可定制
外形大小	300(W)×500(D)×300(H)mm
电源	主机供给
重量	15kg

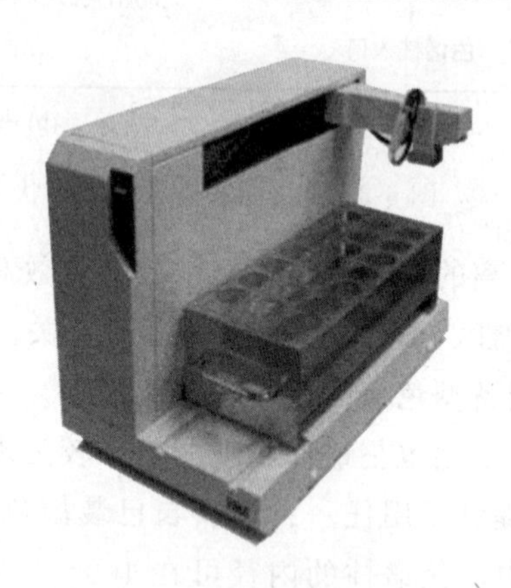

图 5-3-10 馏分收集器

制备液相馏分收集的三种方式：

① 基于时间 根据馏分的保留时间及其色谱峰宽，以时间作为馏分收集器动作的指令参数。

特点：参数设置方便，样品收益高、损失少。色谱保留时间的不稳定会影响到馏分的纯度和收益。用峰的时间分割，按峰收集馏分。

色谱峰重叠严重，重叠面积很大，收集到的两个馏分将明显不纯。这时应考虑使用基于时间。

② 基于峰　根据色谱峰的正负斜率，触发馏分收集器，以色谱峰正负斜率作为馏分收集器动作的指令参数。

特点：馏分纯度高。馏分保留时间的不稳定不会影响到馏分的纯度。参数设置不方便（斜率参数需计算）；受色谱峰峰形改变的影响较大。样品收益低。

利用正、负斜率按峰进行馏分收集。正、负斜率和阈值可预先设置。当色谱信号都超出预先设置的正斜率和阈值两个参数时，将触发峰的收集信号；当色谱信号低于阈值或低于预先设置的负斜率时，将触发停止收集信号。设置阈值的目的是为了消除噪声的影响。

③ 基于质量　根据馏分的质量作为指令参数，触发馏分收集器。

特点：馏分纯度高且收益高；馏分保留时间以及色谱峰峰形改变都不会影响到馏分的纯度；参数设置方便；需配备质谱（MS）检测器，设备费用投入较大。

当使用按质量进行馏分收集时，只有当质谱检测器检测到色谱峰含有目标质量数，且该目标质量数的强度超出特定的阈值时，馏分收集才被触发。这就确保了在每次进样中只收集含目标化合物的馏分。大部分情况下只有一个馏分。不足之处是注入的其他样品组分不能回收。

三种馏分收集方式的比较见表5-3-3。

表 5-3-3　三种馏分收集方式的比较

X-基于	馏分纯度	馏分收益
时间	不高	高
峰	高	不高
质量	高	高

(6) 数据采集与处理系统　已经相继开发出商业化的具有某些人工智能特点的制备型HPLC整套设备。这些整套设备均是采用一台计算机控制整个仪器的运转，并进行数据的收集、储存和处理等工作，从而使制备型HPLC的分离速度以及自动化程度等大为提高。

三、色谱柱及填料技术

高效液相色谱（HPLC）是一种现代分离分析方法。其中色谱填料可谓是色谱技术的核心，它不仅是色谱方法建立的基础，而且是一种重要的消耗品。色谱柱作为色谱填料的载体，被称为色谱仪器的“心脏”。高性能的液相色谱填料一直是色谱研究中最丰富、最有活力、最具有创造性的研究方向之一。

近年来，液相色谱填料技术呈现两大趋势，第一个趋势是快速液相，利用粒径小于2μm（亚2μm）的无孔硅胶、核壳型硅胶；第二大趋势是越来越丰富的选择性。以下就这两大趋势做一简单介绍。

1. 快速液相色谱填料技术

硅胶基质的色谱填料因为其优异的色谱性能是目前应用最为广泛的液相色谱填料，尤其是针对有机小分子的分离和分析，硅胶基质的色谱填料占据绝大多数的市场份额。最近10

年，这个领域最激动人心的进展是基于以下两个方向的快速液相技术的发展。

(1) 超高效液相色谱 (UHPLC) 填料技术 超高效液相色谱技术以其快速、高分离度和高灵敏度的优势得到了广泛应用。而这种技术的核心是基于粒径小于 2μm（亚 2μm）的无孔硅胶的色谱填料。当填料颗粒小于 2μm 时，不仅柱效明显提高，而且随着流速的增加，分离效率并不降低。采用高流速可将分离速度和峰容量扩展到一个新的极限，但同时柱压也显著升高。小粒径填料需要使用压力更高的超高效液相色谱仪系统，对色谱柱的生产工艺也有更高的要求，必须解决色谱柱的装填难度大、柱头容易漏液、填料容易堵塞等问题。与传统的 HPLC 相比，超高效液相色谱的速度、灵敏度及分离度分别是 HPLC 的 9 倍、3 倍及 1.7 倍。因此其在蛋白质、肽、代谢组学分析及其他一些生化领域得到广泛应用。另外，在天然产物的分析方面，使用 UPLC 与质谱检测器连接，会对天然产物分析，特别是中药研究领域的发展是一个积极的促进。

(2) 核壳型色谱填料 核壳型（core-shell）色谱填料是由著名色谱科学家 Jack Kirkland 在 2006 年研制成功的一种新型色谱填料。它是将多孔硅壳熔融到实心的硅核表面而制备的（图 5-3-11）。这些多孔的“光环”状颗粒具有极窄的粒径分布和扩散路径，可以同时减小轴向和纵向扩散，允许使用更短的色谱柱和较高的流速以达到快速、高分辨率分

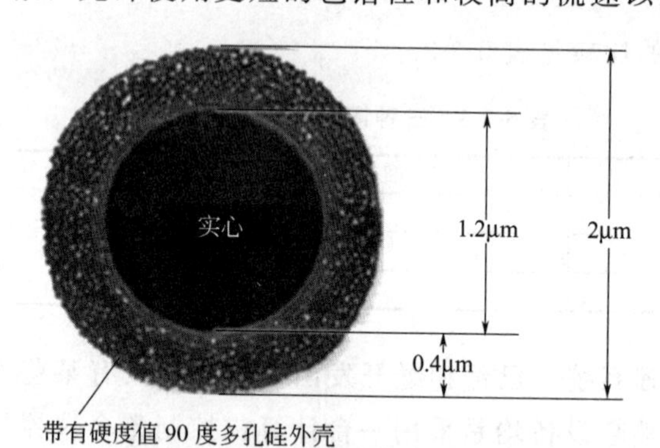

图 5-3-11 核壳型色谱填料

离。并且，核壳型色谱柱所产生的反压明显低于 UHPLC 色谱柱，低反压可以使仪器承受压力降低，使得在常规的液相仪上就能够实现超高效液相仪的分离效果。但是，核壳型色谱柱对仪器的柱外死体积要求高，且柱容量小于全多孔色谱填料，因而并不适用于大规模的制备液相分离需求。

2. 具有丰富选择性的色谱填料

液相色谱技术的广泛应用也得益于近年来各种色谱填料技术的发展，它们为色谱分离提供了越来越多的选择性。近年来，人们制备了大量的含有不同键合基团的色谱填料以增强色谱柱的选择性，从而满足实际样品分离的需要，例如亲水作用色谱（HILIC）填料、立体保护键合色谱填料、极性嵌入反相色谱填料、有机-无机杂化色谱填料、亲水性体积排阻色谱填料、混合模式色谱填料、手性色谱填料以及聚合物基质色谱柱填料等。

(1) 亲水作用色谱填料 它采用极性固定相和含有一定水的水溶性有机溶剂为流动相，不仅克服了正相色谱和反相色谱对极性化合物分离的不足，而且提供了与反相色谱截然不同

的选择性，在强极性和离子型化合物如氨基酸、碳水化合物和多肽等的分离中发挥着重要作用。并且，由于其流动相含有高浓度的有机溶剂，有利于增强电喷雾离子源质谱的离子化效率，进而提高其灵敏度，与质谱具有很好的兼容性。过去 5～6 年 HILIC 模式色谱柱的应用增长非常快。目前商品化的 HILIC 色谱填料种类繁多，基于硅胶基质的 HILIC 填料包括裸硅胶、氨基、氰基、二醇基、酰胺型以及两性离子型（图 5-3-12）等。

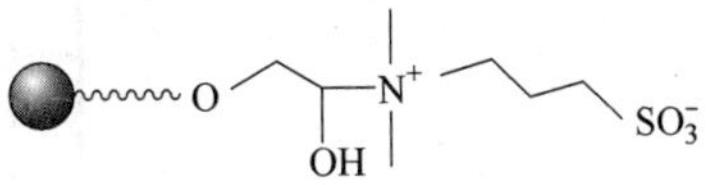

图 5-3-12　HILIC 两性离子色谱柱填料

（2）极性嵌入反相色谱填料　它通过在硅胶键合烷基链的中下部镶嵌一些极性基团，如烷基胺、酰胺、季铵或者氨基甲酸酯等极性基团来降低未反应硅醇基活性和改善对极性化合物的保留能力。这种填料具有的最大优势是减少了填料表面游离硅羟基与碱性化合物间的“次级保留”作用，从而改善碱性化合物峰形的拖尾，而且由于极性基团的嵌入，增强了对极性化合物的保留，提供和普通 C_{18}很不一样的选择性。

（3）立体保护键合相　它是在硅胶的烷基链侧链键合含异丙基和异丁基的 C_{18}固定相。由于在 C_{18}烷基链上引入了较大的基团以及具立体效应，阻碍了硅醇基与分析物的相互作用，因而对碱性化合物的分离呈现出对称的峰形并具有良好的柱效，防止碱性化合物在色谱柱上的拖尾，并且在低 pH 值时有较高的水解稳定性。

（4）有机-无机杂化色谱填料　它是在超高纯全多孔硅胶微球基质表面涂覆一层厚度均匀的有机-无机杂化层，进而提高填料的 pH 耐受范围和应用能力的一种填料（图 5-3-13）。这种类型的填料能够耐受 pH 值很高的流动相，并且具有很好的 pH 稳定性，它的 pH 耐受范围可以达到 1.5～12，而常规的硅胶基质色谱填料 pH 范围一般仅为 2～8；它能够耐受各种缓冲液体系，柱寿命长。

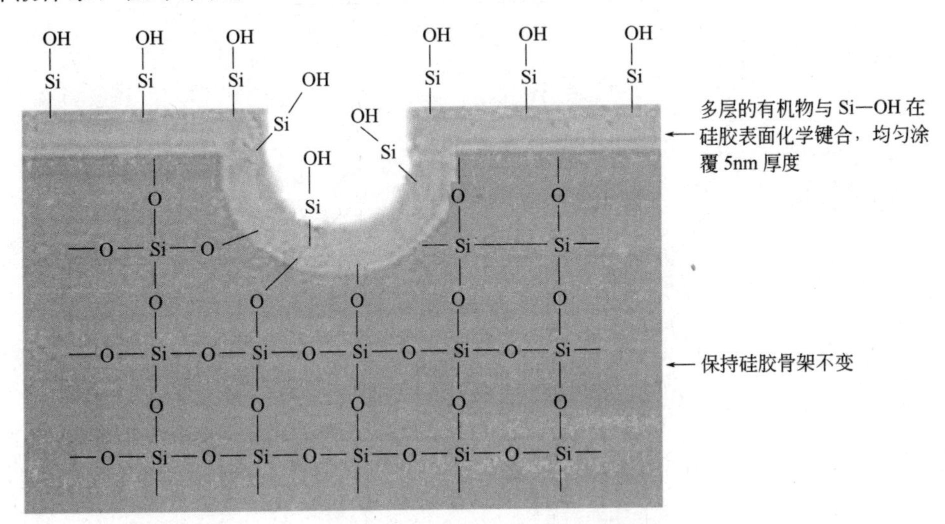

图 5-3-13　有机-无机杂化色谱填料

（5）亲水性体积排阻（SEC）色谱填料　它是在超高纯全多孔硅胶表面包覆一层具有良好稳定性的亲水性聚合物的体积排阻色谱填料，其填料的作用基团为二醇基（图 5-3-14）。

其填料表面因受二醇基官能团保护而不与蛋白质相互作用，使得蛋白质、生物酶、多肽等样品的非特异性吸附极小，因而广泛应用于生物大分子的分离中。

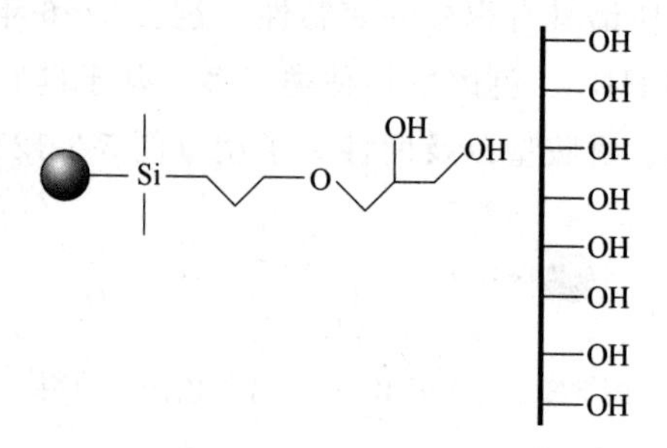

图 5-3-14　Xtimate® SEC 色谱填料

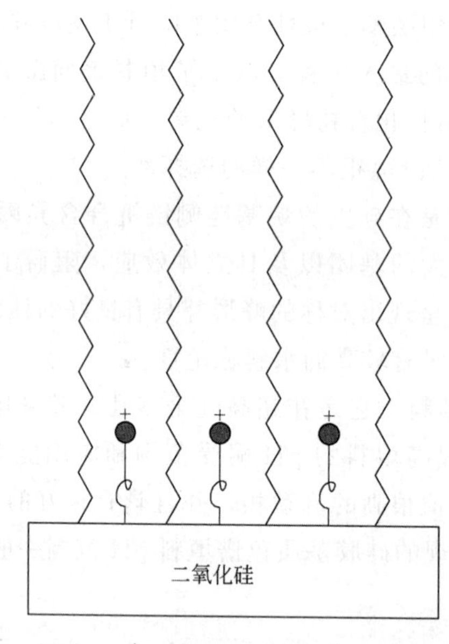

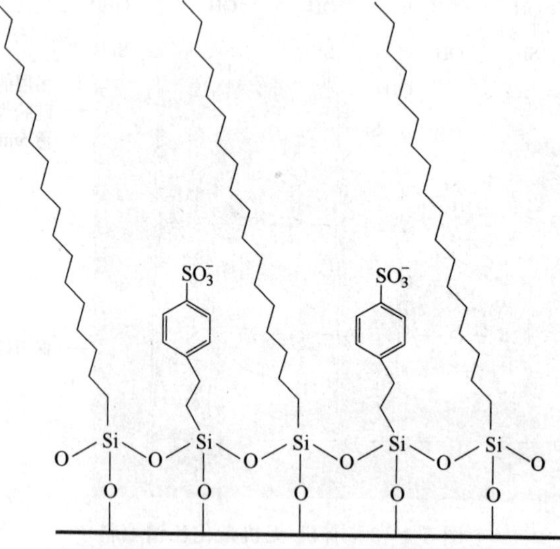

图 5-3-15　C_{18}/SCX 混合色谱填料

长链代表 C_{18} 烷基链；圆球代表离子交换基团

（6）混合模式色谱填料　它是在一根色谱柱上实现两种或多种分离机理共同主导的色谱柱填料。混合模式色谱分离的基础是色谱固定相能同时提供多种作用力，如键合相同时包含烷基链和电荷中心，则可以提供疏水作用力和静电作用力，实现反相和离子交换混合模式色谱分离。由于多种作用力的存在，混合模式色谱可以显著地提高分离选择性，这样就可以实现根据样品的不同特性进行分离。目前具有多种混合基质的色谱填料，例如 C_{18}/SCX、C_{18}/SAX 等（图 5-3-15）。

（7）手性色谱填料　它是由具有光学活性的单体，固定在硅胶或其他聚合物上制成手性固定相。通过引入手性环境使对映异构体间呈现物理特征的差异，从而达到光学异构体拆分的目的。一个有效的手性填料应当具有能够快速分离对映体，测定对映体的纯度，尽可能适应多种类型的对映体的分离；应当具有较高的对映体分离选择性和柱容量。目前，手性填料主要有以下 5 大类：①多糖类手性色谱填料，主要包括纤维素和淀粉两大类手性固定相。②大环手性色谱填料，主要是用大环分子和环糊精、手性冠醚来形成的固定相。③糖肽类手性固定相，主要是用万古霉素、利福霉素 B 等制成的手性固定相。④多肽或蛋白质手性固定相。⑤配体交换手性固定相，建立在金属配合物配体交换的基础之上的固定相。

（8）有机高分子基质液相色谱填料　主要分为多糖型基质填料和聚合物型基质填料。同硅胶基质的填料相比，此类填料具备高负载量、高化学稳定性（耐酸、耐碱、耐溶剂处理），对于生物大分子不易产生不可逆的非特异性吸附作用等优点。这些优点决定了其广泛的应用前景，特别是生物大分子的分离和分析。一般来说，有机高分子基质色谱填料的柱效低于硅胶基质的填料。

技能训练　番茄红素的分离纯化

一、番茄原料的预处理

【目的】

1. 熟练进行多种预处理技术操作。
2. 掌握番茄红素的检测方法。

【原理】

番茄红素集中在番茄细胞内的有色体中。细胞破壁可使番茄红素蛋白质复合体从细胞中溶出，以提高萃取率。研究预处理对番茄红素提取的影响，发现超声波作用的时间和温度与番茄红素的损失呈正相关，处理时间越长，损失越大。

（1）对乙醇脱水处理做研究，发现番茄原料经乙醇脱水处理后，其提取效率大为提高。

（2）番茄红素提取前的皂化，发现番茄的皂化能有效除去番茄中的大部分脂肪酸甘油酯及各种游离脂肪酸，释放出其中包含的番茄红素。

（3）微波处理能提高番茄红素的提取率。

（4）对番茄酱进行酶解法、反复冷冻法、加碱法、研磨法、加盐增加渗透压法等各种细胞破壁的处理以提高萃取率。

1. 番茄红素物理性质

番茄红素为暗红色粉末或油状液体，不溶于水，难溶于甲醇等极性有机溶剂，可溶于乙醚、石油醚、已烷、丙酮，易溶于氯仿、二硫化碳、苯、油脂等，番茄红素油溶液呈黄橙色，熔点174℃。

2. 番茄红素化学性质

作为平面共轭多不饱和烯烃，番茄红素的性质十分活泼，易受氧化、紫外线及温度的影响而迅速氧化分解，并能从反式结构向顺式结构转变。当番茄红素分子从反式结构变为顺式结构时，其颜色变浅，熔点降低。在酸性环境和有 CO_2 存在的条件下以及温度低于50℃的酸性条件下，番茄红素稳定性好；番茄红素在502nm处有最大吸收，测其吸光度可计算其含量。在碱性条件下不稳定，其吸收度值显著下降。一般说来，番茄红素在植物体中较稳定，脱水和粉末化后的番茄红素稳定性差，除非仔细加工且立刻密封或充入惰性气体储存。在番茄红素β-环化酶（β-LCY）作用下，番茄红素可转变为β-胡萝卜素。

【器材与试剂】

离心机、紫外分光光度计、打浆机、微波仪、超声波清洗器、水浴锅、真空泵、蒸发皿、试管、研钵，番茄、乙醇、正己烷、氢氧化钠、氯化钠、二氯甲烷等。

【操作步骤】

1. 番茄红素的检测方法

（1）将1000g新鲜番茄洗净，剥皮，番茄皮留用。

（2）将剥皮后的番茄打浆。

（3）将浆液倒入离心管，3000r/min离心3min分离出水分，所得番茄渣及浆液作为实训材料。

（4）分别称取3g的番茄渣，各加3倍含2%二氯甲烷的正己烷溶剂提取，浸提液分别用10mL、25mL容量瓶定容后，约2.5μg/mL番茄红素在502nm处测吸光度，记录吸收值。或取少量滤液稀释25倍后，以相应溶剂作空白，测定吸光度值。

检测结果见表5-3-4。

表5-3-4 番茄红素的检测结果

番茄渣	2%二氯甲烷的正己烷	容量	吸光度
3g	9g	10mL	
3g	9g	25mL	

2. 不同预处理方法对番茄红素提取效果的影响

（1）**乙醇处理** 取5g番茄渣样品，以料液比1∶1加入95%的乙醇溶液，静置处理

25min，抽滤后将番茄渣样品加入3倍含2%二氯甲烷的正己烷溶剂提取，提取液用10mL、25mL容量瓶定容，测其在502nm处的吸光度。

（2）加碱法 取5g番茄渣样品，以料液比1∶2加入0.5mol/L的NaOH溶液，在40℃条件下加热搅拌皂化60min，加硫酸调pH至7，抽滤后加10mL水冲洗，再抽滤后将渣样加入3倍含2%二氯甲烷的正己烷溶剂提取，提取液定容至一定的体积，测其在502nm处的吸光度。

（3）高压匀浆处理 取100g番茄渣样品，高压匀浆后加入3倍含2%二氯甲烷的正己烷溶剂进行提取，提取液定容至一定的体积，测其在502nm处的吸光度。

（4）超声波处理 取5g番茄渣样品，分别超声15min，超声结束后再往渣样中加入3倍含2%二氯甲烷的正己烷溶剂进行提取，提取液定容至一定的体积，测其在502nm处的吸光度。

（5）冻结处理 取5g番茄渣样品，在冰箱内分别处理1.0h，冻结后再往渣样中加入3倍含2%二氯甲烷的正己烷溶剂进行提取，提取液定容至一定体积，测其在502nm处的吸光度。

（6）微波处理 取5g番茄渣样品，微波处理20s后加3倍含2%二氯甲烷的正己烷溶剂提取，提取液定容至一定的体积，测其在502nm处的吸光度。

测得结果记录于表5-3-5。

表5-3-5 各种预处理方法对番茄红素的提取效果

番茄渣样品	预处理方法	预处理条件	502nm处的吸光度
5g	乙醇处理	25min	
5g	加碱法	0.5mol/L NaOH溶液;40℃,60min	
5g	高压匀浆处理		
5g	超声波处理	15min	
5g	冻结处理	1.0h	
5g	微波处理	20s	

【结果与讨论】

通过对番茄渣各种预处理方法，进行研究，发现番茄原料经________处理对番茄红素的提取效果最好，其吸光度高达________，是其他预处理方法的______倍，所以对原料进行________可作为番茄红素提取的一项重要的预处理工作。

二、番茄红素提取

【目的】

1. 掌握溶剂直接浸提法操作技能。
2. 掌握酶反应法提取活性物质的操作技能。

3. 掌握超临界萃取法提取活性物质的操作技能。

【原理】

目前国内番茄红素的提取方法主要是溶剂直接浸提法、超临界流体 CO_2 萃取法、酶反应法等。酶能对细胞壁中相应化学组分发挥破坏作用，从而破坏细胞的完整性，利于细胞内组分被提取出来。

【器材与试剂】

紫外分光光度计、离心机、恒温振荡器、冷冻干燥器、电子分析天平；番茄；丙酮、石油醚、乙醇、正己烷、乙酸乙酯、1,2-二氯乙烷，均为国产分析纯。

【操作步骤】

1. 有机溶剂提取法

(1) 材料预处理 将新鲜番茄洗净，于冰箱冻硬，在室温避光解冻去水，捣碎成糊状，放入冰箱待用。

(2) 番茄红素的提取 称取已处理好的番茄糊 100g 放入 500mL 烧杯中，按料液比加入提取溶剂，过滤，弃去沉淀。

(3) 鉴定 取少量滤液稀释 25 倍后，以相应溶剂作空白，测定吸光度值。

2. 提取实训条件

浸提液的选择、温度、pH、浸提时间、浸提料液比，具体见表 5-3-6。

表 5-3-6 提取条件

样号	番茄渣	浸提液	温度	pH	浸提料液比	时间
1	100g	3∶1 丙酮∶正己烷	35℃	6	1∶3	4h
2	100g	乙酸乙酯	50℃	4	1∶4	3h

3. 植物油提取法

一种高浓度番茄红素油树脂的制备方法，其特征在于包括如下步骤：

① 将新鲜的番茄制成的番茄汁，以 10000r/min 离心 3min，分离弃上清后留沉淀。

② 加入食用植物油均匀混合；后在 35℃恒温、pH 为 8 浸提 3h，10000r/min 离心 6min 分离，弃沉淀留上清液。

③ 将得到的富含番茄红素的番茄植物油加热后加入食用乙醇和卵磷脂（用量待定）混合均匀；降温并慢速搅拌，使番茄红素结晶析出。

④ 降温离心；分离出下层的番茄红素晶体。

4. 酶反应提取

日本一专利介绍了利用番茄皮自身酶反应来提取番茄红素的方法：在微碱性条件下

（pH＝7.5～9），使番茄皮中的果胶酶和纤维素酶反应，分解果胶和纤维素，使得番茄红素的蛋白质复合物从细胞中溶出。所得色素为水分散性色素。其工艺为：

① 番茄打浆粉碎，或番茄加工副产物加碱调整 pH 至 7.5～9。

② 50℃加热搅拌 5h。

③ 过滤除去表皮、种子和纤维等残渣，得提取液。

④ 加酸调整提取液至弱酸性（pH 4.0～4.5），类胡萝卜素凝聚沉淀，静置，虹吸除去上部浑浊液。

5. 番茄皮中番茄红素的超临界流体萃取

超临界 CO_2 从番茄皮中提取番茄红素：原料微粉碎或经果胶酶、纤维素酶处理，提取压力 270kgf/cm^2（1kgf/cm^2＝98.0665kPa），提取温度 40℃，提取率达 95％。

超临界 CO_2 萃取条件如下所述。

1.萃取压力的影响(其他条件一定)

压力/MPa	10	15	20	30
萃取率/%	3.1	91.3	95.4	96.8

2.萃取温度的影响

温度/℃	30	40	50	60
萃取率/%	87.5	91.3	93.5	91.1

3.CO_2流量的影响

流量/(kg/h)	5	10	20	50
萃取率/%	72.7	80.5	91.3	93.5

4.萃取时间的影响

时间/h	0.5	1	2	4
萃取率/%	78.3	88.1	91.3	95.9

【结果与讨论】

1. 番茄红素是脂溶性色素，可溶于其他脂类和非极性溶剂中，不溶于水。以________溶剂作为浸提剂，溶解色素的能力较强，较______的溶剂浸提效果更好。

2. 溶剂作为浸提剂时，由实验可知：当浸提温度为____、pH 值为____、浸提物料比为______、浸提时间为____，可取得最佳提取效果。

3. 溶剂浸提法、酶反应提取、超临界 CO_2 萃取三种提取番茄红素的方法，比较其优缺点。

三、番茄红素的纯化

【目的】

1. 熟悉番茄红素的纯化流程。

2. 掌握柱色谱操作技术。

【原理】

番茄红素产品的经济价值随着其质量分数的增高而增大，目前国内市场上质量分数为 8％的番茄红素油树脂产品价格约为每千克 3200 元，而质量分数每增加一个百分点价格就增加约 400 元，其 10%的纯品价格更是达到了每千克 3900 元。因此，番茄红素的分离纯化是番茄红素研究领域的一个重要内容。目前普遍采用的分离纯化方法是制备型高效液相色谱法，此法生产的番茄红素产品质量分数高，但由于番茄红素极性很低，洗脱试剂腐蚀性很大，易损害设备，且生成量不大。本实训采用经典的方法对番茄红素粗提物进行纯化，此方法操作简单，设备费用低，能明显提高产品的质量分数，同时得到β-胡萝卜素、叶黄素等经济价值较高的副产品。

【器材与试剂】

紫外分光光度计、离心机、恒温振荡器、冷冻干燥器、电子分析天平、蒸馏瓶、直管冷凝器、玻璃色谱柱（内径 1.2cm、柱长 17cm、3＃砂芯）、烧杯、玻璃棒、滴管、量筒（50mL、500mL、1000mL）、移液管（1mL、5mL）、锥形瓶（50mL、100mL、250mL）、吸耳球、铁架台、烘箱等；番茄。

【操作步骤】

1. 纯化浓缩工艺

具体的工艺流程为：番茄→清洗→切块→搅拌破碎→称取一定量的番茄酱→按 1∶1 的比例加入乙酸乙酯→冰浴超声 25min→真空抽滤→收集滤液即为番茄红素粗品→测粗提液在 502nm 处的吸光度。

2. 柱色谱分离

柱色谱分离装置如图 5-3-16 所示。

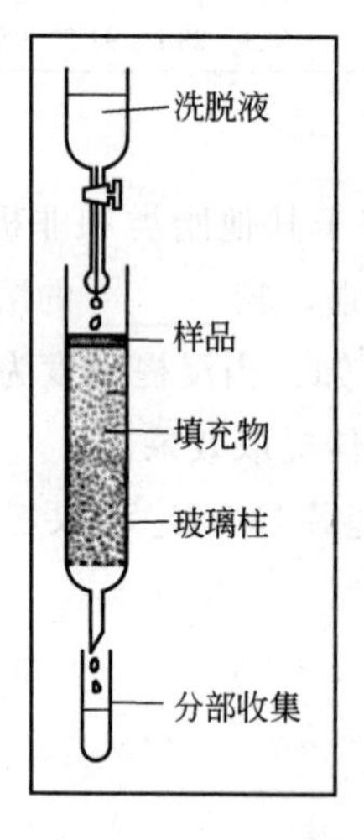

图 5-3-16 柱色谱

本训练粗分采用普通的湿法装柱和湿法上样。选用 ϕ45mm×800mm 的玻璃柱，硅胶柱采用湿法装柱（100～200 目，1.8kg），其具体过程为：将一定量的硅胶加入正己烷中，搅拌悬浊液赶尽气泡备用。将玻璃色谱柱洗净并干燥，固定在铁架上，下端塞入少量脱脂棉以防止硅胶泄漏，在色谱柱中加入少量正己烷，打开色谱柱下部的活塞，控制洗脱液的流速，用事先准备好的锥形瓶收集流出的溶剂。然后将硅胶和正己烷的混合液缓慢、均匀而连续不间断地加入玻璃色谱柱中，使硅胶慢慢自然沉降，同时用吸耳球轻轻敲打柱的两侧，将装柱过程中产生的气泡赶出，直至硅胶界面不再下降，轻轻均匀敲击柱两侧，使柱子变结实，并在其上层预留适量的正己烷。旋转蒸发所得的番茄红素粗提物中加入少量的正己烷，置于超声池中充分溶解后，待色谱柱上端溶剂流至柱层面时，关闭下面的活塞，用胶头滴管吸取上样液，靠着柱壁缓缓加入样品，待样品进入柱内后，开启活塞，并在柱上端放置已准备好的洗脱液。选用纯正己烷、正己烷/丙酮（95∶5，85∶15）、纯丙酮作为洗脱剂进行洗脱，用部分收集器进行收集。通过 TLC 初步分析，HPLC 精密检测，将富含番茄红素的流分进行合并浓缩得样品。

3. 中低压制备色谱对番茄红素进行纯化

（1）中低压色谱柱的制备　采用正相硅胶（100～200 目，1.5kg）干法上柱。其具体过程为：将小柱 ϕ35mm×800mm 的制备柱上端用扳手把螺帽拧开，接上一个大柱 ϕ50mm×300mm 的制备柱，拧紧后往里面加硅胶，待小柱子装满后，大柱子内留有 100mm 的硅胶，在大柱子上端接上 N_2 装置，打开 N_2 装置往内冲压，等其压实后，关闭压力阀，2h 后，拧开 N_2 装置，卸下大柱子，将制备柱拧紧。

（2）上样前清洗柱子　将制备好的柱子装在中低压制备装置上，接上流动相，连接紫外检测器，打开泵，用 100%的正己烷进行上样前清洗。

（3）上样　观察紫外检测器待在 472nm 处无吸收峰时，准备上样，关闭制备柱下端出口，将注射器转到上样开关，减压浓缩的番茄红素样品加入少量的正己烷置于超声池中充分溶解后，用上样器抽取 3mL 打入注射器。待其慢慢进入制备柱后，将注射器转到流动相开关，选用纯正己烷、正己烷/丙酮（95∶5，85∶15）、纯丙酮作为洗脱剂进行洗脱，用部分收集器进行收集。通过 TLC 初步分析，HPLC 精密检测，为番茄红素、β-胡萝卜素和黄色素及玉米黄质。将富含番茄红素的流分进行合并浓缩得样品。

【结果与讨论】

柱色谱（柱上色谱）常用的有吸附柱色谱和分配柱色谱两类。前者常用氧化铝、硅胶作固定相。在分配柱色谱中以硅胶、硅藻土和纤维素作为支持剂，以吸收大量的液体作固定相，而支持剂本身不起分离作用。吸附柱色谱通常在玻璃管中填入表面积很大、经过活化的多孔性或粉状固体吸附剂。当待分离混合物溶液流过吸附柱时，各种成分同时被吸附在柱的上端。当洗脱剂流下时，由于不同化合物吸附能力不同，往下洗脱的速度也不同，于是形成不同层次，即溶质在柱中自上而下按对吸附剂亲和力大小分别形成若干色带，再用溶剂洗脱时，已经分开的溶质可以从柱上分别洗出收集；或者将柱吸干，挤出后按色带分割开，再用溶剂将各色带中的溶质萃取出来。对于柱上不显色的化合物分离时，可用紫外光照射后所呈现的荧光来检查，或在用溶剂洗脱时分别收集洗脱液，逐个加以鉴定。

番茄红素经过两次普通色谱柱分离其纯度已经达到了 90%以上，经过计算得 90%番茄红素的提取率为 0.079mg/g（番茄），已经达到国内领先水平，且这种提纯办法操作简单，设备便宜，提取率适中，并且能扩大化提纯，适合工业化生产。

本次实训通过普通色谱柱和中低压制备色谱技术成功分离得到了高纯度的番茄红素。同时发现通过中低压制备色谱获得样品的纯度超过了普通色谱柱，其纯度达到了95%以上，提取率达到0.083mg/g，效果好，制备速度快，提取率高（图5-3-17），但由于设备比较昂贵，制备量较少。

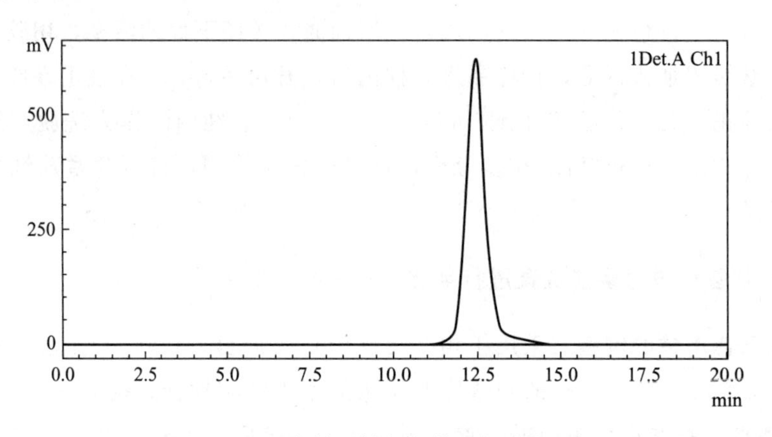

图5-3-17 中低压制备色谱纯化番茄红素

同步训练

1. 离子交换、亲和的机理是什么？
2. 分析色谱与制备型工业色谱的主要区别是什么？
3. 亲和色谱载体中引入“手臂”的原理是什么？
4. 简述亲和免疫色谱介质的制备过程。

核心概念小结

离子交换色谱（IEC）：利用被分离组分与固定相之间发生离子交换能力的差异来实现分离。

亲和色谱法：利用生物大分子与某些对应的专一分子特异识别和可逆结合的特性而建立起来的一种色谱方法。

制备型色谱：是指采用色谱技术制备纯物质，即分离、收集一种或多种色谱纯物质。制备型色谱中的“制备”这一概念是指获得足够量的单一化合物，以满足研究和其他用途。

模块六 生物制药生产安全技术

生物制药生产涉及较多的危险化学品和菌毒种等生物因子，生产过程一般具有高温、高压、真空、易燃、易爆、易中毒等特点，因此，生物制药企业易发生火灾、毒气泄漏、爆炸等事故，以及生物安全事故。生物制药企业能否安全生产事关人民生命财产安全和社会稳定。

学习与职业素养目标

通过学习本模块，知晓生物制药企业有关安全生产的工作制度；熟知生物制药企业原料、辅料的安全性能，会安全操作生物制药企业常用生产设备；熟知控制水、火、电、气的安全措施，其目的是消除或控制危险和有害因素，使生产过程在符合安全要求的条件和工作秩序下进行，保障人身安全与健康，以及设备、设施免遭破坏和环境免受污染，即保证人身安全、设备安全、产品安全和环境安全。

二十大报告中提出推进国家安全体系和能力现代化，通过生物安全事件的讲解，树立高度的责任感，培养工匠精神。

学习单元一　新入厂员工的三级安全教育

知识准备

《药品生产质量管理规范》人员与培训中明确指出，所有人员应当明确并理解自己的职责，熟悉与其职责相关的要求，并接受必要的培训，包括岗前培训和继续培训。因此，安全生产教育主要包括新员工入厂三级教育和全员安全生产教育。

一、新员工入厂三级教育

企业的新员工、特种作业人员、“五新”（新工艺、新技术、新设备、新材料、新产品）人员、复工人员、转岗人员必须接受公司（厂）级、车间（分厂）级和班组级三级安全教育，考核合格后方能上岗。教育内容包括：①安全生产方针、政策、法规、制度、规程和规范；②安全生产技术，包括一般安全技术知识、专业安全技术知识和安全工程科学技术知识的教育等；③职业健康保护等。

1. 公司（厂）级安全教育培训

公司（厂）级安全教育一般由企业安全生产技术部门负责进行，教育内容主要是公司层级通用的安全生产知识。

① 讲解安全生产相关的法律法规、安全生产的内容和意义，使新入厂的职工树立起“安全第一、预防为主”和“安全生产，人人有责”的思想。

② 介绍企业的安全生产概况，包括企业安全生产组织的概况、企业安全工作发展史、企业安全生产相关的规章制度。

③ 介绍企业生产特点、工厂设备分布情况，结合安全生产的经验和教训重点讲解要害部位、特殊设备的注意事项。

④ 安全生产技术知识培训，介绍安全生产中的术语及常识，并进行安全生产技能训练。通过常见事故案例分析和针对性模拟训练，全面提高自我防护、预防事故、事故急救、事故处理的基本能力，从而全面提高企业安全管理素质与水平。

⑤ 职工健康安全教育，有效保证制药职工安全健康，避免或降低职业病的伤害。

2. 车间级安全教育培训

车间安全教育由车间负责人和安全员负责。根据各车间生产的特殊性，该培训重点对本部门的生产特点、危险区域和特殊设备操作予以介绍。

① 介绍车间的安全生产概况，包括结合安全生产组织相关人员、车间安全生产相关的规章制度。

② 介绍车间的生产特点、性质，生产工艺流程及相应设备，主要工种及作业中的专业安全要求。重点介绍车间危险区域、特种作业场所，有毒、有害岗位情况。

③ 介绍事故多发部位、事故原因及相应的特殊规定和安全要求，并剖析车间常见事故和典型事故案例，总结车间安全生产的经验与问题等。

④ 演练劳动保护用品的使用及注意事项。

⑤ 介绍车间消防预案等应急方案，并进行应急处理训练。

3. 班组级安全教育培训

班组是企业的基本作业单位，班组管理是企业管理的基础，班组安全工作是企业一切工作的落脚点。因此，班组安全教育非常重要。班组安全教育的重点是岗位安全基础教育，主要由班组长和安全员负责教育。安全操作法和生产技能教育可由安全员、培训员传授。

① 介绍班组安全活动内容及作业场所的安全检查和交接班制度。

② 介绍本班组生产概况、特点、范围、作业环境、设备状况、消防设施等。重点介绍可能发生伤害事故的各种危险因素和危险岗位，用一些典型事故实例去剖析讲解。

③ 介绍本岗位使用的机械设备、工具性能、防护装置，讲解相应的标准操作规程。讲解本工种安全操作规程和岗位责任及有关安全注意事项，使学员真正从思想上重视安全生产，自觉遵守安全操作规程，做到不违章作业，爱护和正确使用机器设备、工具等。

④ 讲解劳动保护用品的使用及保管方法，边示范边讲解安全操作要领，说明注意事项，并讲述违反操作可能造成的严重后果。

4. 三级安全教育卡

三级安全教育卡是新进员工参加三级培训的记录和证明，内容包括个人信息、培训内容及考核成绩等（见表 6-1-1）。员工经培训、考核合格后方可上岗，三级安全教育卡片需存档备查。

表 6-1-1　三级安全教育卡片

单位名称：　　　　　　编号：　　　　　　照片

姓　　名 ____________　　性　　别 ____________

出生年月 ____________　　文化程度 ____________

部　　门 ____________　　班　　组 ____________

原岗位（毕业或原单位/车间/岗位）____________

<table>
<tr><td rowspan="3">公司（厂）级教育</td><td colspan="6">教育内容：安全生产的重要意义，国家有关安全生产的方针、政策和法规；本企业的安全组织及规章制度；本企业的生产特点及安全生产正反两个方面的经验教训；防火、防爆、防尘、防毒及机械伤害急救常识等</td></tr>
<tr><td rowspan="2">培训时间</td><td rowspan="2">年　月　日
至　年　月　日</td><td>学时</td><td></td><td>受教育人</td><td></td></tr>
<tr><td>考核成绩</td><td></td><td>安全负责人</td><td></td></tr>
<tr><td rowspan="3">车间（分厂）级教育</td><td colspan="6">教育内容：针对性地介绍本车间的生产特点；本车间的安全生产组织及安全生产规章制度；本车间的生产设备状况、危险区域，以及有毒有害作业情况；本车间的安全生产情况和问题以及预防事故的措施</td></tr>
<tr><td rowspan="2">培训时间</td><td rowspan="2">年　月　日
至　年　月　日</td><td>学时</td><td></td><td>受教育人</td><td></td></tr>
<tr><td>考核成绩</td><td></td><td>安全负责人</td><td></td></tr>
<tr><td rowspan="3">班组级教育</td><td colspan="6">教育内容：本岗位的安全生产状况，工作性质和职责范围；本岗位的安全生产规章制度和注意事项；本岗位的各种工具、器具及安全装置的性能及标准操作规程；本岗位劳动保护用品的使用和保管</td></tr>
<tr><td rowspan="2">培训时间</td><td rowspan="2">年　月　日
至　年　月　日</td><td>学时</td><td></td><td>受教育人</td><td></td></tr>
<tr><td>考核成绩</td><td></td><td>安全负责人</td><td></td></tr>
<tr><td colspan="7">主管领导意见：

年　月　日</td></tr>
</table>

二、全员安全生产教育

每位员工每年至少接受一次由各部门（车间）负责实施的全员安全操作规程教育，并进行考核。教育内容包括安全生产责任制、标准化管理、各种安全要求、安全生产技术等。

全员安全教育培训的目的在于提高企业领导与管理层的安全意识，提高从业人员的安全技能，强化“安全第一、预防为主”的观念。通过集中学习，进一步掌握安全技术操作规程，培养遵守劳动安全纪律的自觉性。

同步训练

1. 为什么要开展生物制药三级安全生产培训，对此国家出台了哪些法律法规？
2. 生物制药安全生产培训的主要内容有哪些？

学习单元二 生物制药原辅材料安全管理技术

生物药物广泛用于疾病的预防、诊断和治疗，在维护人类的身体健康中发挥着重要作用。但是，在生物制药过程中不可避免地存在着威胁人类健康与生态环境的危险物质，这些危险物质主要包括危险化学品（原辅材料及中间体）、危险废物、病毒和细菌等生物因子。危险物质的辨识、使用、运输和储存是生物制药工作人员从事安全生产和个体保护必备的技能。

知识准备

一、生物制药企业的危险物质

1. 危险物质的分类

生物制药中危险物质的常见分类方式如下所述。

（1）按照在生产中的存在形式分类 ①原料。②辅料，溶剂、冻存保护剂等，如乙酸丁酯、二甲基亚砜。③生产用菌株、病毒株或细胞株，如大肠杆菌、狂犬病病毒等。④中间体，如7-氨基头孢烷酸（简称7-ACA）。⑤产品，如青霉素、链霉素等。⑥副产物或危险废物，如微生物生成的废气、培养基废渣等。

（2）按照存在形态分类 ①固体。②液体。③气体。④蒸气，固体升华、液体挥发或蒸发时形成的蒸气，凡沸点低、蒸气压大的物质都易形成蒸气。⑤粉尘，能较长时间悬浮在空气中的固体微粒，粒径多在0.1～10μm。⑥微生物气溶胶，一群形体微小、构造简单的单细胞或接近单细胞的生物悬浮于空气中所形成的胶体体系，粒子大小在0.01～100μm，一般为0.1～30μm。⑦生物因子，如细菌和病毒等。

2. 职业中毒

职业中毒是指在职业活动中，接触一切生产性有毒因素所造成的机体中毒性损害。职业中毒可分为急性、亚急性和慢性三种。

（1）急性中毒 毒物一次或短时间内大量进入人体后引起的中毒。

（2）慢性中毒 小剂量毒物长期进入人体所引起的中毒。慢性中毒的远期影响必须引起重视。

（3）亚急性中毒 介于急性中毒和慢性中毒之间，在较短时间内有较大剂量毒物进入人体而引起的中毒。

3. 生物危害及生物安全警示标识

（1）生物危害　生物危害（bio-hazard）指的是由生物因子形成的伤害。评估微生物危险性的依据主要有：①实验室感染的可能性。②感染后发病的可能性。③发病症状轻重及愈后情况。④有无致命危险。⑤有无防止感染的方法及用一般的微生物操作方法能否防止感染。⑥我国有否此种菌种及曾否引起流行以及人群免疫力等。

（2）生物安全警示标识　生物安全警示标识用于指示该区域或物品中的生物物质（致病微生物、细菌等）对人类及环境会有危害。国际通用生物危害警告标志是由一位退休的美国环境卫生工程师 Baldwin 于 1966 年设计的，标志为橙红色，有三边。危险废弃物的容器、存放血液和其他有潜在传染性的物品及进行生物危险物质操作的二级以上生物防护安全实验室的入口处等都贴有此标识。目前使用的生物危害警告标志的主体均为该标志，但颜色及背景可以为其他颜色，用于表示不同的生物安全级别，该标志下方还可以附带相应的警示信息，如图 6-2-1 所示。

生 物 危 险

非工作人员严禁入内

实验室名称		预防措施负责人	
接触病原体名称		紧急事故联络电话	
危险度			

图 6-2-1　生物安全警示标识

二、生物制药企业的综合防护措施

1. 制药企业的常见防护措施

（1）替代或排除有毒、高毒物料　在生产中，要避免或减少使用有毒、有害、易燃和易爆的原辅材料。用无毒物料代替有毒物料、用低毒物料代替高毒或剧毒物料、用可燃物料替代易燃物料是消除或减少物料危害的有效措施。

（2）采用危害性小的工艺 生产过程中可供选择的危险化学品的替代品有限，为了消除或降低化学品危害，还可以改革工艺，以无害或危害性小的工艺代替危害性较大的工艺，从根本上消除毒物危害。

（3）隔离 敞开式生产过程中，有毒物质会散发、外溢，毒害工作人员和环境。隔离就是采用封闭、设置屏障和机械化代替人工操作等措施，把操作人员与有毒物质和生产设备等隔离开。避免作业人员直接与有害因素接触是控制危害最彻底、最有效的措施。

作业环境中毒物浓度高于国家卫生标准时，把生产设备的管线阀门、电控开关放在与生产地点完全隔开的操作室内是一种常用的防护措施。

（4）通风 通风是控制作业场所中有害或危险性气体、蒸气或粉尘最有效的措施之一。借助于有效的通风不断更新空气，能使作业场所空气中有害或危险性物质浓度低于安全浓度，保证工人的身体健康，防止火灾、爆炸事故的发生。

（5）个体防护 当作业场所中有害物质浓度超标时，工作人员必须使用适宜的个体防护用品避免或减轻危害程度。使用防护用品和养成良好的卫生习惯可以防止有毒物质从呼吸系统、消化道和皮肤进入人体。防护用品主要有头部防护器具、呼吸防护器具、眼防护器具、身体防护用品、手足防护用品等。

个体防护用品的使用只能作为一种保护健康的辅助性措施，并不能消除工作场所中危害物质的存在，所以作业时要保证个体防护用品的完整性和使用的正确性，以有效阻止有害物进入人体。另外，还要指导工人养成良好的卫生习惯，不在作业场所吃饭、饮水、吸烟，坚持饭前漱口以及班后洗浴、清洗工作服等。

（6）定期体检 企业要定期对从事有毒作业的劳动者进行健康检查，以便能对职业中毒者早期发现、早期治疗。如，从事卡介苗或结核菌素生产的人员应当定期进行肺部X光透视或其他相关项目健康状况检查。

2. 微生物气溶胶的控制

微生物气溶胶的吸入是引起感染的最主要途径之一，防止微生物气溶胶扩散是控制病原微生物感染的重要方法。综合利用围场操作、屏障隔开、有效拦截、定向气流、空气消毒等防护措施可以获得良好的效果。但由于气溶胶具有很强的扩散能力，工作人员在这些防护措施基础上，仍然需要进行个人防护，以防止气溶胶吸入。

（1）围场操作 围场操作是把感染性物质局限在一个尽可能小的空间（例如生物安全柜）内进行操作，使之不与人体直接接触，并与开放的空气隔离，避免人的暴露。生物安全室也是围场，是第二道防线，可起到“双重保护”作用。围场大小要适宜，以达到既保证安全又经济合理的目的。目前，进行围场操作的设施设备往往组合应用了机械、气幕、负压等多种防护原理。

（2）屏障隔离 微生物气溶胶一旦产生并突破围场，要靠各种屏障防止其扩散，因此屏障也被视为第二层围场。例如，生物安全实验室围护结构及其缓冲室或通道，能防止气溶胶进一步扩散，保护环境和公众健康。

（3）定向气流 对生物安全三级以上实验室的要求是保持定向气流。其要求包括：①实验室周围的空气应向实验室内流动，以杜绝污染空气向外扩散的可能，保证不危及公众。②在实验室内部，清洁区的空气应向操作区流动，保证没有逆流，以减少工作人员暴露的机会。③轻污染区的空气应向污染严重的区域流动。以 BSL-3 实验室为例，原则上半污染区与外界气压相比应为－20Pa，核心实验室气压与半污染区相比也应为－20Pa，感染动物房和解剖室的气压应低于普通 BSL-3 实验室核心区。

(4) 有效消毒灭菌　实验室生物安全的各个环节都少不了消毒技术的应用，实验室的消毒主要包括空气、表面、仪器、废物、废水等的消毒灭菌。在应用中应注意根据生物因子的特性和消毒对象进行有针对性的选择。并应注意环境条件对消毒效果的影响。凡此种种，都应在操作规程中有详细规定。

(5) 有效拦截　是指生物安全实验室内的空气在排入大气之前，必须通过高效粒子空气（HEPA）过滤器过滤，将其中的感染性颗粒阻拦在滤材上。这种方法简单、有效、经济实用。HEPA 滤器的滤材是多层、网格交错排列的，因此其拦截感染性气溶胶颗粒的原理在于：①过筛，直径小于滤材网眼的颗粒可能通过、大于的被拦截。②沉降，由于重力和热沉降或静电沉降作用，粒子有可能被阻拦在滤材上。③惯性撞击，气溶胶粒子直径虽然小于网眼，但由于粒子的惯性撞击作用也可能阻拦在滤材上。④粒子扩散，对于直径较小的气溶胶粒子，虽然小于网眼，但由于粒子的扩散作用也可能被阻拦在滤材上。

3. 生物安全实验室

中华人民共和国国家标准《实验室生物安全通用要求》（GB 19489—2008）指出，生物因子系指微生物和生物活性物质，涉及生物因子操作的实验室需配套相应生物安全防护级别的实验室设施、设备和安全管理。根据对所操作生物因子采取的防护措施，将实验室生物安全防护水平分为生物安全第一等级（bio-safety level-1，BSL-1）、二级（BSL-2）、三级（BSL-3）和四级（BSL-4），其中一级防护水平最低，四级防护水平最高。

依据国家相关规定：①生物安全防护水平为一级的实验室适用于操作在通常情况下不会引起人类或者动物疾病的微生物。②生物安全防护水平为二级的实验室适用于操作能够引起人类或者动物疾病，但一般情况下对人、动物或者环境不构成严重危害，传播风险有限，实验室感染后很少引起严重疾病，并且具备有效治疗和预防措施的微生物。③生物安全防护水平为三级的实验室适用于操作能够引起人类或者动物严重疾病，比较容易直接或者间接在人与人、动物与人、动物与动物间传播的微生物。④生物安全防护水平为四级的实验室适用于操作能够引起人类或者动物非常严重疾病的微生物，以及我国尚未发现或者已经宣布消灭的微生物。

以 BSL（bio-safety level，BSL)-1、BSL-2、BSL-3、BSL-4 表示仅从事体外操作的实验室的相应生物安全防护水平；以 ABSL（animal bio-safety level，ABSL)-1、ABSL-2、ABSL-3、ABSL-4 表示包括从事动物活体操作的实验室的相应生物安全防护水平。

三、生物制药企业安全生产管理

1. 危险化学品的使用

① 熟悉常用危险化学品的种类、特性和危害、储存地点，严格按照标准操作规程领取、

储存、使用和退回危险化学品。

② 提高突发情况应对能力，熟悉事故的处理程序及方法，掌握急救知识，避免应对不当导致危险化学品造成伤害。

2. 危险化学品的储存

① 仓库保管员应熟悉本单位储存和使用的危险化学品的性质、保管知识和相关消防安全规定。

② 根据物品种类、性质，按规定分垛储存、摆放各种危险化学品，并设置相应的通风、防火、防雷、防晒、防泄漏等安全设施。

③ 爆炸品、剧毒品严格执行“五双”制度（双人、双锁、双人收发、双人运输、双人使用）。

④ 严格执行危险化学品储存管理制度，严格危险化学品出、入库手续，监督进入仓库的人员，严防原料和产品流失。

⑤ 正确使用个体防护用品，并指导进入仓库的人员正确佩戴个体防护用品。

⑥ 定期检查危险化学品，旋紧瓶盖，以防其挥发、变质、自燃或爆炸。

⑦ 定期巡视危险化学品仓库以及周围环境，做到防潮、防火、防腐、防盗，消除事故隐患。

⑧ 按照消防的有关要求对消防器材进行管理，定期检查、定期更换。

⑨ 做到账物相符，日清月结，包括危险品存、出情况，安全情况和废液、废渣情况等。发现差错，及时查明原因并予以纠正，遇有意外情况，及时向领导汇报。

3. 生物制品生产、检定用菌毒种管理

菌毒种，系指直接用于制造和检定生物制品的细菌、立克次体或病毒等，菌毒种参照《人间传染的病原微生物名录》分类。生产和检定用菌毒种，包括DNA重组工程菌菌种，来源途径应合法，并经国家药品监督管理部门批准。菌毒种由国家药品检定机构或国家药品监督管理部门认可的单位保存、检定及分发。

生物制品生产用菌毒种应采用种子批系统。原始种子批应验明其记录、历史、来源和生物学特性。从原始种子批传代和扩增后保存的为主种子批。从主种子批传代和扩增后保存的为工作种子批，工作种子批用于生产疫苗。工作种子批的生物学特性应与原始种子批一致，每批主种子批和工作种子批均应按《中国药典》中的各论要求进行保管、检定和使用。生产过程中应规定各级种子批允许传代的代次，并经国家药品监督管理部门批准。

菌毒种的传代及检定实验室应符合国家生物安全的相关规定。各生产单位质量管理部门对本单位的菌毒种施行统一管理。

(1) 菌毒种登记程序

① 菌毒种由国家药品检定机构统一进行国家菌毒种编号，各单位不得更改及仿冒。未经注册并统一编号的菌毒种不得用于生产和检定。

② 保管菌毒种应有严格的登记制度，建立详细的总账及分类账。收到菌毒种后应立即进行编号登记，详细记录菌毒种的学名、株名、历史、来源、特性、用途、批号、传代及冻

干日期和数量。在保管过程中，凡传代、冻干及分发，记录均应清晰，可追溯，并定期核对库存数量。

③ 收到菌毒种后一般应及时进行检定。用培养基保存的菌种应立即进行检定。

(2) 菌毒种的检定

① 生产用菌毒种应按要求进行检定。

② 所有菌毒种检定结果应及时记入菌、毒种检定专用记录内。

③ 不同属或同属菌毒种的强毒株及弱毒株不得同时在同一洁净室内操作。涉及菌毒种的操作应符合国家生物安全的相关规定。

④ 应对生产用菌毒种已知的主要抗原表位的遗传稳定性进行检测，并证明在规定的使用代次内其遗传性状是稳定的。减毒活疫苗中所含病毒或细菌的遗传性状应与原始种子批和/或主种子批一致。

(3) 菌毒种的保存

① 菌毒种经检定后，应根据其特性，选用冻干或适当方法及时保存。

② 不能冻干保存的菌毒种，应根据其特性，置适宜环境至少保存 2 份或保存于两种培养基。

③ 保存的菌毒种传代或冻干均应填写专用记录。

④ 保存的菌毒种应贴有牢固的标签，标明菌毒种编号、名称、代次、批号和制备日期等内容。

(4) 菌毒种的销毁　无保存价值的菌毒种可以销毁。销毁一、二类菌毒种的原始种子批、主种子批和工作种子批时，须经本单位领导批准，并报请国家卫生行政部门或省、自治区、直辖市卫生部门认可。销毁三、四类菌毒种须经单位领导批准。销毁后应在账上注销，做出专项记录，写明销毁原因、方式和日期。

(5) 菌毒种的索取、分发与运输

① 索取菌毒种，应按《中国医学微生物菌种保藏管理办法》执行。

② 分发生物制品生产和检定用菌毒种，应附有详细的历史记录及各项检定结果。菌毒种采用冻干或真空封口形式发出，如不可能，毒种亦可以组织块或细胞悬液形式发出，菌种亦可用培养基保存发出，但外包装应坚固，管口必须密封。

③ 菌毒种的运输应符合国家相关管理规定，如《可感染人类的高致病性病原微生物菌（毒）种或样本运输管理规定》等。

4. 消毒及灭菌

生物制药企业常采用消毒及灭菌的方法来避免微生物对药品的污染，以及菌毒种对人体和环境的威胁。灭菌系指用化学或物理的方法杀灭或去除物料及设备、空间中所有生物的技术或工艺过程。消毒系指杀灭或清除病原微生物，达到无害化程度，杀灭率在99.9%以上。制药企业常用的灭菌工艺有：

(1) 化学灭菌　用化学物质杀灭微生物的灭菌操作。常见的化学灭菌剂有氧化剂类、卤化物类、有机化合物等。

机理：与微生物细胞中的成分反应，使蛋白质变性，酶失活，破坏细胞膜透性，细胞死亡。应用于皮肤表面、器具、实验室和工厂的无菌区域的台面、地面、墙壁及空间的灭菌。使用方法为浸泡、擦拭、喷洒等。常用化学灭菌剂的杀菌原理及使用浓度见表 6-2-1。

表 6-2-1 生物制药企业常用的化学灭菌剂

化学灭菌剂	杀菌原理	使用浓度
高锰酸钾	使蛋白质、氨基酸氧化	0.1%～3%
过氧乙酸	氧化蛋白质的活性基团	0.2%～0.5%
漂白粉	在水溶液中分解为新生态氧和氯	1%～5%
苯扎溴铵(新洁尔灭)	以阳离子形式与菌体表面结合,引起菌体外膜损伤和蛋白质变性	0.25%
酒精	使细胞脱水,蛋白质凝固变性	75%
甲醛	强还原剂,与氨基结合	37%
甲酚皂(来苏尔)	蛋白质变性,损伤细胞膜	1%～5%

(2) 物理灭菌 采用各种物理条件如高温、辐射、超声波及过滤等进行灭菌。

① 辐射灭菌 高能量电磁辐射与菌体核酸的光化学反应造成菌体死亡，如以^{60}Co 射线灭菌。

② 高温干热灭菌法 电热烤箱加热至 140～180℃，维持 1～2h 或灼烧，利用氧化、蛋白质变性和电解质浓缩等作用致死微生物。

③ 高温湿热灭菌法 121℃维持 15～30min，利用高温和蒸汽的穿透力灭菌。

5. 病毒的去除与灭活

为了提高生物药品的安全性，尤其是血液制品的安全性，生产工艺要具有一定的去除或灭活病毒能力，生产过程中应有特定的去除/灭活病毒的方法。例如，凝血因子类制品生产过程中应有特定的能去除/灭活脂包膜和非脂包膜病毒的方法，可采用一种或多种方法联合去除/灭活病毒；免疫球蛋白类制品（包括静脉注射用人免疫球蛋白、人免疫球蛋白和特异性人免疫球蛋白）生产过程中应有特定的灭活脂包膜病毒的方法，但从进一步提高这类制品安全性考虑，提倡生产过程中再加入特定的针对非脂包膜病毒的去除/灭活方法。白蛋白生产过程中采用低温乙醇生产工艺和特定的去除/灭活病毒方法，如巴斯德消毒法等。

常用的去除/灭活病毒方法有：

(1) 巴斯德消毒法（巴氏消毒法） 本法适用于人血白蛋白制品等。

(2) 干热法（冻干制品） 80℃加热 72h，可以灭活乙型肝炎病毒（HBV）、丙型肝炎病毒（HCV）、人类免疫缺陷病毒即艾滋病病毒（HIV）和甲型肝炎病毒（HAV）等。但应考虑制品的水分含量、制品组成（如蛋白质、糖、盐和氨基酸）对病毒灭活效果的影响。

(3) 有机溶剂/去污剂（S/D）处理法 常用的灭活条件是 0.3%磷酸三丁酯（TNBP）和 1%吐温-80，在 24℃处理至少 6h；0.3%TNBP 和 1%Triton X-100，在 24℃处理至少 4h。S/D 处理前应先用 1μm 滤器除去蛋白质溶液中可能存在的颗粒（颗粒可能藏匿病毒从而影响病毒灭活效果）。

(4) 膜过滤法 膜过滤技术只有在滤膜的孔径比病毒有效直径小时才能有效除去病毒。该方法不能单独使用，应与其他方法联合使用。

(5) 低 pH 孵放法 此法对人免疫球蛋白制品病毒灭活效果好，对制品质量无影响；免疫球蛋白生产工艺中的低 pH（如 pH 4）处理（有时加胃酶）能灭活几种脂包膜病毒。灭活条件（如 pH 值、孵放时间和温度、胃酶含量、蛋白质浓度、溶质含量等因素）可能影响病毒灭活效果，验证试验应该研究这些参数允许变化的幅度。

四、生物制药企业的应急措施

1. 急性中毒的救护

（1）救护人员的个人防护 救护人员进入危险区前，要做好个人防护，佩戴好防毒面具、穿好防护服等呼吸系统和体表的防护用品，避免救护人员中毒，防止中毒事故扩大。

（2）现场抢救 立即使患者停止接触毒物，尽快将其移出危险区，转移至空气流通处，保持呼吸畅通。如衣物或皮肤被污染，必须将衣服脱下，用清水洗净皮肤。如毒物进入眼睛，应用大量流水缓缓冲洗眼睛 15min 以上。如出现休克、停止呼吸、心跳停止等，立即采取人工呼吸、心肺复苏等急救措施进行抢救。必须尽快把中毒者送往医院进行专业治疗。

（3）毒物的消除 患者到达医院后，如毒物经口食入引起急性中毒，需立即用催吐、洗胃及导泻等消除毒物；如系气体或蒸汽吸入中毒，可给予吸氧，以纠正缺氧，加速毒物经呼吸道排出。

（4）消除毒物在体内的作用 尽快使用络合剂或其他特效解毒疗法。金属中毒可用二巯基丙醇等络合剂，达到解毒和促排作用。中毒性高铁血红蛋白血症可用美蓝治疗，使高铁血红蛋白还原。氨、铜盐、汞盐、羧酸类中毒时，可给中毒者喝牛奶、生鸡蛋等缓解剂。

2. 意外事故的处理

（1）刺伤、割伤及擦伤 受伤人员应脱除防护衣，清洗双手及受伤部位，使用适当的消毒剂消毒，必要时，送医院就医。要记录受伤原因及相关的微生物，并保留完整的医疗记录。

（2）食入潜在感染性物质 脱下受害人的防护衣并迅速送医院就医。要报告事故发生的细节，并保留完整的医疗记录。

（3）潜在危害性气溶胶的意外释放 所有人员必须立即撤离相关区域，并立即向上级领导汇报。为了使气溶胶排出及使较大的微粒沉降，应张贴“禁止进入”的标志，气溶胶意外释放后一定时间内（例如 1h 内）严禁人员进入，如实验室无中央排气系统，则应延迟进入实验室时间（例如 24h 后）。经适当隔离后，在专家的指导下，由穿戴防护衣及呼吸保护装备的人员除污。任何现场暴露人员都应接受医学检查。

（4）容器破碎导致感染性物质溢出 应戴上手套，立即用抹布或纸巾覆盖溢出的感染性物质及遭污染的破碎容器。接着在上面倒消毒剂，并使其作用适当时间。然后将抹布、纸巾以及破碎物品清理掉；玻璃碎片应使用镊子清理。再使用消毒剂擦拭污染区域。如果使用簸箕清理破碎物，应对其进行高压灭菌或置入有效的消毒液内浸泡。用于清理的抹布、纸巾等均应放于盛装污染性废弃物的容器内。

知识链接

《中华人民共和国安全生产法》和《药品生产质量管理规范》明确要求，与药品生产、质量有关的所有人员都应当经过培训。生物制药企业应当对从业人员进行安全生产教育和培训，保证从业人员具备必要的安全生产知识，熟悉有关的安全生产规章制度和安全操作规程，掌握本岗位的安全操作技能。未经安全生产教育和培训合格的从业人员，不得上岗作业。高风险操作区（如高活性、高毒性、传染性、高致敏性物料的生产区）的工作人员应当接受专门的培训。

技能训练　生物安全事故的应急措施

【目的】

掌握发生生物安全事故时的应急措施，能够对突发事故进行应急处置。

【原理】

“安全第一、预防为主”，企业生产应把生产安全工作作为第一要务，着力开展各项预防工作，制定应急措施即是预防工作之一。科学的应急措施和正确的应急活动能够使事故对环境和人员造成的伤害降至最低。

【操作步骤】

生物制药企业应设立突发生物安全事故应急小组，制定生物安全事故应急处置预案。

1. 应急处置

特大生物安全事故发生后，现场的工作人员应立即将有关情况通知应急小组组长，应急小组组长接到报告后启动应急预案，并向上级报告。

应急小组成员对现场进行事故的调查和评估，按实际情况及自己工作职责进行应急处置。对潜在重大生物危害性气溶胶的释出（在生物安全柜以外），为迅速减少污染浓度，在保证规定的负压值条件下，增加换气次数。现场人员要对污染空间进行消毒。在消毒后，所有现场人员立即有序撤离相关污染区域；进行体表消毒和淋浴，封闭实验室。任何现场暴露人员都应接受医学咨询和隔离观察，并采取适当的预防治疗措施。为了让气溶胶被排走和较大的粒子沉降，至少1h内不能有人进入房间。如果实验室没有中央空调排风系统，需要推迟24h后进入。同时应当张贴“禁止进入”的标志。封闭24h后，按规定进行善后处理。

在事故发生后24h内，事件当事人和检验科写出事故经过和危险评价报告上交组长，并记录归档；任何现场暴露人员都应接受医学咨询和隔离观察，并采取适当的预防治疗措施，应急小组立即与人员家长、家属进行联系，通报情况，做好思想工作，稳定其情绪。小组组长在此过程中对主管部门做进程报告，包括事件的发展与变化、处置进程、事件原因或可能因素，以及已经或准备采取的整改措施。同时对首次报告的情况进行补充和修正。

2. 后期处置

(1) 善后处置　对事故点的场所、废弃物、设施进行彻底消毒，对生物样品迅速销毁；组织专家查清原因；对周围一定距离范围内的植物、动物、土壤和水环境进行监控，直至解除封锁。对于人畜共患病的生物样品，应对事故涉及的当事人群进行强制隔离观察。对于实验作类似处理。

(2) 调查总结　事故发生后要对事故原因进行详细调查，做出书面总结，认真吸取教训，做好防范工作。

事件处理结束后10个工作日内，应急小组组长向主管部门做结案报告。包括事件的基本情况、事件产生的原因、应急处置过程中各阶段采取的主要措施及其功效、处置过程中存在的问题及整改情况，并提出今后对类似事件的防范和处置建议。

【结果与讨论】

1. 根据应急措施演练应急活动，并对演练中表现的不足予以总结和改进。
2. 参照生物安全事故的应急措施，尝试制定火灾的应急措施。

同步训练

1. 生物制药过程中有哪些生物危害，企业和员工应当采取哪些措施避免或减少生物危害?

2. 在生物药物生产过程中，如果因容器受损而导致了有害性生产用菌（毒）种泄漏，你该如何应对？请制定该生物安全事故的应急预案，并与同学演练、实施。

核心概念小结

灭菌： 系指用化学或物理的方法杀灭或去除物料及设备、空间中所有生物的技术或工艺过程。

消毒： 系指杀灭或清除病原微生物，达到无害化程度，杀灭率在99.9%以上。

危险化学品： 是指有爆炸、易燃、毒害、感染、腐蚀、放射性等危险特性，在运输、储存、生产、经营、使用和处置中，容易造成人身伤亡、财产损毁或环境污染而需要特别防护的化学品。

生产用菌（毒）种： 通常是指用于生产细菌活疫苗、微生态活菌制品、细菌灭活疫苗及纯化疫苗、体内诊断制品、病毒活疫苗、病毒灭活疫苗和重组产品的菌种及病毒。

生物安全实验室： 也称生物安全防护实验室，是通过防护屏障和管理措施，能够避免或控制被操作的有害生物因子危害，达到生物安全要求的生物实验室和动物实验室。

生物安全警示标志： 用于指示该区域或物品中的生物物质（致病微生物、细菌等）对人类及环境会有危害的标志。

参 考 文 献

[1] 邱玉华．生物分离与纯化技术．2版．北京：化学工业出版社，2017.

[2] 郭勇．生物制药技术．2版．北京：中国轻工业出版社，2007.

[3] 辛秀兰．生物分离与纯化技术．北京：科学出版社，2008.

[4] 王雅洁．生物分离纯化实践技术．南京：东南大学出版社，2016.

[5] 付晓玲．生物分离与纯化技术．北京：科学出版社，2012.

[6] 陈芬．生物分离与纯化技术．2版．武汉：华中科技大学出版社，2017.

[7] 李从军．生物产品分离纯化技术．武汉：华中师范大学出版社，2009.

[8] 梁鑫淼．工业制备色谱与药物高效分离纯化．中国化学会全国生物医药色谱及相关技术学术交流会，2016.

[9] 梁欣．复杂蛋白质样品中目标组分柱层析分离纯化策略研究．西北大学，2009.

[10] 李夏．论亲和层析技术的种类、应用及展望．科学技术创新，2012，(14)：10.

[11] 沈飞．我国生物制造分离过程技术与装备研究进展．生物产业技术，2014，(6).

[12] 张彩乔．现代蛋白质分离纯化技术．科技视界，2014，(14).